Prof. Dr. Gennadij A. Leonov

Geboren 1947 in Leningrad. 1964 bis 1969 Studium der Mathematik an der
Leningrader Staatlichen Shdanov Universität (LGU). 1971 Promotion
( Кандидат физ.-мат. наук ), 1983 Habilitation ( Доктор физ.-мат. наук ).
1977 bis 1985 Dozent; seit 1985 Professor am Lehrstuhl für Theoretische
Kybernetik der LGU; seit 1986 Prorektor für Ausbildung und wissenschaft-
liche Arbeit der LGU in Petrodvorez. 1986 Staatspreis der UdSSR für
Wissenschaft.

Arbeitsgebiete: Nichtlineare Schwingungstheorie, Theorie der automatischen Steuerung, Theorie der Phasensynchronisation.

Dr. Volker Reitmann

Geboren 1948 in Tüngeda. 1967 bis 1972 Studium der Mathematik an der
Leningrader Staatlichen Shdanov-Universität. 1975 bis 1979 Fernaspiran-
tur. Promotion 1980 ( Кандидат физ.-мат. наук ), Promotion B 1985 an der
Technischen Universität Dresden. Jetzt wissenschaftlicher Oberassistent
am Wissenschaftsbereich Analysis der Sektion Mathematik der TU Dresden.

Arbeitsgebiet: Probleme der Stabilität dynamischer Systeme.



Leonov, Gennadij A.:
Attraktoreingrenzung für nichtlineare Systeme / Gennadij A. Leonov;
Volker Reitmann. - 1. Aufl. - Leipzig : BSB Teubner, 1987. - 193 S.
(Teubner-Texte zur Mathematik; 97)
NE: Reitmann, Volker: ; GT

ISBN 978-3-322-00427-7        ISBN 978-3-322-91271-8 (eBook)
DOI 10.1007/978-3-322-91271-8

ISSN 0138-502X
© Springer Fachmedien Wiesbaden, 1987
Ursprünglich erschienen bei BSB B. G. Teubner Verlagsgesellschaft, Leipzig, 1987
1. Auflage
VLN 294-375/76/87 · LSV 1035
Lektor: Dr. rer. nat. Renate Müller

Gesamtherstellung: Typodruck Döbeln, Bereich Leisnig
Bestell-Nr. 666 342 4

02000

Gennadij A. Leonov · Volker Reitmann

# Attraktoreingrenzung für nichtlineare Systeme

Im Buch werden verschiedene Klassen nichtlinearer Systeme, darunter solche mit chaotischem Lösungsverhalten, mit der direkten Methode von Ljapunow, der Tschaplygin-Methode, der nichtlinearen Reduktionsmethode, der Kegeltheorie und anderen Hilfsmitteln untersucht. Dabei gelingt es, Stabilitätsaussagen und Attraktorinklusionen zu gewinnen. Die betrachteten Systeme stammen aus der Hydromechanik (Lorenz-System), der Chemie (Rössler-System), der Physik (MASER-System), der Theorie der automatischen Steuerung (Digitalsysteme der Phasensynchronisation) und anderen Gebieten.

This book presents many different classes of nonlinear **systems**,
especially with chaotic behaviour, on the basis of the direct method
of Lyapunov, the Chaplygin method, the nonlinear reduction method, th
cone method and others. The main achievements are results about the
stability of the systems and about inclusions of their attractors.
The systems considered here have their origin in hydrodynamics (Lorer
system; chemistry (the Rössler system); physics (the MASER system);
the theory of automatic control (digital systems of synchronisation)
and in other domains.

Ce livre s'occupe de quelques classes differentes de systèmes non-
linéaires, en particulier de systèmes ayant de solutions chaotiques.
Pour arriver aux resultats on applique la méthode de Liapounov, la
méthode de Tchaplyguine, la méthode de la reduction nonlocale, la
théorie de cônes et d'autres méthodes. Les resultats principaux sont
des resultats sur la stabilité de ces systèmes et sur les inclusions
de leurs attracteurs. On retrouve les systèmes études ici dans les
domaines de la hydrodynamique (système de Lorenz), de la chimie
(système de Rössler), de la physique (MASER-système), de la théorie
da contrôl automatique (systèmes digitaux de la synchronisation) et
d'autre.

В книге рассматриваются различные классы нелинейных систем, в частнос
системы с хаотическим поведением решений: из гидродинамики (система
Лоренца), из химии (система Ресслера), из физики (система мазеров), :
теории автоматического управления (цифровые системы синхронизации), :
из других областей. Для изучения этих систем развиваются и модифициру
ются прямой метод Ляпунов , метод сравнения Чаплыгина, метод нелокаль
ного сведения, теория конусов и другие приемы качественной теории нелинейных систем. Сформулированы различные критерии устойчивости и
неустойчивости, получены оценки аттракторов.

<u>Vorwort</u>

Dieses Buch ist der Attraktorapproximation solcher endlich-
dimensionaler dynamischer Systeme gewidmet, die in Verbindung
mit der Turbulenztheorie in den letzten Jahren besonderes Interesse hervorrufen. Es stellt einen Versuch dar, für bekannte Differentialgleichungssysteme wie das Lorenz-System, das Rössler-
System und damit verbundene diskrete Systeme durch Anwendung
der direkten Methode von Ljapunow, der Tschaplygin-Methode, der
nichtlinearen Reduktionsmethode und anderer Methoden bestimmte
Aussagen über das Lösungsverhalten dieser Systeme zu erhalten.
In der Regel gelingt es dabei, Stabilitätseigenschaften zu formulieren und Obermengen für die vorwiegend komplizierten Attraktoren der betrachteten Systeme zu konstruieren. Diese Obermengen
können auch zum Nachweis der Existenz von Separatrixschlingen
und von Abschätzungen der Parameter, die Separatrixschlingen
entsprechen, genutzt werden.

Mit dem vorliegenden Buch soll keine Einführung in die Gesamt-
problematik der Chaos-Theorie gegeben werden, da es hierzu bereits eine ganze Reihe von Publikationen gibt, in denen verschiedene Aspekte dieser Entwicklungsrichtung dargestellt sind
[8, 50, 58, 76, 81, 109', 117, 118, 118', 120, 130]. Im Unterschied zur vorhandenen Literatur werden in diesem Buch verstärkt
die oben erwähnten Methoden eingesetzt. Es ist die Überzeugung
der Autoren, daß durch Approximation der Attraktoren „von außen"
und Organisation der Instabilität „von innen" auf der Basis der
im Buch diskutierten Methoden ein effektiver Zugang zum analyti-
schen Nachweis seltsamer Attraktoren für dynamische Systeme gefunden werden kann. Mit den im Buch enthaltenen Ergebnissen soll
ein Schritt in dieser Richtung getan werden.

Die Positionen der Autoren zu Fragen der Stabilitätstheorie
dynamischer Systeme wurden durch zahlreiche Fachkollegen wesent-
lich beeinflußt. Während der gesamten Arbeit am Buch empfanden
die Autoren die Aufmerksamkeit und Unterstützung von
Th. Riedrich und V.A. Yakubovich. Ihnen sind die Autoren zu
großem Dank verpflichtet.

Dankbar hervorgehoben werden soll der große Einfluß von
V.N. Belych auf die Formierung der im Buch dargestellten Metho-
den. Die Autoren danken für stimulierende Diskussionen
S.M. Abramovich, V.S. Afraimovich, I.S. Dzesov, V.N. Fomin,

A.M. Formalskii, A.Kh. Gelig, E.A. Gurmuzova,
Yu.L. Klimontovich, P.S. Landa, I.I. Minakova, R.N. Miroshin,
P. Möbius, N.N. Moisseev, E.S. Pjatnitskii, A.A. Pervozvanskii,
K.R. Schneider, L.P. Shilnikov, V.B. Smirnova.

Unser besonderer Dank gilt Frau Ch. Hertzschuch, die das gesamte Manuskript mit Umsicht und Präzision geschrieben hat.

Schließich möchten die Verfasser der Teubner Verlagsgesellschaft in Leipzig und insbesondere Frau Dr. Müller für die
gute Zusammenarbeit danken.


Gennadi Alekseevich Leonov, Volker Reitmann
Leningrad und Dresden, September 1986.

# Inhaltsverzeichnis

<u>0. Einleitung und grundlegende Begriffe</u>

In der letzten Zeit gewinnen endlichdimensionale dynamische
Systeme in den Naturwissenschaften und innerhalb der Mathematik
wieder an Bedeutung. Eine der Ursachen hierfür ist, daß alle
prinzipiellen Verhaltensweisen der Lösungen, die früher in ihrer
Gesamtheit nur bei partiellen Differentialgleichungen vermutet
wurden, nun auch bei ausgewählten Systemen niedriger Dimension
von gewöhnlichen Differentialgleichungen nachgewiesen werden.

Im vorliegenden Buch werden dynamische Systeme untersucht, die
durch autonome oder nichtautonome Systeme gewöhnlicher Differentialgleichungen mit glatter rechter Seite, durch nichtautonome
Systeme von gewöhnlichen Differentialgleichungen mit unstetiger
rechter Seite bzw. nichtautonome Systeme von Differentialgleichungen gegeben sind. In der Regel werden die wichtigsten Eigenschaften und Begriffe zu diesen Systemklassen an den entsprechenden Stellen im Text eingeführt. Andererseits soll zumindest
für eine Klasse eine etwas breitere Einführung in die Gesamt-
problematik gegeben werden. Dies soll am Beispiel der autonomen
Differentialgleichungssysteme geschehen, da sie auch im Buch
die dominierende Rolle spielen. Dabei läßt sich ohne Schwierig-
keiten ein großer Teil der Begriffe und Eigenschaften auf nichtautonome Systeme (stetig bzw. diskret) übertragen.

Gegeben sei ein autonomes Differentialgleichungssystem

$$\dot{x} = f(x) \tag{0.1}$$

mit einer Funktion $f: \mathbb{R}^n \to \mathbb{R}^n$, die der <u>Klasse</u> $C^k$ $(k \geq 1)$ angehört. Letzteres bedeutet, daß $f$ $k$-mal stetig differenzierbar
ist. Für beliebige $x_0 \in \mathbb{R}^n$ möge die Lösung $x = x(\cdot; x_0)$ von (0.1)
mit $x(0; x_0) = x_0$ für alle $t$ aus einem Intervall $(a,b)$ mit
$0 \in (a,b)$ existieren. Unter der <u>Trajektorie</u> einer Lösung $x$ von
(0.1), die auf $(a,b)$ gegeben ist, verstehen wir die Menge
$\{y \in \mathbb{R}^n : y = x(t),\ t \in (a,b)\}$ im <u>Phasenraum</u> $\mathbb{R}^n$ des Systems (0.1).

Wir sprechen im weiteren oft von der Trajektorie $x$ von (0.1),
meinen dabei aber die zur Lösung $x$ von (0.1) gehörige Trajektorie. Innerhalb der Einleitung ist es günstig anzunehmen, daß
alle Lösungen von (0.1) auf $(-\infty,+\infty)$ existieren. Mit Hilfe der
Trajektorien erhält man eine Zerlegung des Phasenraumes in sich
nicht schneidende Trajektorien.

Der Vektor $x_0 \in \mathbb{R}^n$ mit $f(x_0) = 0$ heißt <u>Gleichgewichtszustand</u>
von (0.1). Die Menge aller Gleichgewichtszustände von (0.1)

nennen wir <u>stationäre Menge</u>

Wir unterscheiden im weiteren <u>geschlossene</u> und <u>nicht geschlossene</u> Trajektorien. Periodische Lösungen von (0.1) entsprechen geschlossenen Trajektorien oder auch <u>Zyklen</u> genannt. Ein Zyklus, für den im Phasenraum eine hinreichend kleine Umgebung existiert, in der es keine weiteren Zyklen gibt, heißt <u>Grenzzyklus</u>.

Zur Kennzeichnung des Verhaltens nicht geschlossener Trajektorien dient der Begriff der <u>Grenzmenge</u>. Sei $x$ eine Trajektorie von (0.1). Der Punkt $p \in \mathbb{R}^n$ heißt <u>$\omega$-Grenzpunkt</u> der Trajektorie $x$, wenn eine Folge $\{t_n\}$ mit $t_n \to +\infty$ existiert, so daß $x(t_n) \to p$ für $n \to +\infty$ ist. Die Gesamtheit aller $\omega$-Grenzpunkte der Trajektorie $x$ nennen wir <u>$\omega$-Grenzmenge</u> und bezeichnen sie mit $\Omega_x$. Analog spricht man für $t_i \to -\infty$ von <u>$\alpha$-Grenzpunkten</u> und <u>$\alpha$-Grenzmenge</u>. Wir führen einige Eigenschaften von $\omega$-Grenzmengen für (0.1) an:

1. Wenn die $\omega$-Grenzmenge einer Trajektorie leer ist, so strebt die entsprechende Trajektorie gegen unendlich.
2. Eine $\omega$-Grenzmenge ist stets abgeschlossen.
3. Trajektorien, die in einer $\omega$-Grenzmenge starten, verbleiben dort für $t \to +\infty$.
4. Eine beschränkte $\omega$-Grenzmenge ist zusammenhängend.
   (Die abgeschlossene Menge $F \subset \mathbb{R}^n$ heißt zusammenhängend, wenn sie sich nicht als Vereinigung zweier nichtleerer, abgeschlossener und disjunkter Mengen darstellen läßt.)

Unter Benutzung des Begriffs der Grenzmenge kann man einen Grenzzyklus auch so definieren: Ein Zyklus, der $\alpha$- oder $\omega$-Grenzmenge einer nicht geschlossenen Trajektorie ist, heißt Grenzzyklus.

Für die Untersuchung der Struktur des Phasenraumes ist auch eine Zerlegung dieses Raumes in Attraktoren und deren Einzugsgebiete von Nutzen. Dadurch können prinzipielle Fragen des asymptotischen Verhaltens der Lösungen des dynamischen Systems geklärt werden. Der Begriff des Attraktors wird in der Literatur unterschiedlich festgelegt. Im Buch haben wir uns im wesentlichen an die Definition aus [43] gehalten:

<u>Definition 0.1.</u> Die nichtleere, abgeschlossene Menge $M \subset \mathbb{R}^n$, $M \neq \mathbb{R}^n$, heißt <u>Attraktor</u> oder <u>anziehende Menge für (0.1)</u>, wenn eine (offene) Umgebung $U$ von $M$ existiert, so daß sich für eine beliebige Umgebung $V$ von $M$ und beliebiges $x_o \in U \setminus M$ ein

$T = T(x_o, V) > 0$ angeben läßt, so daß $x(t; x_o) \in V$ für $t \geq T$ gilt. Die Menge U nennen wir ein _Einzugsgebiet_ von M für (0.1). Die Menge M heißt ein _globaler Attraktor_ für (0.1), wenn M ein Attraktor für (0.1) ist und als ein zugehöriges Einzugsgebiet $U = \mathbb{R}^n$ gewählt werden kann.

Damit sind stabile Gleichgewichtszustände oder stabile Grenzzyklen von (0.1) Beispiele für Attraktoren in diesem Sinne. (Die Stabilität kann dabei als Ljapunow-Stabilität verstanden werden, vgl. Definition weiter unten.)

Die Menge $M \subset \mathbb{R}^n$ heißt (_positiv_) _invariant_ für das System (0.1), wenn aus $x_o \in M$ immer $x(t; x_o) \in M$ für $t \geq 0$ folgt. Die Menge $M \subset \mathbb{R}^n$ heißt dagegen (_positiv_) _stark invariant_, wenn $\bigcup_{z \in M} x(t; z) = M$ für beliebiges $t \geq 0$ gilt.

In der von uns gegebenen Definition 0.1 sind also Attraktoren nicht unbedingt invariant für (0.1).

Als Systeme relativ einfacher Struktur werden unter dem Gesichtspunkt der Attraktoren solche Systeme betrachtet, die einen globalen Attraktor besitzen. Bei der Untersuchung solcher Systeme gibt es besonders weitgehende Ergebnisse, die vor allem mit den Methoden der absoluten Stabilitätstheorie, insbesondere den Frequenzgangmethoden von V.A. Yakubovich und V.M. Popov [32, 43, 64, 75, 89, 131 - 135], gewonnen wurden. Komplizertere Verhältnisse trifft man in Systemen an, deren Attraktor nicht global ist bzw. in Systemen, die mehrere oder unendlich viele Attraktoren besitzen [70, 75, 95 - 98].

Wir wollen an dieser Stelle einige Stabilitätsbegriffe, die im weiteren Verwendung finden, in das Attraktorkonzept einordnen, wobei wir die Stabilität immer für $t \to +\infty$ betrachten.

_Definition 0.2._ Das System (0.1) heißt _dissipativ_ (_im Sinne von Levinson_), wenn (0.1) einen beschränkten, globalen Attraktor besitzt. Mit anderen Worten ([43, 115]): Das System (0.1) ist dissipativ, wenn im $\mathbb{R}^n$ eine Kugel (_Dissipativitätsgebiet_) existiert, in die alle Trajektorien von (0.1) gelangen und dort verbleiben.

Betrachtet man innerhalb einer Kugel D mit dem Volumen V, in die alle Trajektorien eines dissipativen Systems (0.1) gelangen, die Veränderung der Kugel D(t) und deren Volumens V(t) zum Zeitpunkt t unter Wirkung des Systems (0.1), so gilt mit dem Satz von Liouville $\dfrac{dV(t)}{dt} = \int_{D(t)} \mathrm{div}\, f(x)dx$. In vielen für die Praxis

wichtigen Systemen (0.1) ist überall div f < 0 (Phasenvolumen
schrumpfen). Ist in einem solchen System div f ≡ const < 0 und
ist das System dissipativ nach Levinson, so erhält man die Existenz eines Attraktors mit dem Lebesgue-Maß Null. Ein System
(0.1), das dissipativ nach Levinson mit einem Dissipativitätsgebiet D ist, und für das div f < 0 innerhalb von D gilt, wird
schwach kontrahierendes System genannt [80''']. Zur Klasse der
schwach kontrahierenden Systeme zählen viele Galerkin-Approxima-
tionen der Navier-Stokes-Gleichungen (z.B. das Lorenz-System).
Zur qualitativen Charakterisierung des stark invarianten, globalen, beschränkten Attraktors eines schwach kontrahierenden
Systems (0.1) ist dessen Dimension von großer Bedeutung. Allerdings braucht der Attraktor nicht unbedingt eine Mannigfaltigkeit zu sein und in diesem Sinne eine Dimension zu besitzen
(s.u.).

Aus diesem Grunde ist es zweckmäßig, z.B. die Hausdorff-Dimension oder die Entropie-Dimension des beschränkten Attraktors zu
bestimmen, da diese Größen für beliebige kompakte Mengen des $\mathbb{R}^n$
einen Sinn haben. Für eine kompakte Menge des $\mathbb{R}^n$ mit positivem
Lebesgue-Maß, die Teilmenge einer k-dimensionalen Mannigfaltigkeit ist, stimmen Hausdorff- und Entropie-Dimension überein und
sind gleich k [80''']. Andererseits sind für seltsame Attraktoren
(s.u.) auf vorwiegend numerischem Wege Entropie-Dimensionen
festgestellt worden, die nicht ganzzahlig sind.

In den Arbeiten [80'', 80'''] wird nachgewiesen, daß man unter
Einbeziehung von Informationen über das Dissipativitätsgebiet
eines schwach kontrahierenden Systems (0.1) obere Abschätzungen
der Hausdorff- und Entropie-Dimension eines für (0.1) stark invarianten, globalen, beschränkten Attraktors angeben kann. Das
ist besonders für große Systeme (0.1), die durch die Anwendung
numerischer Verfahren aus partiellen Differentialgleichungen
entstehen, von großem Interesse.

Für Evolutionsgleichungen und Systeme von partiellen Differentialgleichungen werden Attraktoren und deren Hausdorff-Dimension
z.B. in [59''] untersucht.

Ist für (0.1) div f ≡ 0, so bleiben Phasenvolumen erhalten;
ist div f nicht vorzeichenkonstant, so nennen wir (0.1) ein
System mit Aufpumpen (Bezeichnungen nach [57, 64]).

Definition 0.3 [75]. Ein System (0.1), dessen stationäre Menge
aus isolierten Punkten besteht, heißt global asymptotisch stabil,

wenn die stationäre Menge ein globaler Attraktor für (0.1) ist,
d.h. wenn jede Trajektorie von (0.1) für $t \to +\infty$ zu einem
Gleichgewichtszustand strebt.

Interessant für die Anwendungen sind auch Systeme mit einem
Kontinuum von Gleichgewichtszuständen. Für diese Systeme ist
folgender abgeschwächte Stabilitätsbegriff von Bedeutung.

Definition 0.4 [75]. Wir sagen, daß das System (0.1) eine globale Asymptotik besitzt, wenn seine stationäre Menge ein globaler Attraktor für (0.1) ist.

Aus Gründen der Vollständigkeit führen wir noch einige weitere
Stabilitätsbegriffe für Lösungen an.

Die Lösung $x(\cdot\,;x_0)$ von (0.1) heißt stabil nach Ljapunow, wenn
gilt

$$\forall \varepsilon > 0 \ \exists \delta > 0: \ \|x_0 - \bar{x}_0\| < \delta \implies \|x(t;x_0) - x(t;\bar{x}_0)\| < \varepsilon \ \ \forall t > 0.$$

Dabei ist $\|\cdot\|$ die Euklidische Norm im $\mathbb{R}^n$.

Eine Lösung $x(\cdot\,;x_0)$ von (0.1) nennen wir asymptotisch stabil
(nach Ljapunow), wenn sie stabil nach Ljapunow ist und ein
$\Delta > 0$ existiert, so daß für alle $y_0 \in \mathbb{R}^n$ mit $\|y_0 - x_0\| < \Delta$ die
Beziehung $\lim\limits_{t \to +\infty} \|x(t;x_0) - x(t;y_0)\| = 0$ gilt.

Das System (0.1) heißt asymptotisch stabil im ganzen, wenn es
einen Gleichgewichtszustand $x_0$ hat, der asymptotisch stabil ist
und für eine beliebige Lösung $x$ von (0.1) $\lim\limits_{t \to +\infty} \|x(t) - x_0\| = 0$
gilt.

Wir bemerken, daß bei der globalen asymptotischen Stabilität
und der globalen Asymptotik nicht gefordert wird, daß die entsprechenden Gleichgewichtszustände stabil nach Ljapunow sind.

Besonderes Interesse finden gegenwärtig Systeme (0.1), die beschränkte, stark invariante Attraktoren besitzen, innerhalb
derer alle Trajektorien eine große Empfindlichkeit bezüglich
der Anfangsbedingungen besitzen. Es wird versucht, solche Systeme zur Erklärung von Turbulenzerscheinungen und von „stochastischen" Verhaltensweisen determinierter Systeme zu benutzen.
Das bisher dominierende Turbulenzmodell von Landau-Hopf [79,
120] verknüpft Turbulenz ebenfalls mit einem speziellen Attraktor, der einen „Torus mit quasiperiodischer Umwickelung" darstellt. In physikalischen Experimenten konnte dieses Modell
nicht voll bestätigt werden. Von einigen Autoren [44, 45, 28, 81]

wird deshalb der Standpunkt vertreten, daß Turbulenz mit dem
Entstehen eines seltsamen Attraktors im Phasenraum zusammen-
hängt. Bezüglich der Definition eines seltsamen Attraktors existiert kein einheitlicher Standpunkt in der Literatur [44, 58,
81, 114', 117, 120]. Wir benutzen die folgende

Definition 0.5 [64, 118]. Der Attraktor M für (0.1) heißt selt-
sam, wenn M beschränkt und stark invariant für (0.1) ist, und
alle Lösungen von (0.1), deren Trajektorien innerhalb von M
liegen, instabil nach Ljapunow sind.

In der Literatur wird ein seltsamer Attraktor im Sinne der Definition 0.5 auch als hyperbolischer seltsamer Attraktor bezeichnet. Wie in [58] bemerkt wird, besitzen numerisch beobach-
tete seltsame Attraktoren in der Regel neben einem Kontinuum
von instabilen Trajektorien auch abzählbar viele stabile Trajektorien, deren Einzugsgebiet allerdings klein ist. Das bezieht
sich auch auf die im Text zitierten, numerisch ermittelten seltsamen Attraktoren.

In der Definition 0.5 des seltsamen Attraktors kommt der Instabilität der einzelnen Lösungen eine entscheidende Bedeutung zu,
wobei die Forderung der Instabilität nach Ljapunow auch durch
orbitale Instabilität ersetzt werden kann, was auch weiter unten geschieht. Die dominierende Rolle der Instabilität in Verbindung mit einem seltsamen Attraktor wird besonders in physikalischen Arbeiten unterstrichen. So bemerkt G.M. Zaslavskii
in [80'] sinngemäß, daß gegenwärtig verschiedene Diskussionen
über mögliche Wege zur Turbulenz über Periodenverdoppelung,
Feigenbaum-Universalität, Mischungsmechanismus, Hopf-Bifurka-
tion usw. geführt werden, die aber, möglicherweise, nur einen
engen spezifischen Charakter besitzen, da die wichtigste Seite
beim Übergang von einer laminaren Bewegung zu einer turbulenten
im Entstehen einer lokalen Instabilität besteht. Dieser Standpunkt für die Festlegung der Eigenschaften eines seltsamen Attraktors wird auch in [109', 118] vertreten. Besitzt das System
0.1 einen seltsamen Attraktor, so sagen wir auch, daß dieses
System ein chaotisches Lösungsverhalten zeigt.

Seltsame Attraktoren konnten bisher in der Regel nur experimen-
tell-numerisch in Systemen (0.1) mit einer Dimension größer
oder gleich 3 nachgewiesen werden. Ein teilweise analytischer
Zugang zum Auffinden seltsamer Attraktoren soll im weiteren
kurz skizziert werden, wobei sich die Darstellung an [58, 64,
114'] anlehnt.

Wir setzen dazu voraus, daß $x_0$ für das System (0.1) ein <u>hyper-</u>
<u>bolischer Gleichgewichtszustand</u> ist. Letzteres bedeutet, daß
bezüglich der Eigenwerte $\lambda_1, \lambda_2, \ldots, \lambda_n$ der Jacobi-Matrix $\dfrac{\partial f(x_0)}{\partial x}$
die Beziehung Re $\lambda_j \neq 0$ für $j = 1, 2, \ldots, n$ gilt. Wenn die Jacobi-
Matrix im Gleichgewichtszustand $x_0$ gewisse s Eigenwerte mit
Re $\lambda_j > 0$ und $(n - s)$ Eigenwerte mit Re $\lambda_j < 0$ besitzt, so existieren nach dem Satz von Hadamard-Perron [59', 114'] in $x_0$
eine s-dimensionale, instabile, für (0.1) invariante Mannigfaltigkeit $W^u$, die aus Trajektorien gebildet wird, die von $x_0$ weg-
führen, und eine $(n-s)$-dimensionale, stabile, für (0.1) invariante Mannigfaltigkeit $W^s$, bestehend aus Trajektorien, die in
$x_0$ münden. Beide Mannigfaltigkeiten sind von der Klasse $C^k$,
wenn f aus (0.1) der Klasse $C^k$ angehört. Dabei wird unter einer
m-dimensionalen Mannigfaltigkeit $M \subset \mathbb{R}^n$ der Klasse $C^k$ folgendes
verstanden [114']: In M ist eine durch $\mathbb{R}^n$ induzierte Topologie
gegeben und in jedem Punkt $p \in M$ existiert eine Umgebung $U \subset M$
des Punktes p und ein Homöomorphismus $h: U \to U_0$, wobei $U_0$ eine
offene Teilmenge des $\mathbb{R}^m$ mit $m \leqq n$ ist, $h^{-1}$ der Klasse $C^k$ angehört und für jedes $q \in U_0$ die Jacobi-Matrix $\dfrac{\partial h^{-1}(q)}{\partial x}$ den Rang m
hat. Weiterführende Ausführungen zur Existenz und zu den Eigen-
schaften von solchen Mannigfaltigkeiten kann man in [15, 64,
112, 114'] finden.

Besitzt das System (0.1) mehrere Gleichgewichtszustände, so
kann man natürlich in jedem von ihnen entsprechende invariante
Mannigfaltigkeiten betrachten. Die Lage dieser Mannigfaltigkeiten zueinander im Phasenraum legt die Struktur seiner Zerlegung in Gebiete mit qualitativ unterschiedlichem Lösungsverhalten fest. Man kann deshalb diese Mannigfaltigkeiten als
<u>Separatrixflächen</u> bezeichnen. Am interessantesten und am besten
untersucht ist der Fall $s = 1$, d.h. wenn im Gleichgewichtszustand $x_0$ die zugehörige Jacobi-Matrix genau einen positiven
Eigenwert und $(n - 1)$ Eigenwerte mit negativem Realteil besitzt.
Dem positivem Eigenwert entspricht eine eindimensionale, instabile invariante Mannigfaltigkeit, die wir auch <u>Separatrix</u> nennen. Den restlichen Eigenwerten entspricht eine $(n - 1)$-dimen-
sionale, stabile invariante Mannigfaltigkeit. Für $n = 3$
spricht man bezüglich des Gleichgewichtszustandes $x_0$ von einem
<u>Sattelpunkt</u> (oder kurz Sattel), wenn von den Eigenwerten einer
positiv und zwei negativ sind, und, allgemeiner, von einem
<u>Sattel-Strudel-Punkt</u>, wenn ein positiver Eigenwert und zwei

Eigenwerte mit negativem Realteil vorliegen. In einer solchen
Situation kann eine Separatrix sich zunächst entlang der ein-
dimensionalen, instabilen Mannigfaltigkeit von $x_o$ entfernen und
z.B. entlang der stabilen Mannigfaltigkeit in Richtung von $x_o$
zurückkehren, wie das auf Abb. 0.1 zu sehen ist.

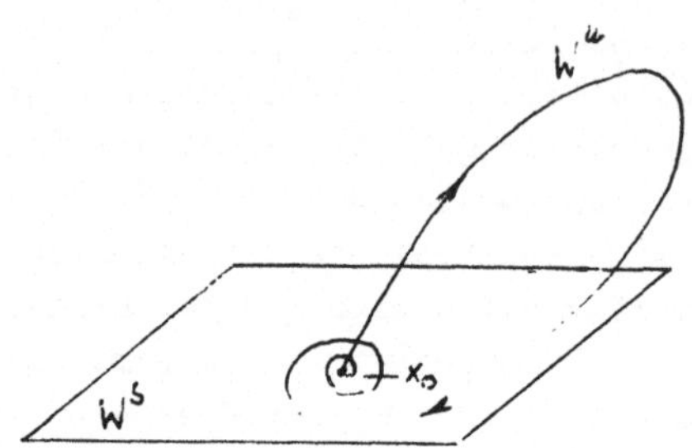


Abb. 0.1

Bildung einer Separatrixschlinge

Eine solche Trajektorie heißt dann <u>Separatrixschlinge</u>. Die Trajektorie x ist also Separatrixschlinge im Sattel $x_o$, wenn $x_o$
gleichzeitig $\alpha$- und $\omega$-Grenzmenge von x ist. Wie in [130] ausgeführt wird, hängt mit der Existenz von Separatrixschlingen für
(0.1) das Entstehen und Verschwinden von Zyklen und von homo-
klinen Strukturen zusammen, wenn f in (0.1) zusätzlich von einem
Parameter abhängt und dieser entsprechend verändert wird (Satz
von L.P. Shilnikov). Solche Zwischenstadien können schließlich,
wie die in [58] zitierten numerischen Experimente zeigen, zu
einem seltsamen Attraktor führen. In Verbindung damit ist eine
wichtige Aufgabe bei der Untersuchung des Systems (0.1) der
Nachweis und die Konstruktion von Separatrixschlingen. Für das
Lorenz-System wurde die Existenz von Separatrixschlingen bei
bestimmten Parametern erstmalig analytisch von V.N. Belych in
[64] gezeigt.

Im vorliegenden Buch ist die Ableitung von Eigenschaften über
Separatrizen bzw. Separatrixschlingen für das Lorenz-System mit
der Konstruktion kontaktloser Mengen im Phasenraum verknüpft.
Mit Hilfe kontaktloser Flächen werden invariante Mengen für
(0.1) angegeben, die auch die Separatrizen enthalten, die vom
Sattel des Lorenz-Systems ausgehen. Wir geben hier kurz eine
entsprechende Definition. Die Orientierung des durch (0.1) fest-
gelegten Vektorfeldes kann auf beliebigen Flächen im $\mathbb{R}^n$ betrach-

tet werden.

<u>Definition 0.6.</u> Gegeben sei im $\mathbb{R}^n$ eine Fläche
$\{x \in E \subset \mathbb{R}^n: g(x) = c\}$ wobei $g: E \subset \mathbb{R}^n \to \mathbb{R}$ differenzierbar sein
soll. Wir sagen, daß diese Fläche <u>ohne Kontakt mit dem Vektor-</u>
<u>feld von System (0.1)</u> ist, wenn $\dot{g}(x) \overset{def}{=} \operatorname{grad} f(x)*f(x) \neq 0$ für
$x \in \{x \in E: g(x) = 0\}$ ist.

Durch geeignet konstruierte kontaktlose Flächen erhält man
ebenfalls eine Zerlegung des Phasenraumes in Gebiete mit qualitativ unterschiedlichem Lösungsverhalten.

Wie in numerischen als auch physikalischen Experimenten nachgewiesen wurde [80, 91, 92], lassen sich chaotische Systeme oft
durch eine äußere Erregung stabilisieren.

Um die Problematik zu veranschaulichen, betrachten wir die als
System geschriebene gestörte Van der Pol-Gleichung

$$\dot{x} = \varepsilon[y - (\frac{x^3}{3} - x) + b \sin \omega t],$$
$$\dot{y} = - \varepsilon^{-1}x, \tag{0.2}$$

wobei $\varepsilon$, b und $\omega$ Parameter sind. Im System (0.2) läßt sich eine
Erscheinung beobachten, die man als <u>Auffangen der Frequenz</u> bezeichnet. Dieser Effekt besteht darin, daß den erzwungenen
Schwingungen in (0.2) ein Grenzzyklus entspricht, dessen Perio-
de n-mal ($n \in \mathbb{N}$) größer ist als die Periode $\frac{2\pi}{\omega}$ der äußeren Erregung. Man spricht dann auch von subharmonischen Lösungen. Wie
von J. Guckenheimer in [120] ausgeführt wird, stellton M.L.
Cartwright und J.E. Littlewood erstmalig in [6] fest, daß im
System (0.2) bei bestimmten Parametern gleichzeitig mehrere
subharmonische Lösungen mit verschiedenen Perioden existieren
können, wobei nach N. Levinson [25'] neben stabilen Grenzzyklen
auch instabile Trajektorien vorkommen können. Deshalb ist es
zweckmäßig, für Systeme vom Typ (0.2) Bedingungen zu formulieren, bei denen ein Auffangen der Frequenz (auch <u>Synchronisation</u>
<u>auf der Frequenz der äußeren Erregung</u> genannt) zu garantieren.
Dies ist um so aktueller, da die beschriebenen Effekte auch für
das Lorenz-System beobachtet werden können [91, 92]. Das Auffangen der Frequenz wird in der vorliegenden Arbeit unter dem
Blickwinkel der Stabilisierbarkeit untersucht.

Wir betrachten ein nichtautonomes System

$$\dot{x} = f(x,t) \tag{0.3}$$

mit glatter rechter Seite f: $\mathbb{R}^n \times \mathbb{R}_+ \to \mathbb{R}^n$, so daß alle Lösungen $x = x(\cdot;t_0,x_0)$ für $t > t_0$ existieren.

<u>Definition 0.7.</u> Das System (0.3) nennen wir <u>stabilisiert</u>, wenn für beliebige zwei Lösungen $x_1$ und $x_2$ von (0.3) die Beziehung

$$\lim_{t \to +\infty} \|x_1(t) - x_2(t)\| = 0$$

gilt.

Im Buch werden in Verbindung mit der Attraktoreingrenzung Systeme der Phasensynchronisation [5, 26, 54, 62, 64, 127, 127'] ausführlich behandelt. Eine entsprechende Definition soll deshalb hier angeführt werden. Solche Systeme nehmen mit ihrem Lösungsverhalten eine gewisse Mittelstellung zwischen Systemen, die global asymptotisch stabil sind, und chaotischen Systemen ein.

<u>Definition 0.8.</u> Wir bezeichnen das System (0.3) als ein (<u>konti-nuierliches</u>) <u>Phasensystem</u>, wenn ein Vektor $d \in \mathbb{R}^n$, $d \neq 0$, existiert, so daß $f(x + d,t) = f(x,t)$ für alle $x \in \mathbb{R}^n$ und $t \geq 0$ ist.

Breite Anwendung im Buch finden Sätze über Differentialungleichungen. Wir verweisen hier nur auf die folgende Version des Vergleichsprinzips von S.A. Tschaplygin für das System (0.3) mit $n = 1$: Es sei $y: [t_0,\alpha] \to \mathbb{R}$ stetig differenzierbar und $\frac{dy}{dt} < f(y,t)$ für $t \in [t_0,\alpha]$ sowie $y(t_0) \leq x_0$. Dann gilt $y(t) < x(t;t_0,x_0)$ für $t \in (t_0,\alpha]$.

Es soll nun eine kurze Inhaltsangabe der Arbeit gegeben werden. Das Buch besteht aus 15 Abschnitten.

In den ersten beiden Abschnitten wird die globale Stabilität für das reelle Lorenz-System und für eine Verallgemeinerung dieses Systems im Komplexen untersucht. Es wird mit einer Ljapunow-Technik gezeigt, daß das komplexe Lorenz-System (interpretiert als autonomes System (0.1) im $R^5$) bei beliebigen zulässigen Parametern dissipativ im Sinne von Levinson ist. Für den Fall, daß das komplexe Lorenz-System nur einen Gleichgewichtszustand hat, wird bei bestimmten Voraussetzungen bezüglich der Parameter nachgewiesen, daß dieser Gleichgewichtszustand ein globaler Attraktor ist. Damit können die in [11] festgestellten chaotischen Erscheinungen differenzierter beurteilt werden und Abschätzungen für das Dissipativitätsgebiet gegeben werden, in dem sich ein Grenzzyklus befindet. Weiter

wird, bei gewissen Einschränkungen des Parameterbereiches, für
das komplexe Lorenz-System mit einem Kontinuum von Gleichgewichtszuständen die globale Asymptotik gezeigt. Der beim reellen Lorenz-System bei bestimmten Parametern numerisch beobach-
tete seltsame Attraktor kann eingegrenzt werden. Außerdem werden Bedingungen formuliert, bei denen kein seltsamer Attraktor
im reellen Lorenz-System auftreten kann.

Im 3. Abschnitt wird in analoger Weise die globale Stabilität
eines konkreten Systems (0.1) der Dimension 4 aus der MASER-
Physik und eines Systems, das ein sogenanntes flüssiges
Gyroskop beschreibt, gezeigt.

Im 4. Abschnit werden zwei autonome Systeme aus drei gewöhnlichen Differentialgleichungen untersucht, welche „abstrakte"
chemische Reaktionen beschreiben und nach O.E. Rössler benannt
sind [12, 41, 42]. Durch Konstruktion einer Hilfsfunktion und
Reduktion der Ausgangssysteme auf Systeme niedrigerer Dimension wird gezeigt, daß die beiden Rössler-Systeme keinen beschränkten, globalen Attraktor besitzen, d.h. nicht dissipativ
im Sinne von Levinson sind. Damit ergibt sich, daß Lösungen
der beiden Systeme, die mit betragsmäßig großen Anfangsbedingungen starten, nicht in das Einzugsgebiet eines numerisch ermittelten und in [10] angegebenen seltsamen Attraktors gelangen.

Im 5. Abschnitt werden Differentialgleichungssysteme beliebiger
Dimension mit Halbordnungskriterien untersucht. Stärker als
bisher bekannt, wird der Zusammenhang zwischen Stabilitätsaussagen, die auf der Basis von invarianten Kegeln beruhen, und
Frequenzaussagen, die auf den Frequenzsatz von Yakubovich-
Kalman [75, 134] zurückgehen, herausgearbeitet. Dadurch gewinnen einerseits die Kegelaussagen an Effektivität, andererseits
lassen sich bekannte Frequenzbedingungen verallgemeinern, indem dort der „Frequenzteil", der die Verwendung von Kreiskegeln
impliziert, durch andere Kegelkonstruktionen ersetzt wird.
Allerdings lassen sich in diesem Zusammenhang nur solche Frequenzbedingungen behandeln, deren Beweis über Kegelkonstruktionen geführt wird.

Im Abschnitt 6 werden Differentialgleichungen mit periodischer
Nichtlinearität untersucht, welche die Arbeitsweise vieler Systeme der Phasensynchronisation beschreiben. Für eine Klasse
solcher Systeme wird eine asymptotische Eingrenzung der Winkel-
koordinate vorgenommen. Mit Hilfe eines allgemeinen Satzes des

Abschnittes wird für ein Phasensystem dritter Ordnung mit einem
RLC-Filter gezeigt, daß der Ausgang des Systems ("Phasenfehler")
asymptotisch gegen Attraktoren strebt, die in Intervallen liegen, deren Länge kleiner ist als die Periode der Nichtlinearität, obwohl dieses System Lösungen besitzt, die nicht stabil
im Sinne von Ljapunow sind.

Im Abschnitt 7 wird mit der Methode der invarianten Kegel das
Stabilitätsverhalten im Sinne von Yu.A. Bakaev von diskret wirkenden nichtautonomen Phasensystemen untersucht. Mit Hilfe des
in der Arbeit bewiesenen Frequenzkriteriums zur asymptotischen
Eingrenzung der Phasendifferenz, das auf der Basis des diskreten Frequenzsatzes von Yakubovich-Kalman [121, 134] gewonnen
wurde, werden Fangregime eines einfachen Impuls- und eines
Ziffernsystems der Phasensynchronisation analysiert.

Im Abschnitt 8 werden Frequenzbedingungen für die Beschränktheit der Lösungen und für die Existenz von Kreislösungen für
nichtlineare Differential- und Differenzensysteme, die Systeme
der Phasensynchronisation beschreiben, angegeben. Diese Ergebnisse setzen Untersuchungen von V.N. Belych und V.I. Nekorkin
[69] fort, indem zur Stabilitätsanalyse bestimmter mehrdimensionaler Vergleichssysteme, die durch Dekomposition aus dem
Ausgangssystem entstanden sind, die Methode der invarianten
Kegel angewandt wird.

In den Abschnitten 9 und 10 werden Bedingungen für ein System
(0.3) formuliert, welche eine Stabilisierung der Lösungen garantieren. Als Anwendungsbeispiele für die dort angeführten Sätze
werden Differentialgleichungen untersucht, die wichtige tech-
nische Konstruktionen (Oszillatoren) beschreiben.

In den Abschnitten 11 - 13 werden invariante Mengen für das
Lorenz-System konstruiert, welche auch die Separatrizen enthalten, die bei bestimmten Parametern vom Koordinatenursprung ausgehen. Damit können weitere Aussagen über die globale Stabilität des Lorenz-Systems gewonnen werden. Außerdem werden im Abschnitt 14 Bedingungen für die Existenz einer Separatrixschlinge angegeben, die Untersuchungen von V.N. Belych aus [64] erweitern.

Im abschließenden Abschnitt 15 werden Möglichkeiten diskutiert,
wie für ein System (0.1) mit invarianter, beschränkter Menge
die Instabilität der Trajektorien innerhalb dieser Menge gewährleistet werden kann.

# 1. Zur globalen Stabilität des Lorenz-Systems

Betrachtet wird das Lorenz-System [45,81]

$$\dot{x}_1 = -\sigma_1(x_1 - y_1), \quad \dot{y}_1 = -x_1 z_1 + r_1 x_1 - y_1, \quad \dot{z}_1 = x_1 y_1 - b_1 z_1, \quad (1.1)$$

wobei $\sigma_1$, $r_1$ und $b_1$ feste positive Zahlen sind und $r_1 > 1$ ist.
Bekanntlich wurde numerisch für das System (1.1) bei bestimmten
Parametern ein seltsamer Attraktor gefunden [27,28,45,117].
Das Differentialgleichungssystem (1.1) erhält man, wenn ein
Galerkin-Ansatz mit drei Koordinaten-Funktionen zur Lösung der
Navier-Stokes-Gleichungen und der Kontinuitätsgleichungen der
Hydromechanik durchgeführt wird. Für $r_1 > 1$ besitzt das System
(1.1) drei Gleichgewichtszustände[1]. Im weiteren interessieren
wir uns für die Stabilität dieser Gleichgewichtszustände. Dabei stützt sich unsere Darstellung auf die Arbeit [100].

Folgender Satz wird weiter unten bewiesen:

<u>Satz 1.1.</u> Wenn die Lösung $(x_1, y_1, z_1)$ des Systems (1.1) der Bedingung

$$(2\sigma_1 - b_1) \lim_{t \to +\infty} \sup x_1^2(t) < b_1^2(\sigma_1 + 1) \qquad (1.2)$$

genügt, so strebt diese Lösung für $t \to +\infty$ gegen einen Gleichgewichtszustand.

Beim Beweis des Satzes 1.1 wird das System

$$\dot{\sigma} = \eta, \quad \dot{\eta} = -g(\eta, \sigma) + z^* Cf(\sigma) - \varphi(\sigma), \quad \dot{z} = Az + Bf(\sigma)\eta \quad (1.3)$$

eine Rolle spielen. Dabei ist A eine konstante Hurwitz-Matrix
der Ordnung $n \times n$, B und C bezeichnen konstante $n \times m$-Matrizen,
$f: \mathbb{R} \to \mathbb{R}^m$ ist eine stetig differenzierbare Vektorfunktion und
$\varphi: \mathbb{R} \to \mathbb{R}$ und $g: \mathbb{R} \times \mathbb{R} \to \mathbb{R}$ sind stetig differenzierbare Funktionen. Weiter unten wird gezeigt, daß das System (1.1) in der
Form (1.3) geschrieben werden kann.
Im weiteren werden wir voraussetzen, daß eine beliebige Lösung
von (1.3) auf dem Intervall $(0, +\infty)$ definiert ist, ferner die
stationäre Menge $\Lambda$ aus isolierten Punkten besteht und die Ungleichung

$$g(\eta, \sigma)\eta \geq \mu_1 \eta^2 \quad (\eta \in \mathbb{R}, \ \sigma \in \mathbb{R})$$

erfüllt ist, wobei $\mu_1 > 0$ eine feste positive Zahl ist. Wir betrachten die Matrix-Funktion $K(p) = C^*(A - pI)^{-1}B$, wobei p eine
komplexe Zahl ist und I die $n \times n$-Einheitsmatrix bezeichnet. Es
sei weiter $\mu > 0$ eine feste Zahl.

---

[1] Ausführlicher im Abschnitt 11.

$\underline{\text{Satz 1.2.}}$ Für alle $\omega \in \mathbb{R}$ gelte die Ungleichung

$$\det[\mu_1 \cdot \mu^{-1} I + \operatorname{Re} K(i\omega)] \neq 0. \qquad (1.4)$$

Dann strebt jede auf $(0,+\infty)$ beschränkte Lösung $x = (\sigma,\eta,z)$ des System (1.3), die der Ungleichung $\lim\sup\limits_{t\to+\infty} \|f(\sigma(t))\|^2 < \mu$ genügt, gegen einen Gleichgewichtszustand.

$\underline{\text{Beweis.}}$ Die Ungleichung (1.4) ist der Beziehung

$$\mu_1 \mu^{-1} I + \operatorname{Re} K(i\omega) > 0 \qquad (\omega \in \mathbb{R})$$

äquivalent. Nach Satz 1.2.7 („Frequenzsatz") und Lemma 1.2.3 („Lemma von Ljapunow") der Arbeit [75] folgt die Existenz einer $n \times n$-Matrix $H = H^* > 0$ und einer Zahl $\varepsilon > 0$, so daß die Ungleichung

$$2z^*H(Az + Bz) + z^*C\xi - \mu_1\mu^{-1}\|\xi\|^2 \leq -\varepsilon\|z\|^2 \qquad (z \in \mathbb{R}^n,\ \xi \in \mathbb{R}^m) \quad (1.5)$$

gilt. Wir betrachten weiter die Funktion $V: \mathbb{R}^{n+2} \to \mathbb{R}$ mit

$$V(x) = z^*Hz + \frac{1}{2}\eta^2 + \int_0^\sigma \varphi(\sigma)d\sigma,$$

wobei $x = (\sigma,\eta,z)$ ist. Aus der Ungleichung (1.5) folgt für eine Lösung $x$ des Systems (1.3) die Abschätzung

$$\dot{V}(x(t)) \leq -\mu_1\eta^2(t)(1 - \mu^{-1}\|f(\sigma(t))\|^2) - \varepsilon\|z(t)\|^2 \qquad (t > 0). \quad (1.6)$$

Damit ist für eine beschränkte Lösung $x(\cdot;x_0)$ von (1.3) (mit $x(0;x_0) = x_0$), die der Bedingung $\lim\sup\limits_{t\to+\infty} \|f(\sigma(t))\|^2 < \mu$ genügt, die Funktion $V(x(\cdot;x_0))$ nicht wachsend auf einem Intervall $(\tau,+\infty)$. Hieraus und aus der Beschränktheit von $V(x(\cdot;x_0))$ ergibt sich die Existenz eines endlichen Grenzwertes

$$\lim_{t\to+\infty} V(x(t;x_0)) = L.$$

Da die Trajektorie $x(\cdot;x_0)$ beschränkt auf $(0,+\infty)$ ist, ist die Menge $\Omega$ ihrer $\omega$-Grenzpunkte nichtleer. Es sei $y \in \Omega$. Dann gilt bekanntlich [75] die Inklusion $x(t;y) \in \Omega$ $(t > 0)$. Deshalb ist auch $V(x(t;y)) = L$ $(t > 0)$. Außerdem folgt aus der Ungleichung $\lim\sup\limits_{t\to+\infty} \|f(\sigma(t;x_0))\|^2 < \mu$ die Beziehung $\|f(\sigma(t;y))\|^2 < \mu$ $(t > 0)$. Unter Benutzung von (1.6) erhalten wir die Identitäten $z(t;y) \equiv 0$ und $\eta(t;y) \equiv 0$. Aus (1.3) und der Gleichung $\eta(t;y) \equiv 0$ folgt außerdem die Beziehung $\sigma(t;y) \equiv$ const. Damit gilt die Inklusion $\Omega \subset \Lambda$. Diese Inklusion und die Isoliertheit von $\Lambda$ beweisen die Aussage des Satzes 1.2. $\blacksquare$

$\underline{\text{Beweis des Satzes 1.1.}}$ Wir betrachten nun das Lorenz-System (1.1). Die Transformation

$$\sigma = \frac{\varepsilon}{\sqrt{2\sigma_1}}\, x_1, \quad \eta = \frac{\varepsilon^2}{\sqrt{2}}\,(y_1 - x_1), \quad z = \varepsilon^2\Big(z_1 - \frac{x_1^2}{b_1}\Big), \quad t = \frac{\sqrt{\sigma_1}}{\varepsilon}\, t_1,$$

$$\mu_1 = \varepsilon\,\frac{\sigma_1 + 1}{\sqrt{\sigma_1}}, \quad A = -\varepsilon\,\frac{b_1}{\sqrt{\sigma_1}}, \qquad \varepsilon = (r_1 - 1)^{-1/2}, \quad \beta = \varepsilon\,\frac{2\sigma_1 - b_1}{\sqrt{\sigma_1}}$$

überführt (1.1) in ein System (1.3) mit

$$B = 2\beta A^{-1}, \quad C = -1, \quad f(\sigma) = \sigma \quad (\sigma \in \mathbb{R}),$$

$$g(\eta,\sigma) = \mu_1\eta \qquad\qquad (\eta,\sigma \in \mathbb{R}),$$

$$\varphi(\sigma) = (1 - \beta A^{-1})\sigma^3 - \sigma \qquad (\sigma \in \mathbb{R}).$$

Außerdem ist

$$K(p) = 2\beta(p - A)^{-1}A^{-1} \qquad (p \neq A).$$

Deshalb ist die Ungleichung (1.4) erfüllt, wenn $\beta < \mu_1 A^2(2\mu)^{-1}$ ist. Die letzte Ungleichung lautet in den ursprünglichen Bezeichnungen

$$2\sigma_1 - b_1 < \frac{(\sigma_1 + 1)b_1^2}{2\sigma_1(r_1 - 1)}\,\mu^{-1}. \tag{1.7}$$

Da das System (1.1) dissipativ im Sinne von Levinson ist ([64]), ergibt sich aus (1.7) und Satz 1.2 der Beweis von Satz 1.1.

Wir treffen nun folgende Festlegungen:
$\gamma = \sigma_1 r_1^{-1}$, $\lambda_0 = \min(1, b_1, \sigma_1)$, $\lambda \in [0, \lambda_0]$ beliebig,
$\theta = 2[\sigma_1 - \sqrt{\gamma(\sigma_1 - \lambda)(1 - \lambda)}\,]$,
$W: \mathbb{R} \times \mathbb{R} \times \mathbb{R} \to \mathbb{R}$ mit

$$W(x_1, y_1, z_1) = \tfrac{1}{2}[x_1^2 + \gamma(y_1^2 + z_1^2)] - \theta z_1,$$

$$\Gamma = \frac{\theta^2(b_1 - 2\lambda)^2}{8\lambda\gamma(b_1 - \lambda)}, \quad \alpha = \frac{b_1^2[\sqrt{r_1\sigma_1} - \sqrt{(\sigma_1 - \lambda)(1 - \lambda)}\,]^2}{\lambda(b_1 - \lambda)(1 + \gamma)}.$$

<u>Lemma 1.1.</u> Für eine beliebige Lösung $(x_1, y_1, z_1)$ von (1.1) gilt die Ungleichung

$$\limsup_{t \to +\infty} W(x_1(t), y_1(t), z_1(t)) \leqq \Gamma. \tag{1.8}$$

<u>Bemerkung 1.1.</u> Eine Funktion $W$ analoger Art wurde in den Arbeiten [45,64,81] zum Nachweis der Dissipativität im Sinne von Levinson des Systems (1.1) benutzt.

<u>Beweis von Lemma 1.1.</u> Eine direkte Berechnung ergibt

$$\dot{W} + 2\lambda W = -(\sigma_1 - \lambda)x_1^2 - \gamma(1 - \lambda)y_1^2 - \gamma(b_1 - \lambda)z_1^2 +$$
$$+ [\sigma_1 + \gamma r_1 - \theta]x_1 y_1 + \theta(b_1 - 2\lambda)z_1 < -\gamma(b_1 - \lambda)z_1^2 +$$
$$+ \theta(b_1 - 2\lambda)z_1 \leqq 2\lambda\Gamma \qquad\qquad (t > 0).$$

Deshalb ist

$$\frac{d}{dt}(W - \Gamma) + 2\lambda(W - \Gamma) \leqq 0 \qquad (t > 0)$$

und folglich

$$W(x_1(t),y_1(t),z_1(t)) - \Gamma \leqq [W(x_1(0),y_1(0),z_1(0)) - \Gamma]e^{-2\lambda t}$$

$$(t > 0),$$

was die Ungleichung (1.8) impliziert. ∎

Wir definieren die beiden Mengen

$$\Phi_1 = \{(x_1,y_1,z_1) \mid W(x_1,y_1,z_1) \leqq \Gamma, \ x_1 > \sqrt{\alpha}\},$$

$$\Phi_2 = \{(x_1,y_1,z_1) \mid W(x_1,y_1,z_1) \leqq \Gamma, \ x_1 < -\sqrt{\alpha}\}.$$

<u>Lemma 1.2.</u> Wenn zum Zeitpunkt $t$ die Lösung $(x_1,y_1,z_1)$ des Systems (1.1) in $\Phi_1$ enthalten ist, so ist $\dot{x}_1(t) < 0$. Ist diese Lösung in $\Phi_2$ enthalten, so ist $\dot{x}_1(t) > 0$.

<u>Beweis.</u> Wir betrachten zunächst den ersten Teil der zu beweisenden Aussage und nehmen deren Negation als richtig an. Dann folgen aus der Gleichung $\dot{x}_1 = -\sigma_1(x_1 - y_1)$ die Ungleichungen $y_1(t) \geqq x_1(t) \geqq \sqrt{\alpha}$. Deshalb ist

$$W(x_1(t),y_1(t),z_1(t)) > \frac{1}{2}[\alpha + \gamma\alpha + \gamma(z_1(t) - \frac{\theta}{\gamma})^2 - \frac{\theta^2}{\gamma}] \geqq$$

$$\geqq \frac{1}{2}[\alpha(1 + \gamma) - \frac{\theta^2}{\gamma}] = \Gamma,$$

im Widerspruch dazu, daß die Lösung zum Zeitpunkt $t$ in $\Phi_1$ liegt. Analog dazu wird der zweite Teil der Aussage des Lemmas 1.2 bewiesen. ∎

Aus den Lemmata 1.1 und 1.2 folgt, daß für eine beliebige Lösung $(x_1,y_1,z_1)$ des Systems (1.1) die Abschätzung

$$\limsup_{t \to +\infty} x_1^2(t) \leqq \frac{b_1^2}{(1 + \sigma_1 r_1^{-1})} \ \min_{\lambda \in [0,\lambda_0]} \ \frac{[\sqrt{r_1\sigma_1} - \sqrt{(\sigma_1 - \lambda)(1 - \lambda)}]^2}{\lambda(b_1 - \lambda)}$$

gilt.

$$(1.9)$$

Durch Vergleich von (1.2) und (1.9) kommen wir zu der

<u>Folgerung 1.1.</u> Wenn die Ungleichung

$$2\sigma_1 - b_1 < (\sigma_1 + 1)(\sigma_1 r_1^{-1} + 1) \ \max_{\lambda \in [0,\lambda_0]} \ \frac{\lambda(b_1 - \lambda)}{[\sqrt{r_1\sigma_1} - \sqrt{(\sigma_1 - \lambda)(1 - \lambda)}]^2}$$

$$(1.10)$$

erfüllt ist, so ist das System (1.1) global asymptotisch stabil.

<u>Bemerkung 1.2.</u> Die Abschätzung (1.10) verallgemeinert ein entsprechendes Ergebnis von V.I. Yudovich [64]: Bei $2\sigma_1 - b_1 < 0$

ist das Lorenz-System (1.1) global asymptotisch stabil.

**Bemerkung 1.3.** Bei $r_1 \to 1$ strebt die rechte Seite der Ungleichung (1.10) gegen $+\infty$. Deshalb läßt sich bei fixierten $b_1$ und
$\sigma_1$ immer ein $r_1 > 1$ angeben, mit dem die Bedingung (1.10) erfüllt ist.

**Bemerkung 1.4.** Mitunter ist es von Interesse [81], kleine $b_1$
zu betrachten. Wir wählen in dem Falle $\lambda = \frac{b_1}{2}$ und erhalten aus
(1.10) die folgende Bedingung der globalen asymptotischen Stabilität:

$$r_1 < 1 + \frac{(\sigma_1 + 1)}{\sqrt{2}\,\sigma_1}\,b_1.$$

Bei $\sigma_1 \gg 1$, $b_1 \gg 1$ und $\sigma_1 \gg b_1$ nimmt (1.10) die Gestalt
$r_1 < \sqrt{\frac{b_1}{2}}$ an.

**Bemerkung 1.5.** Für $b_1 = \frac{8}{3}$, $\sigma_1 = 10$, $\lambda = 0.4$ folgt aus (1.10),
daß für $r_1 < 1.86$ das System (1.1) global asymptotisch stabil
ist. Andererseits ist numerisch in [81] für die genannten $b_1$
und $\sigma_1$ die Grenze der globalen asymptotischen Stabilität mit
$r_1 \approx 13.926$ ermittelt worden.

## 2. Dissipativität und globale Stabilität des komplexen Lorenz-Systems

Für die Untersuchung der Ausbreitung von Wellen mit Dispersion
in instabilen Systemen wird in [11] ein Zugang von Stuart [79]
angewandt, der auf der Störungsrechnung und der Methode der
unterschiedlichen Skalierung beruht. Im Ergebnis dieser Vorgehensweise erhält man die AB-Gleichungen, d.h. ein System von
Differentialgleichungen für die komplexwertige Größe A (Amplitude) und die reellwertige Größe B (Korrekturterm):

$$\frac{d^2A}{dT_1^2} + \Delta_1\,\frac{dA}{dT_1} = \alpha_1 A - \beta_1 AB,$$

$$\frac{dB}{dT_1} + \Delta_2 B = \left(\frac{d}{dT_1} + \Delta_3\right)|A|^2.$$

Dabei sind $\Delta_1$ und $\alpha_1$ komplexe Parameter, während $\Delta_2$, $\Delta_3$ und $\beta_1$
reelle Parameter sind. Wie in [11] gezeigt wurde, entsteht durch
eine einfache Tranformation aus den AB-Gleichungen das System

$$\dot{x} = -\sigma(x-y), \quad \dot{y} = -xz + rx - ay, \quad \dot{z} = -bz + \tfrac{1}{2}(x^*y + xy^*), \qquad (2.1)$$

das man als eine komplexe Verallgemeinerung der Lorenz-Gleichungen (1.1) auffassen kann. In (2.1) sind $\sigma$ und b  positive Parameter und a = 1 - ie bzw. $r = r_1 + ir_2$ mit $e, r_1, r_2 \in \mathbb{R}$ sind komplexe Parameter. Mit * wird die konjugiert komplexe Zahl gekennzeichnet. Ausgehend von der zweiten Gleichung der AB-Gleichungen bestimmt die dritte Gleichung von (2.1) die reelle Größe z ($z = c \cdot B$, c - reelle Konstante), während die Größen x und y i.a. komplex sind. Damit handelt es sich bei (2.1) um die komplexe Schreibweise eines Systems von fünf gewöhnlichen Differentialgleichungen im Reellen. Die globale Existenz der Lösungen von (2.1) auf $(0, +\infty)$ ergibt sich durch Verwendung der im weiteren angegebenen Ljapunow-Funktionen für alle in Frage kommenden Parameter $\sigma$, b, r und a. Setzt man in (2.1) $r_2 = e = 0$ und verwendet man reelle Anfangsbedingungen, so erhält man die reellen Lorenz-Gleichungen (1.1).

Wesentliche Eigenschaften des Systems (2.1) lassen sich durch das Stabilitätsverhalten der Gleichgewichtszustände charakterisieren. Für $\mathrm{Im}(r - a) \neq 0$ bzw. $\mathrm{Im}(r - a) = 0$ und $\mathrm{Re}(r - a) \leqq 0$ existiert nur $(0,0,0)$ als Gleichgewichtszustand. Für $\mathrm{Im}(r - a) = 0$ und $\mathrm{Re}(r - a) > 0$ kommt außerdem ein Kontinuum von Gleichgewichtszuständen

$$(H, \ H, \ \frac{|H|^2}{b})\tag{2.2}$$

mit H komplex und $|H|^2 = b(r_1 - 1)$ hinzu.

Im vorliegenden Abschnitt verschärfen wir einige Ergebnisse aus Abschnitt 1 und übertragen sie auf das komplexe System (2.1). Grundlage für die folgenden Darstellungen bildet die Arbeit [22].

## 2.1. Dissipativität und globale asymptotische Stabilität

Wir zeigen im folgenden für das System (2.1) die Dissipativität bei beliebigen Parametern und für $|r + 1| < 2$ die globale asymptotische Stabilität. Es soll hier vermerkt werden, daß für das System (2.1), das die Laser-Dynamik beschreibt, die globale asymptotische Stabilität dem Arbeitsregime des physikalischen Systems entspricht [13].

Die beim Beweis der entsprechenden Aussagen verwendeten Ljapunow-Funktionen sind Verallgemeinerungen der im Abschnitt 1 benutzten quadratischen Formen.

<u>Satz 2.1.</u> Es sei $\lambda_0 = \min(1, b, \sigma)$ und es mögen Zahlen $\lambda \in (0, \lambda_0)$, $\gamma > 0$ und $\theta$ existieren, so daß

$$\gamma(\sigma - \lambda)(1 - \lambda) - \frac{1}{4}|\sigma + \gamma r - \theta|^2 \geqq 0\tag{2.3}$$

gilt. Die Zahlen $\Gamma$ und $\alpha$ seien durch

$$\Gamma = \frac{\theta^2(b - 2\lambda)^2}{8\lambda\gamma(b - \lambda)} \quad \text{und} \quad \alpha = \frac{\theta^2}{\gamma(1 + \gamma)}\left(\frac{(b - 2\lambda)^2}{4\lambda(b - \lambda)} + 1\right) \tag{2.4}$$

definiert. Weiter sei die Funktion $W: \mathbb{C} \times \mathbb{C} \times \mathbb{R} \to \mathbb{R}$ durch

$$W(x,y,z) = \frac{1}{2}[\,|x|^2 + \gamma(|y|^2 + z^2)] - \theta z$$

gegeben. Dann existiert für eine beliebige Lösung $(x,y,z)$ von
(2.1) und beliebiges $\delta > 0$ ein Zeitpunkt $T = T(\delta, x(0), y(0), z(0))$,
so daß

$$W(x(t),y(t),z(t)) \leqq \Gamma + \delta \tag{2.5}$$

und

$$|x(t)|^2 < \alpha + \frac{4\delta}{1 + \gamma} \tag{2.6}$$

für alle $t \geqq T$ gelten.

<u>Folgerung 2.1.</u> Das System (2.1) ist dissipativ nach Levinson.

<u>Beweis.</u> Offenbar läßt sich immer $\gamma > 0$ so wählen, daß
$\gamma\sigma - \frac{1}{4}\gamma^2 r_2^2 > 0$ gilt. Nun setzen wir $\theta = \sigma + \gamma r_1$. Dann geht die
Ungleichung (2.3) in $\gamma(\sigma - \lambda)(1 - \lambda) - \frac{1}{4}\gamma^2 r_2^2 \geqq 0$ über. Die
letzte Ungleichung ist erfüllt, wenn $\lambda > 0$ hinreichend klein
gewählt wird. Die Dissipativität des Systems (2.1) folgt dann
daraus, daß die Menge $\{(x,y,z) \in \mathbb{C} \times \mathbb{C} \times \mathbb{R} \mid W(x,y,z) \leqq \text{const}\}$
kompakt ist und für eine beliebige Lösung von (2.1) die Be-
ziehung (2.5) erfüllt ist.■

<u>Folgerung 2.2.</u> Es sei $|r + 1| < 2$. Dann ist das System (2.1)
global asymptotisch stabil.

<u>Beweis.</u> Wir setzen in (2.3) $\gamma = \sigma$ und $\theta = 0$. Damit geht (2.3)
über in $\sigma(\sigma - \lambda)(1 - \lambda) - \frac{1}{4}\sigma^2|r + 1|^2 \geqq 0$. Wegen $|r + 1|^2 < 4$
ist dies erfüllt, wenn $\lambda > 0$ hinreichend klein gewählt wird. Aus
(2.4) erhalten wir mit den gewählten Parametern $\Gamma = \alpha = 0$, so
daß sich aus (2.5) und $\theta = 0$ die Folgerung 2.2 ergibt. ■

<u>Bemerkung 2.1.</u> Bei $|r + 1| < 2$ existiert nur $(0,0,0)$ als Gleich-
gewichtszustand für das System (2.1). Falls $r$ und $a$ reell sind
und $r > 0$ ist, so erhalten wir aus der Folgerung 2.2 die für das
reelle Lorenz-System (1.1) bekannte Aussage [64, 117]: Bei
$0 < r < 1$ und beliebigen $\sigma > 0$ und $b > 0$ ist das System (1.1)
global asymptotisch stabil.

<u>Bemerkung 2.2.</u> Wie in der Arbeit [11] gezeigt wurde, existiert
für $r = r_1 + ir_2$ mit $r_1 > r_{1c} := 1 + (e + r_2)(e - \sigma r_2)(\sigma + 1)^{-2}$
immer ein Grenzzyklus für (2.1), gegeben durch

$$x(t) = H \exp(i\omega t), \quad y(t) = (1 + \frac{i\omega}{\sigma})H \exp(i\omega t), \quad z(t) = |H|^2 b^{-1}$$
$$(t > 0).$$

Hierbei ist $\omega = \sigma(e + r_2)(\sigma + 1)^{-1}$, während H eine beliebige komplexe Zahl ist, für die $|H|^2 = b(r_1 - r_{1c})$ gilt. Für $e + r_2 = 0$ geht der Grenzzyklus in das durch (2.2) beschriebene Kontinuum von Gleichgewichtszuständen über. Durch einfache Umformungen läßt sich auch unabhängig von Satz 2.1 zeigen: Für eine beliebige komplexe Zahl $r = r_1 + ir_2$ ($r_1, r_2 \in \mathbb{R}$), für die $r_1 > r_{1c}$ (mit $\sigma > 0$ beliebig!) ist, gilt $|r + 1| \geq 2$, d.h. die Voraussetzung in der Folgerung 2.2 ist nicht erfüllt. Betrachtet man nun wie in [11] $\sigma = 2$, $b = 0.8$, $r_1 = 2$, $r_2 = 1$, $e = 3$, so ergibt sich für die x-Koordinate des Grenzzyklus $|x(t)|^2 \leq 0.44$ ($t > 0$). Der Satz 2.1 liefert eine Abschätzung der x-Koordinate des Gebietes im Phasenraum, in dem sich der Grenzzyklus befindet. Wir wählen dazu die Parameter $\lambda = 0.4$, $\theta = 3$ und $\gamma = 1.4$, mit denen die Voraussetzungen vom Satz 2.1 erfüllt sind, und erhalten aus (2.6) für eine beliebige Lösung (x,y,z) von (2.1) die Ungleichung

$$\limsup_{t \to +\infty} |x(t)|^2 \leq 2.67.$$

In [11] wurde numerisch bei $r_2 \lesssim 0.1$ ein Übergang zum chaotischen Verhalten der Lösungen von (2.1) registriert. Aus der Folgerung 2.2 ergibt sich, daß dies nur möglich ist, wenn $|r + 1| \geq 2$ ist.

Beispiel 2.1. Bekanntlich [27] fand Lorenz für das reelle System (1.1) bei $\sigma = 10$, $b = \frac{8}{3}$, $r = 28$ [1] numerisch einen seltsamen Attraktor. Der Satz 2.1 liefert Abschätzungen für das Dissipativitätsgebiet von (1.1) mit den genannten Parametern, in dem sich auch der seltsame Attraktor befindet. Unmittelbares Einsetzen in (2.3) zeigt, daß mit den Werten $\lambda = 0.47$, $\gamma = 0.025$ und $\theta = 11.4$ die Voraussetzungen vom Satz 2.1 erfüllt sind. Das Dissipativitätsgebiet ist dann laut (2.5) durch das Ellipsoid

$$\frac{1}{2}[x^2 + 0.025(y^2 + z^2)] - 11.4z = 1876.44$$

begrenzt.

Beweis des Satzes 2.1. Für eine beliebige Lösung (x,y,z) von (2.1) gilt

---

[1] Entspricht $\sigma_1$, $b_1$ und $r_1$.

$$\frac{d}{dt}\,W(x(t),y(t),z(t)) + 2\lambda W(x(t),y(t),z(t)) =$$

$$= -(\sigma-\lambda)|x(t)|^2 - \gamma(1-\lambda)|y(t)|^2 - \gamma(b-\lambda)z^2(t) + \qquad (2.7)$$

$$+ \tfrac{1}{2}(\sigma+\gamma r^* - \theta)x^*(t)y(t) + \tfrac{1}{2}(\sigma-\gamma r - \theta)x(t)y^*(t) + \theta(b-2\lambda)z(t) \leqq$$

$$\leqq -\gamma(b-\lambda)z^2(t) + \theta(b-2\lambda)z(t) \leqq 2\lambda\Gamma \quad \text{für alle} \quad t \geqq 0.$$

Die letzte Ungleichung hierin ist erfüllt, weil mit den Voraussetzungen des Satzes 2.1 immer

$$-(\sigma-\lambda)|x|^2 - \gamma(1-\lambda)|y|^2 + \tfrac{1}{2}(\sigma+\gamma r^* - \theta)x^*y + \tfrac{1}{2}(\sigma+\gamma r - \theta)xy^* \leqq 0$$

für alle komplexen x und y gilt.

Die Richtigkeit der letzten Ungleichung von (2.7) ergibt sich aus der Wahl von $\Gamma$ in (2.4). Aus (2.7) folgt durch Umstellung

$$\frac{d}{dt}(W - \Gamma) + 2\lambda(W - \Gamma) \leqq 0 \quad \text{für alle} \quad t \geqq 0.$$

Integriert man diese Ungleichung entlang der Lösung von (2.1), so erhält man

$$W(x(t),y(t),z(t)) \leqq \Gamma + [W(x(0),y(0),z(0)) - \Gamma]e^{-2\lambda t}$$

für alle $t \geqq 0$, woraus sofort (2.5) folgt.

Wir beweisen nun für alle t aus dem Gültigkeitsbereich von (2.5), für die

$$|x(t)|^2 \geqq \alpha + \frac{4\delta}{1 + \gamma} \qquad (2.8)$$

ist, die Ungleichung

$$d|x(t)|^2 / dt < 0. \qquad (2.9)$$

Dazu nehmen wir an, dies sei nicht so. Dann gibt es ein t, mit dem die Ungleichungen (2.5) und (2.8) erfüllt sind und für das $d|x(t)|^2 / dt \geqq 0$ ist. Letzteres bedeutet $\dot{x}(t)x^*(t) + x(t)\dot{x}^*(t) \geqq 0$, woraus sich wegen (2.1)

$$-2\sigma|x(t)|^2 + \sigma(x^*(t)y(t) + x(t)y^*(t)) \geqq 0$$

bzw.

$$\tfrac{1}{2}(x^*(t)y(t) + x(t)y^*(t)) \geqq |x(t)|^2 \geqq \alpha + \frac{4\delta}{1 + \gamma} \qquad (2.10)$$

ergibt. Aus der offensichtlichen Ungleichung $(x - y)(x - y)^* \geqq 0$ für alle $x,y \in \mathbb{C}$ folgt

$$\tfrac{1}{2}(|x(t)|^2 + |y(t)|^2) \geqq \tfrac{1}{2}(x(t)y^*(t) + x^*(t)y(t)).$$

Aus der letzten Ungleichung und (2.10) ergibt sich

$$|y(t)|^2 \geqq |x(t)|^2 \geqq \alpha + \frac{4\delta}{1 + \gamma}.$$

Benutzen wir dies und außerdem noch (2.4), so erhalten wir

$$W(x(t),y(t),z(t)) \geq \tfrac{1}{2}[\alpha(1 + \gamma) + 4\delta + \gamma(z(t) - \tfrac{\theta}{\gamma})^2 - \tfrac{\theta^2}{\gamma}] \geq$$

$$\geq \tfrac{1}{2}[\alpha(1 + \gamma) - \tfrac{\theta^2}{\gamma}] + 2\delta > \Gamma + \delta.$$

Diese Ungleichung widerspricht (2.5). Damit ist (2.9) bewiesen. Genügt die Lösung $(x,y,z)$ von (2.1) der Ungleichung (2.5), so gibt es demnach zwei Möglichkeiten:

a) Für ein $t_1 \geq T$ ist $|x(t_1)|^2 < \alpha + 4\delta / (1 + \gamma)$.

Dann bleibt eine solche Ungleichung auch für alle $t \geq t_1$ erhalten. Im anderen Falle würde ein $t_2 > t_1$ existieren, so daß $|x(t_2)|^2 = \alpha + 4\delta / (1 + \gamma)$ ist und (2.9) gilt. Diese Situation ist aber nicht möglich.

b) Für alle $t \geq T$ ist $|x(t)|^2 > \alpha + 4\delta / (1 + \gamma)$.

Folglich ist (2.9) für diese $t$ erfüllt. Da aber für alle $t \geq 0$ die Beziehung

$$\tfrac{d}{dt}|x(t)|^2 = -2\sigma|x(t)|^2 + \sigma(x^*(t)y(t) + x(t)y^*(t))$$

gilt und für alle $t \geq T$ die Lösung $(x,y,z)$ wegen (2.5) einer kompakten Menge angehört, gibt es in Wirklichkeit ein $\varrho > 0$, so daß (2.9) die stärkere Ungleichung $d|x(t)|^2 / dt < -\varrho$ für alle $t \geq T$ impliziert. Die letzte Ungleichung kann aber nicht für alle $t \geq T$ gelten, da aus ihr $|x(t)|^2 \to -\infty$ für $t \to +\infty$ folgen würde.

Somit ist der Satz 2.1 bewiesen. ∎

## 2.2. Kontinuum von Gleichgewichtszuständen

Bei $r = 1$ verliert für das reelle Lorenz-System (1.1) der Koordinatenursprung seine globale Stabilität und es entstehen zwei weitere Gleichgewichtszustände. Bei $r_1 > r_{1c}$ existiert im komplexen Lorenz-System (2.1) immer ein Grenzzyklus, der in ein Kontinuum von Gleichgewichtszuständen ausarten kann. Es ist deshalb von Interesse zu untersuchen, wann das komplexe Lorenz-System bezüglich der Gesamtheit der Gleichgewichtszustände stabil ist. Für diese Situation werden mit Satz 2.2 hinreichende Bedingungen formuliert. Dieser Satz gestattet außerdem, wie auch die Folgerung 1.1, für feste $\sigma$ und $b$ die Angabe von Bereichen für $r$, in denen globale asymptotische Stabilität vorliegt, also kein seltsamer Attraktor auftreten kann.

Satz 2.2. Es seien folgende Bedingungen erfüllt:
(i)  $\text{Im}(r - a) = 0$ und $\text{Re}(r - a) > 0$.
(ii) $2\sigma - b \neq 0$. Falls $2\sigma - b > 0$ ist, so wird $\lambda_0 = \min(1,b,\sigma)$
     gesetzt. Es mögen dann solche Zahlen $\lambda \in (0,\lambda_0)$, $\gamma > 0$

und $\theta$ existieren, daß die Ungleichung

$$\frac{1}{\gamma(1 + \gamma)}\, \theta^2[\frac{(b - 2\lambda)^2}{4\lambda(b - \lambda)} + 1] < \frac{b^2(\sigma + 1)}{2\sigma - b} \qquad (2.11)$$

und (2.3) gelten.

Dann besitzt das System (2.1) eine globale Asymptotik.

Bevor wir zum Beweis des Satzes 2.2 kommen, stellen wir noch eine Hilfsaussage bereit. Wir setzen voraus, daß die Bedingung (i) des Satzes 2.2 erfüllt ist und führen folgende Variablentransformation durch, die der aus Abschnitt 1 benutzten analog ist:

$$\eta = \frac{\varepsilon}{\sqrt{2\sigma}}\, x, \quad u = \frac{\varepsilon^2}{\sqrt{2}}(y - x), \quad q = \varepsilon^2(z - \frac{|x|^2}{b}),$$

$$t_{neu} = \frac{\sqrt{\sigma}}{\varepsilon}\, t_{alt}, \quad \varepsilon = (r - a)^{-1/2}. \qquad (2.12)$$

Wegen der Bedingung (i) des Satzes 2.2 ist $\varepsilon$ eine reelle positive Zahl. Es läßt sich dann zeigen, daß das System (2.1) mit den angegebenen Umformungen in das folgende System übergeht:

$$\dot{\eta} = u, \quad \dot{u} = -\mu u - q\eta - \varphi(\eta), \quad \dot{q} = -Aq - \frac{S}{2}(\eta u^* + \eta^* u). \qquad (2.13)$$

Dabei ist $\varphi(\eta) = -\eta + \beta\eta|\eta|^2$ für alle $\eta \in \mathbb{C}$ und es gilt

$$\mu = \frac{\varepsilon(a + \sigma)}{\sqrt{\sigma}}, \quad \beta = \frac{2\sigma}{b}, \quad R = \frac{\varepsilon b}{\sqrt{\sigma}}, \quad S = \frac{2}{b}(2\sigma - b).$$

Auf Grund der getroffenen Voraussetzungen sind $\beta$, $R$ und $S$ reelle Größen mit $\beta > 0$ und $R > 0$, während $\mu$ i.a. komplex ist. Deshalb ist $q$ immer reell, $\eta$ und $u$ können komplex sein.

Das System (2.13) hat gegenüber dem Ausgangssystem (2.1) den Vorteil, daß sich für dieses System relativ leicht eine Ljapunow-Funktion vom Typ „Quadratische Form + Integral von der Nichtlinearität" angeben läßt.

<u>Lemma 2.1.</u> Gegeben sei für beliebige $\beta > 0$ und $S \neq 0$ aus (2.13) die Funktion $V: \mathbb{C} \times \mathbb{C} \times \mathbb{R} \to \mathbb{R}$ mit

$$V(\eta,u,q) = \frac{1}{2}(\frac{1}{|S|}\, q^2 + |u|^2 - |\eta|^2 + \frac{\beta}{2}|\eta|^4). \qquad (2.14)$$

Falls $S > 0$ ist, so möge ein $\varepsilon_1 > 0$ existieren, so daß sich für eine beliebige Lösung $(\eta,u,q)$ von (2.13) ein $t_0 = t_0(\eta(0),u(0),q(0))$ mit

$$|\eta(t)|^2 \leq \frac{R}{S}\, \text{Re}\, \mu_1 - \varepsilon_1 \qquad (2.15)$$

für alle $t \geq t_0$ angeben läßt. Dann gibt es eine Zahl $\delta_1 > 0$, so daß für die Ableitung $dV/dt$ entlang einer beliebigen Lösung $(\eta,u,q)$ von (2.13) ein $t_1 = t_1(\eta(0),u(0),q(0)) > 0$ existiert, so daß

$$\frac{d}{dt}\, V(\eta(t),u(t),q(t)) \leqq -\delta_1(q^2(t) + |u(t)|^2) \qquad (2.16)$$

für alle $t \geqq t_1$ gilt.

<u>Beweis.</u> Wie man leicht sieht, ist entlang einer beliebigen Lösung $(\eta,u,q)$ für alle $t \geqq 0$

$$\frac{d}{dt}\, V(\eta(t),u(t),q(t)) = -\frac{R}{|S|}\, q^2(t) - \frac{1}{2}(\text{sign } S + 1)\eta(t)q(t)u^*(t) -$$
$$- \frac{1}{2}(\text{sign } S + 1)\eta^*(t)q(t)u(t) - \text{Re } \mu|u(t)|^2.$$

Wegen $R > 0$ und $\text{Re } \mu = \varepsilon(1 + \sigma)\bar{\sigma}^{1/2} > 0$ gilt die Aussage des Lemmas sofort für $S < 0$, da dann die gemischten Produkte in $dV/dt$ nicht vorkommen. Es sei nun $S > 0$. Wir betrachten die von $t \geqq 0$ abhängige Form

$$F_t: \mathbb{C} \times \mathbb{C} \to \mathbb{R},$$

die durch

$$F_t(q,u) = -\frac{R}{S}|q|^2 - \eta(t)qu^* - \eta^*(t)q^*u - \text{Re } \mu|u|^2$$

definiert ist und fordern die Existenz eines $\delta_1 > 0$, so daß für das $\eta$ einer beliebigen Lösung $(\eta,u,q)$ von (2.13) ein $t_o = t_o(\eta(0),u(0),q(0))$ existiert, so daß für alle $q,u \in \mathbb{C}$ und $t \geqq t_o$ die Ungleichung

$$F_t(q,u) \leqq -\delta_1(|q|^2 + |u|^2)$$

erfüllt ist. Dafür sind die Bedingungen $R/S > 0$ und (2.15) hinreichend. ∎

<u>Beweis des Satzes 2.2.</u> Die Bedingungen des Satzes 2.1 sind erfüllt, folglich gilt für eine beliebige Lösung $(x,y,z)$ von (2.1) die Ungleichung (2.6). Anstelle von $x(t)$ setzen wir wegen (2.12) $x(t) = \sqrt{2\sigma}\,\varepsilon^{-1}\eta(t)$ und erhalten für $S > 0$ aus (2.6) die Beziehung

$$|\eta(t)|^2 < \frac{\varepsilon^2}{2\sigma}\,\alpha + \frac{2\delta\varepsilon^2}{(1 + \gamma)\sigma} \quad \text{für alle } t \geqq t_o,$$

wobei $t_o > 0$ hinreichend groß ist. Um (2.15) zu gewährleisten, ist die Ungleichung

$$\frac{\varepsilon^2\alpha}{2\sigma} < \frac{R}{S}\,\text{Re } \mu$$

hinreichend. Die Bedingung (2.11) erhält man dann, wenn in der letzten Ungleichung anstelle von $R$, $S$, $\alpha$ und $\mu$ die Größen aus (2.4), (2.12) und (2.13) gesetzt werden.

Es bezeichne $\bar{x}(\cdot\,;\bar{x}_o)$ eine Lösung $(x,y,z)$ von (2.1), für die $\bar{x}(0;\bar{x}_o) = \bar{x}_o$ ist. Weiter sei $V_1: \mathbb{C} \times \mathbb{C} \times \mathbb{R} \to \mathbb{R}$ die Funktion,

die aus der in (2.14) definierten Funktion V entsteht, wenn in
(2.14) die Variablentransformation (2.12) durchgeführt wird.
Die Ableitung $dV_1(\bar{x}(t;\bar{x}_o))/dt$ ist wegen (2.16) nichtpositiv und
die Funktion $V_1(\bar{x}(\cdot;\bar{x}_o))$ ist durch den Satz 2.1 auf $(0,+\infty)$ beschränkt. Folglich existiert ein endlicher Grenzwert
$\lim V_1(\bar{x}(t;\bar{x}_o)) = L$ für $t \to +\infty$. Wegen der Beschränktheit der
Lösung $\bar{x}(\cdot;\bar{x}_o)$ ist die Menge $\Omega$ der $\omega$-Grenzpunkte dieser Lösung
nichtleer. Es sei $\bar{y} \in \Omega$ und $\bar{x}(\cdot;\bar{y})$ eine Lösung von (2.1) mit dem
Anfangszustand $\bar{y}$. Bekanntlich (z.B. [75]) gilt dann $\bar{x}(t;\bar{y}) \in \Omega$
und folglich auch $V_1(\bar{x}(t;\bar{y})) = L$ für $t \geq 0$. Der Lösung $\bar{x}(\cdot;\bar{y})$
mögen die Funktionen $\eta(\cdot;\bar{y})$, $u(\cdot;\bar{y})$ und $q(\cdot;\bar{y})$ laut (2.12) entsprechen. Wegen (2.16) ist $q(t,\bar{y}) = 0$ und $u(t;\bar{y}) = 0$ für $t \geq 0$.
Aus der ersten Gleichung von (2.13) ergibt sich $\eta(t;\bar{y}) = $ const
für $t \geq 0$. Wegen (2.12) ist $\bar{x}(t;\bar{y}) = $ const für $t \geq 0$ und folglich ist die Menge $\Omega$ enthalten in der Menge der Gleichgewichtszustände des Systems (2.1). Indem man weiter so argumentiert
wie im Beweis des Lemmas 2.3.1 aus [75], erhält man die Aussage
des Satzes 2.2. ∎

## 3. Globale asymptotische Stabilität weiterer Differentialgleichungssysteme der Physik

### 3.1. MASER-Systeme

Bei der Untersuchung der Strahlungsgeneration in Quantengeneratoren spielt folgendes Differentialgleichungssystem eine Rolle
[114]:

$$\begin{aligned}
\dot{x} &= -\sigma_1 x + \sigma_1 y, \\
\dot{y} &= -y + (1 + \xi^2)x\tilde{z}_1 + \xi\tilde{z}_2, \\
\dot{\tilde{z}}_1 &= -\tilde{z}_1 - (r - 1)xy + r, \\
\dot{\tilde{z}}_2 &= -\tilde{z}_2 - \xi y.
\end{aligned} \qquad (3.1)$$

Hierbei sind $\sigma_1 > 0$, $\xi$ und $r > 0$ feste Parameter.
Das System (3.1) hat die drei Gleichgewichtszustände

$$C_0(x = y = \tilde{z}_2 = 0,\ \tilde{z}_1 = r),$$
$$C_1(x = y = \tilde{z}_1 = 1,\ \tilde{z}_2 = -\xi)$$

und

$$C_2(x = y = -1,\ \tilde{z}_1 = 1,\ \tilde{z}_2 = \xi).$$

Im vorliegenden Abschnitt werden für dieses einfachste mathematische Modell der Generation von Strahlung im MASER hinreichende
Bedingungen der globalen asymptotischen Stabilität hergeleitet.

In früheren Arbeiten wurde für das System (3.1) nur die lokale
Stabilität (Ljapunow-Stabilität) untersucht. Die erhaltenen
Bedingungen der globalen asymptotischen Stabilität separieren
im Parameterraum Gebiete, in denen nichtharmonische und chaotische Generation nicht auftreten.

Die Grundlage für die Darstellung des Abschnittes 3 bildet die
Arbeit [107].

Im weiteren setzen wir $r > 1$ voraus, was eine Bedingung für die
Selbsterregung des Generators darstellt. Es sei vermerkt, daß
die Bedingung $r > 1$ gleichzeitig eine notwendige Bedingung der
Instabilität des Gleichgewichtszustandes $C_0$ und der Stabilität
der Gleichgewichtszustände $C_1$ und $C_2$ ist.

Für das System (3.1) lassen sich einige Eigenschaften angeben,
die analog zum Lorenz-System (1.1) sind. Sofort sichtbar sind
folgende zwei:

1. Das System (3.1) ist symmetrisch bezüglich der Transformation

$$x \to -x, \quad y \to -y, \quad \tilde{z}_2 \to -\tilde{z}_2, \quad \tilde{z}_1 \to \tilde{z}_1.$$

2. Das Phasenvolumen unter Wirkung des durch (3.1) erzeugten
   Flusses verringert sich gleichmäßig:

$$\frac{\partial \dot{x}}{\partial x} + \frac{\partial \dot{y}}{\partial y} + \frac{\partial \dot{\tilde{z}}_1}{\partial \tilde{z}_1} + \frac{\partial \dot{\tilde{z}}_2}{\partial \tilde{z}_2} = -\sigma_1 - 3 < 0.$$

Auch andere Aussagen für das Lorenz-System (1.1) lassen sich
für das System (3.1) wiederholen.

Satz 3.1. Das System (3.1) ist dissipativ im Sinne von Levinson.

Beweis. Gegeben seien eine beliebige positive Zahl $\gamma$,
$\lambda_0 = \min(1, \sigma_1)$, $\lambda \in [0, \lambda_0]$ beliebig und

$$\theta = \frac{1}{r - 1}\left[2 \sqrt{\gamma \frac{r - 1}{1 + \xi^2}(\sigma_1 - \lambda)(1 - \lambda)} - \sigma_1\right].$$

Mit ihrer Hilfe definieren wir die Funktion $v: \mathbb{R}^4 \to \mathbb{R}$ durch

$$v(x, y, \tilde{z}_1, \tilde{z}_2) = \frac{1}{2}\left[x^2 + \gamma \tilde{z}_1^2 + \gamma \frac{r - 1}{1 + \xi^2}(y^2 + \tilde{z}_2^2)\right] - \theta \tilde{z}_1. \qquad (3.2)$$

Mit den gewählten Parametern legen wir außerdem die Zahl

$$\Gamma = \frac{[r\gamma + \theta(1 - 2\lambda)]^2 - 4\gamma(1 - \lambda)\theta r}{8\lambda(1 - \lambda)\gamma}$$

fest. Wir betrachten den Ausdruck

$$\dot{v} + 2\lambda v = -(\sigma_1 - \lambda)x^2 + [\sigma_1 + \theta(r-1)]xy - \gamma(1-\lambda)\tilde{z}_1^2 +$$

$$+ [r\gamma + \theta(1-2\lambda)]\tilde{z}_1 - \gamma(1-\lambda)\frac{r-1}{1+\xi^2}y^2 - \gamma\frac{r-1}{1+\xi^2}(1-\lambda)\tilde{z}_2^2 - \theta r \leqq$$

$$\leqq -\gamma(1-\lambda)\tilde{z}_1^2 + [r\gamma + \theta(1-2\lambda)]\tilde{z}_1 - \theta r =$$

$$= -\gamma(1-\lambda)[\tilde{z}_1 - \frac{r\gamma + \theta(1-2\lambda)}{2\gamma(1-\lambda)}]^2 + \frac{[r\gamma + \theta(1-2\lambda)]^2}{4\gamma(1-\lambda)} - \theta r \leqq$$

$$\leqq 2\lambda\Gamma.$$

Aus der letzten Ungleichung ergibt sich die Beziehung

$$\frac{d}{dt}(v - \Gamma) + 2\lambda(v - \Gamma) \leqq 0 \qquad (t > 0),$$

aus der durch Integration

$$\lim_{t \to +\infty} \sup v(x(t), y(t), \tilde{z}_1(t), \tilde{z}_2(t)) \leqq \Gamma \qquad (3.3)$$

folgt.

Die Eigenschaften von $v$ und die Ungleichung (3.3) implizieren sofort die Dissipativität des Systems (3.1). ∎

Außerdem ergibt sich aus (3.2) und (3.3) die Abschätzung

$$\lim_{t \to +\infty} \sup x^2(t) \leqq \min_{\lambda \in [0, \lambda_0], \gamma > 0} \frac{(r\gamma - \theta)^2}{4\gamma\lambda(1-\lambda)}. \qquad (3.4)$$

Die Abschätzung (3.4) läßt sich verbessern. Zu diesem Zweck führen wir die Zahl

$$\alpha = a^2 \frac{1 + \xi^2}{1 + \xi^2 + \gamma(r-1)} \quad \text{mit} \quad a^2 = \frac{(r\gamma - \theta)^2}{4\gamma\lambda(1-\lambda)} \quad \text{ein}$$

und definieren die Mengen

$$\Phi_1 = \{(x, y, \tilde{z}_1, \tilde{z}_2) \mid v(x, y, \tilde{z}_1, \tilde{z}_2) \leqq \Gamma, \ x > \sqrt{\alpha}\}$$

und

$$\Phi_2 = \{(x, y, \tilde{z}_1, \tilde{z}_2) \mid v(x, y, \tilde{z}_1, \tilde{z}_2) \leqq \Gamma, \ x < -\sqrt{\alpha}\}.$$

Analog zur Vorgehensweise in Abschnitt 1 zeigen wir das

__Lemma 3.1.__ Wenn zum Zeitpunkt $t$ die Lösung $(x, y, \tilde{z}_1, \tilde{z}_2)$ des Systems (3.1) in $\Phi_1$ liegt, so ist $\dot{x}(t) < 0$. Ist diese Lösung in $\Phi_2$ enthalten, so gilt $\dot{x}(t) > 0$.

__Beweis.__ Wir nehmen die Negation des ersten Teils der Aussage an. Aus der ersten Gleichung des Systems (3.1) folgt dann $y(t) > x(t) > \sqrt{\alpha}$. Wir schätzen den Funktionswert von $v$ auf der Lösung zum Zeitpunkt $t$ ab. Es gelten die Ungleichungen

$$v(x(t),y(t),\tilde{z}_1(t),\tilde{z}_2(t)) \geq \tfrac{1}{2}[\alpha + \gamma(\tilde{z}_1 - \tfrac{\theta}{\gamma})^2 - \tfrac{\theta^2}{\gamma} +$$

$$+ \gamma\,\frac{r-1}{1+\zeta^2}\,\alpha + \gamma\,\frac{r-1}{1+\zeta^2}\,\tilde{z}_2^2] > \tfrac{1}{2}[(1 + \gamma\,\frac{r-1}{1+\zeta^2})\alpha - \tfrac{\theta^2}{\gamma}] =$$

$$= \tfrac{1}{2}(a^2 - \tfrac{\theta^2}{\gamma}) = \Gamma$$

im Widerspruch dazu, daß die Lösung zum Zeitpunkt t in $\Phi_1$ liegt. Analog läßt sich auch der zweite Teil der Aussage des Lemmas 3.1 zeigen. ∎

Nach Satz 3.1 und Lemma 3.1 folgt, daß für eine beliebige Lösung $(x,y,\tilde{z}_1,\tilde{z}_2)$ von (3.1) die Abschätzung

$$\limsup_{t \to +\infty} x^2(t) \leqq \min_{\lambda \in [0,\lambda_0],\gamma>0} h(r,\zeta,\gamma,\lambda) \qquad (3.5)$$

gilt. Hierbei benutzen wir den Ausdruck

$$h(r,\zeta,\gamma,\lambda) := \frac{(r\gamma - \theta)^2}{4\gamma\lambda(1-\lambda)(1 + \gamma(r-1)(1+\zeta^2)^{-1})}$$

mit $\theta$ aus dem Beweis von Satz 3.1. Im weiteren benötigen wir die Ungleichung (3.5) in der symmetrischen Form

$$\limsup_{t \to +\infty} [1 + x^2(t)] \leqq 1 + \min_{\lambda \in [0,\lambda_0],\gamma>0} h(r,\zeta,\gamma,\lambda). \qquad (3.6)$$

Die Transformation

$$x = \sigma, \quad y - x = \eta/\sigma_1, \quad \tilde{z}_1 = z_1 - (r-1)\sigma^2 + r, \quad \tilde{z}_2 = z_2 - \zeta\sigma \qquad (3.7)$$

überführt das System (3.1) in das System

$$\dot{\sigma} = \eta,$$

$$\dot{\eta} = -(\sigma_1+1)\eta + \sigma_1(1+\zeta^2)z_1\sigma + \sigma_1\zeta z_2 - \sigma_1(1+\zeta^2)(r-1)(\sigma^3 - \sigma),$$

$$\dot{z}_1 = -z_1 + (r-1)(2 - \tfrac{1}{\sigma_1})\sigma\eta, \qquad\qquad (3.8)$$

$$\dot{z}_2 = -z_2 + \zeta(1 - \tfrac{1}{\sigma_1})\eta.$$

Wir definieren die Matrizen

$$A = \begin{bmatrix} -1 & 0 \\ 0 & -1 \end{bmatrix}, \quad C = \begin{bmatrix} \sigma_1(1+\zeta^2) & 0 \\ 0 & \zeta\sigma_1 \end{bmatrix}, \quad B = \begin{bmatrix} (r-1)(2 - \tfrac{1}{\sigma_1}) & 0 \\ 0 & \zeta(1 - \tfrac{1}{\sigma_1}) \end{bmatrix},$$

den Vektor $z = \begin{bmatrix} z_1 \\ z_2 \end{bmatrix}$, die Vektorfunktion $f(\sigma) = \begin{bmatrix} \sigma \\ 1 \end{bmatrix}$ $(\sigma \in \mathbb{R})$ und die Funktionen $g: \mathbb{R}^2 \to \mathbb{R}$ mit $g(\eta,\sigma) = (\sigma_1 + 1)\eta$ und

$\varphi: \mathbb{R} \to \mathbb{R}$ mit $\varphi(\sigma) = \sigma_1(1 + \xi^2)(r - 1)(\sigma^3 - \sigma)$. Dadurch nimmt das System (3.8) die Gestalt

$$\dot{\sigma} = \eta,$$
$$\dot{\eta} = -g(\eta, \sigma) + z^*Cf(\sigma) - \varphi(\sigma), \qquad (3.9)$$
$$\dot{z} = Az + Bf(\sigma)\eta$$

an, entspricht also vollkommen dem System (1.3).

Wir vermerken, daß die Matrix $A$ nur negative Eigenwerte hat und $g$, $f$ und $\varphi$ stetig differenzierbare Funktionen ihrer Argumente sind. Außerdem genügt $g$ der Bedingung $g(\eta, \sigma)\eta \geq \mu_1 \eta^2$ für alle $\sigma$ und $\eta$, wobei z.B. $\mu_1 = \sigma_1 + 1$ genommen werden kann.

Wir definieren für das System (3.9) die Matrix-Funktion $K(p) = C^*(A - pI)^{-1}B$, wobei $p$ eine komplexe Zahl ist. Es gilt

$$K(p) = \begin{bmatrix} -\dfrac{(r-1)(1+\xi^2)(2\sigma_1 - 1)}{1 + p} & 0 \\[3mm] 0 & -\dfrac{\xi^2(\sigma_1 - 1)}{1 + p} \end{bmatrix}.$$

Es sei nun $\mu$ eine noch festzulegende positive Zahl. Unser Ziel besteht in der Anwendung des Satzes 1.2, um Bedingungen für die globale asymptotische Stabilität des Systems (3.1) zu formulieren. Dazu fordern wir, ausgehend von der Bedingung (1.4), daß die Matrix

$$\mu_1\mu^{-1}I + \mathrm{Re}\, K(i\omega) =$$

$$= \begin{bmatrix} (\sigma_1 + 1)\mu^{-1} - \dfrac{(r-1)(1+\xi^2)(2\sigma_1 - 1)}{1 + \omega^2} & 0 \\[3mm] 0 & (\sigma_1 + 1)\mu^{-1} - \dfrac{\xi^2(\sigma_1 - 1)}{1 + \omega^2} \end{bmatrix}$$

positiv definit ist für alle reellen $\omega$. Letzteres ist erfüllt, wenn $\mu$ den beiden Ungleichungen

$$\mu(r - 1)(2\sigma_1 - 1) < \frac{\sigma_1 + 1}{1 + \xi^2}$$

und

$$\mu(\sigma_1 - 1) < \frac{\sigma_1 + 1}{\xi^2} \qquad (3.10)$$

genügt. Aus den Ungleichungen (3.10) und der Dissipativität des Systems (3.1) folgt mit dem Satz 1.2 der folgende Satz.

__Satz 3.2.__ Jede Lösung $(\sigma, \eta, z)$ des Systems (3.1), die den Ungleichungen

$$(r - 1)(2\sigma_1 - 1) \lim_{t \to +\infty} \sup \|f(\sigma(t))\|^2 < \frac{\sigma_1 + 1}{1 + \xi^2} \qquad (3.11)$$

und

$$(\sigma_1 - 1) \lim_{t \to +\infty} \sup \|f(\sigma(t))\|^2 < \frac{\sigma_1 + 1}{\xi^2} \qquad (3.12)$$

genügt, strebt für $t \to +\infty$ gegen einen Gleichgewichtszustand.

Wir setzen nun in den Ungleichungen (3.11) und (3.12) mit den ursprünglichen Bezeichnungen des Systems (3.1)

$$\|f(\sigma(t))\|^2 = 1 + x^2(t)$$

und erhalten die Bedingungen

$$(r - 1)(2\sigma_1 - 1) \lim_{t \to +\infty} \sup [1 + x^2(t)]^2 < \frac{\sigma_1 + 1}{1 + \xi^2} \qquad (3.13)$$

und

$$(\sigma_1 - 1) \lim_{t \to +\infty} \sup [1 + x^2(t)]^2 < \frac{\sigma_1 + 1}{1 + \xi^2}. \qquad (3.14)$$

Aus Satz 1.2 und den Ungleichungen (3.6), (3.13) und (3.14) ergibt sich abschließend der folgende Satz.

__Satz 3.3.__ Das System (3.1) ist global asymptotisch stabil, wenn die Parameter $\xi$, $\sigma_1$ und $r > 1$ einer der vier Bedingungen genügen:

(i) $\quad 0 < \sigma_1 \leqq \frac{1}{2}.$ \qquad (3.15)

(ii) $\quad \frac{1}{2} < \sigma_1 \leqq 1,$ \qquad (3.16)

$$\frac{\sigma_1 + 1}{1 + \xi^2} > \min_{\lambda \in [0, \sigma_1], \gamma > 0} [1 + h(r, \xi, \gamma, \lambda)](r - 1)(2\sigma_1 - 1). \qquad (3.17)$$

(iii) $\quad \sigma_1 > 1, \quad \dfrac{(r - 1)(2\sigma_1 - 1)}{\xi^2} > \dfrac{\sigma_1 - 1}{1 + \xi^2},$ \qquad (3.18)

$$\frac{\sigma_1 + 1}{1 + \xi^2} > \min_{\lambda \in [0, 1], \gamma > 0} [1 + h(r, \xi, \gamma, \lambda)](r - 1)(2\sigma_1 - 1). \qquad (3.19)$$

(iv) $\quad \sigma_1 > 1, \quad \dfrac{(r - 1)(2\sigma_1 - 1)}{\xi^2} < \dfrac{\sigma_1 - 1}{1 + \xi^2},$ \qquad (3.20)

$$\frac{\sigma_1 + 1}{\xi^2} > \min_{\lambda \in [0, 1], \gamma > 0} [1 + h(r, \xi, \gamma, \lambda)](\sigma_1 - 1). \qquad (3.21)$$

**Bemerkung 3.1.** Die Ungleichungen (3.17), (3.19) und (3.21) besitzen eine besonders einfache Gestalt, wenn $\gamma$ gegen unendlich geht und $\lambda = \frac{1}{2}$ gesetzt wird. Dann gehen (3.17) und (3.19) in die Ungleichung

$$\frac{\sigma_1 + 1}{1 + \xi^2} > [r - 1 + r^2(1 + \xi^2)](2\sigma_1 - 1) \qquad (3.22)$$

über, während (3.21) die Form

$$\frac{\sigma_1 + 1}{\xi^2} > [1 + \frac{r^2(1 + \xi^2)}{r - 1}](\sigma_1 - 1)$$

annimmt.

**Bemerkung 3.2.** In der Arbeit [114] wird numerisch bei Parameterwerten $r = 3$, $\xi = 1$, $\sigma_1 = 4/\sqrt{3} - 1$ und bei gewissen weiteren Einschränkungen ein seltsamer Attraktor festgestellt. Aus den Ungleichungen (3.15), (3.16) und (3.22) folgt, daß für $r = 3$, $\xi = 1$ und $0 < \sigma_1 < \frac{41}{79}$ das System (3.1) global asymptotisch stabil ist.

## 3.2. Erzwungene Flüssigkeitsbewegungen innerhalb eines Ellipsoides

Wir betrachten nun aus [76', 118'] eine 3-Moden-Galerkin-Approximation von partiellen Differentialgleichungen (Reynolds-Gleichungen) für die Bewegung einer Flüssigkeit in einem ellipsoidalen Hohlraum in einem Feld mit konstanter Erregung entlang der instabilen Achse. Die zu untersuchenden Differentialgleichungen vom hydrodynamischen Typ [76', 8] sind den Eulerschen Gleichungen eines Kreisels, der in einem Punkt befestigt ist (Gyroskop), äquivalent. Aus diesem Grunde spricht man von den Gleichungen eines hydrodynamischen (flüssigen) Gyroskops [76', 76'']. Es ist bekannt, daß bei einer Beschleunigung um eine der Achsen eines solchen Gyroskops durch ein Feld äußerer konstanter Kräfte die stationäre Drehung ein Attraktor für das System ist. Wenn der Drehimpulsvektor entlang der kleinen oder großen Achse des Gyroskops gerichtet ist, gibt es genau eine stabile Drehung. Bei hinreichend starker Kraft auf die Mittelachse existieren aber zwei stationäre Drehungen, die sich durch die Richtungen der Flüssigkeitsbewegungen um die stabilen Achsen unterscheiden [76', 118'].

In [76', 76''] wird die Instabilität bzw. Stabilität nach Ljapunów der drei Gleichgewichtszustände gezeigt. Allerdings schließt bekanntlich die Existenz von Gleichgewichtszuständen,

die stabil nach Ljapunow sind, das Vorhandensein anderer Attraktoren, so z.B. von Grenzzyklen, nicht aus. Im zweiten Teil des
Abschnittes 3, der sich weitgehend auf die Arbeit [107'] stützt,
wird deshalb im Parameterraum ein Gebiet beschrieben, in dem
globale asymptotische Stabilität vorliegt.

Wir betrachten zunächst das Differentialgleichungssystem

$$\dot{\sigma} = \eta,$$
$$\dot{\eta} = -\mu\eta - f(\sigma)z - \varphi(\sigma),$$
$$\dot{z} = -Az - g(\sigma)\eta. \tag{3.23}$$

Dabei sind $\mu$ und $A$ positive Zahlen, während $f, g, \varphi: \mathbb{R} \to \mathbb{R}$ stetig
differenzierbare Funktionen sind.

Auf ein System (3.23) führen viele Aufgaben der Theorie von
Synchron-Maschinen [98] und nichtlinearen Oszillatoren mit
einem automatischen Regulator [28', 118']. Wie wir das bereits
mit dem Lorenz-System (1.1) und dem MASER-System (3.1) getan
haben, werden wir auch das System zur Beschreibung eines um die
instabile Achse beschleunigten flüssigen Gyroskops [118'] als
ein System (3.23) darstellen. Übrigens beschreibt auch das
Lorenz-System (1.1) die Bewegung eines flüssigen Gyroskops und
zwar in einem Feld von Coriolis-Kräften und einem Rotations-
ellipsoid als beinhaltenden Hohlraum [76'''].

Im weiteren setzen wir voraus, daß jede Lösung von System (3.23)
auf $(0,+\infty)$ fortsetzbar ist.

Das folgende Ergebnis erweitert geringfügig den Satz 1.2 aus
Abschnitt 1.

Satz 3.4. Wenn für eine beschränkte Lösung $(\sigma, \eta, z)$ von (3.23)
die Beziehung

$$\limsup_{t \to +\infty} |\alpha^2 g(\sigma(t)) + f(\sigma(t))| < 2\alpha \sqrt{A\mu} \tag{3.24}$$

mit einer Zahl $\alpha > 0$ erfüllt ist, so strebt diese Lösung zu
einem Gleichgewichtszustand von System (3.23).

Beweis. Es bezeichne $x(t; x_0)$ die zu untersuchende Lösung von
(3.23). Für beliebige $\sigma, \eta$ und $z \in \mathbb{R}$ definieren wir die Funktion

$$W(\sigma, \eta, z) = \frac{\alpha}{2} z^2 + \frac{1}{2} \eta^2 + \int_0^\sigma \varphi(\sigma)d\sigma.$$

Die Ableitung von W bezüglich System (3.23) lautet

$$\dot{W} = \alpha^2 z(-Az - g(\sigma)\eta) + \eta(-\mu\eta - f(\sigma)z - \varphi(\sigma)) + \varphi(\sigma)\eta =$$

$$= -\left\{(\alpha\sqrt{A}\,z)^2 + 2\,\frac{[\alpha^2 g(\sigma) + f(\sigma)]}{2\sqrt{A\mu}\,\alpha}\,\alpha\sqrt{A\mu}\,z\eta + (\sqrt{\mu}\,\eta)^2\right\}.$$

Damit gilt $\dot{W} < 0$ entlang der betrachteten Trajektorie von (3.23)
für hinreichend große t. Also wächst auf $x(t;x_0)$ die Funktion
$W(x(t;x_0))$ bezüglich t nicht auf einem Intervall $(\tau,+\infty)$. Hieraus und aus der Beschränktheit von $W(x(\cdot;x_0))$ ergibt sich die
Existenz eines endlichen Grenzwertes $\lim\limits_{t\to+\infty} W(x(t;x_0)) = L$. Die
Trajektorie $x(\cdot;x_0)$ ist beschränkt auf $(0,+\infty)$. Deshalb ist die
Menge ihrer $\omega$-Grenzpunkte $\Omega$ nicht leer [75]. Für beliebiges
$y \in \Omega$ gilt $x(t;y) \in \Omega$ $(t \geq 0)$ und $W(x(t;y)) = L$ $(t \geq 0)$. Analog
zu den Sätzen 1.1 und 2.2 ergibt sich hieraus die Aussage von
Satz 3.4. ∎

Wir benutzen im weiteren diesen Satz für die Untersuchung des
zu analysierenden einfachen Differentialgleichungssystems
hydrodynamischen Typs, um Bedingungen der globalen asymptotischen Stabilität abzuleiten.

Gegeben sei das Differentialgleichungssystem

$$\begin{aligned}
\dot{x}_1 &= y_1^2 - z_1^2 - lx_1 + F_0, \\
\dot{y}_1 &= -x_1 y_1 - ly_1, \\
\dot{z}_1 &= x_1 z_1 - lz_1,
\end{aligned} \qquad (3.25)$$

von transformierten Gleichungen eines beschleunigten flüssigen
Gyroskops unter Berücksichtigung der Dissipation [76', 118'].
Hierbei ist $F_0$ der konstante Drehimpuls, der entlang der Mittelachse des Ellipsoides wirkt, l ist der Dissipationsparameter.
Die Reibung wird dabei als isotrop angenommen. Wie in [8] bemerkt wird, lassen sich numerisch in hydrodynamischen Differentialgleichungen vom Typ (3.25) auch Grenzzyklen und seltsame
Attraktoren feststellen. Übrigens handelt es sich bei (3.25)
um ein Letka-Volterra-System.

Wie in [118'] betrachten wir als neue Veränderliche die Energie
des Systems

$$z_0 = \tfrac{1}{2}(x_1^2 + y_1^2 + z_1^2). \qquad (3.26)$$

Die Differentiation von (3.26) bezüglich (3.25) ergibt

$$\dot{z}_0 = -2lz_0 + F_0 x_1.$$

Indem die erste Gleichung von System (3.25) differenziert wird und die beiden anderen Gleichungen verwendet werden, erhält man

$$\ddot{x}_1 = 2x_1^3 - (4z_0 + 2l^2)x_1 - 3l\dot{x}_1 + 2lF_0. \qquad (3.27)$$

Wir setzen nun in den Gleichungen (3.26) und (3.27) $x_1 = \sigma$, $\dot{x}_1 = \dot{\sigma} = \eta$ und $z_0 = z + \frac{F_0}{2l}\sigma$. Dadurch erhalten wir ein System (3.23) mit

$$\mu = 3l, \quad \lambda = 2l, \quad g(\sigma) = \frac{F_0}{2l}, \quad f(\sigma) = 4\sigma,$$

$$\varphi(\sigma) = \frac{2}{l}(l^2 - \sigma^2)(l\sigma - F_0) \quad \text{für} \quad \sigma \in \mathbb{R}.$$

Aus dem Satz 3.4 ergibt sich die

Folgerung 3.1. Wenn eine beschränkte Lösung $(\sigma,\eta,z)$ des Systems (3.25) der Beziehung

$$\lim_{t \to +\infty} \sup |\sigma(t)| < \frac{3l^3}{F_0} \qquad (3.28)$$

genügt, so strebt diese Lösung zu einem Gleichgewichtszustand.

Ähnlich wie in [76'] führen wir im System (3.25) die folgende Variablentransformation durch:

$$x_1 = x + \frac{F_0}{l}, \quad y_1 = \frac{z + y}{2}, \quad z_1 = \frac{z - y}{2}.$$

Dadurch geht das System (3.25) über in das System

$$\begin{aligned}
\dot{x} &= -lx + yz, \\
\dot{y} &= -ly - \frac{F_0}{l}z - xz, \qquad (3.29) \\
\dot{z} &= -lz - \frac{F_0}{l}y - xy.
\end{aligned}$$

Das System (3.29) hat für $F_0 \leq l^2$ nur den Gleichgewichtszustand $C_0(0,0,0)$, welcher der einzigen stationären Bewegung der Flüssigkeit entspricht. Für $F_0 > l^2$ existieren die drei Gleichgewichtszustände $C_0$ und

$$C_{1,2}(1 - \frac{F_0}{l}, \pm\sqrt{F_0 - l^2}, \mp\sqrt{F_0 - l^2}).$$

Aus physikalischer Sicht entsprechen den Gleichgewichtszuständen $C_1$ und $C_2$ stationäre Bewegungen, die sich durch die Drehungsrichtungen um die stationären Achsen voneinander unterscheiden [76'].

Wir untersuchen nun die Dissipativität im Sinne von Levinson des Systems (3.29). Dazu definieren wir, analog zum Abschnitt 1, die Funktion $V: \mathbb{R} \times \mathbb{R} \times \mathbb{R} \to \mathbb{R}$ durch

$$V(x,y,z) = x^2 + \frac{1}{2}(y^2 + z^2) + \theta x.$$

40

Hierbei ist

$$\theta = \frac{2}{l}[F_o - l(1 - \lambda)], \qquad \lambda \in (0,1) \qquad\qquad (3.30)$$

beliebig und

$$\Gamma = \frac{(1 - 2\lambda)^2 \theta^2}{16\lambda(1 - \lambda)}.$$

Lemma 3.2. Für eine beliebige Lösung $(x,y,z)$ von (3.29) gilt

$$\limsup_{t \to +\infty} V(x(t),y(t),z(t)) \leqq \Gamma. \qquad\qquad (3.31)$$

Beweis. Wir berechnen bezüglich des Systems (3.29) den Ausdruck

$$\dot{V} + 2\lambda V = -2(1 - \lambda)x^2 - (1 - 2\lambda)\theta x - (1 - \lambda)y^2 -$$

$$- (1 - \lambda)z^2 + (\theta - 2\frac{F_o}{l})yz =$$

$$= -2(1 - \lambda)[x^2 + 2\frac{(1 - 2\lambda)\theta}{4(1 - \lambda)} x + \frac{(1 - 2\lambda)^2 \theta^2}{16(1 - \lambda)^2}] +$$

$$+ \frac{(1 - 2\lambda)^2 \theta^2}{8(1 - \lambda)} - (1 - \lambda)[y^2 - \frac{\theta l - 2F_o}{l(1 - \lambda)} yz + z^2].$$

Aus dieser Darstellung ergibt sich sofort die Ungleichung

$$\dot{V} + 2\lambda V \leqq 2\lambda\Gamma \quad (t > 0). \qquad\qquad (3.32)$$

Die Integration von (3.32) von 0 bis zu einem beliebigen $t$ liefert

$$V(x(t),y(t),z(t)) \leqq \Gamma + [V(x(0),y(0),z(0)) - \Gamma]e^{-2\lambda t}. \quad \blacksquare$$

Folgerung 3.2. Für eine beliebige Lösung $(x,y,z)$ von (3.29) gilt die Ungleichung

$$\limsup_{t \to +\infty} |x(t)| \leqq \theta[\frac{1}{4\sqrt{\lambda(1 - \lambda)}} + \frac{1}{2}]. \qquad\qquad (3.33)$$

Durch einen Vergleich der Ungleichungen (3.28) und (3.33) erhält man die

Folgerung 3.3. Wenn das äußere Moment $F_o$ und der Dissipationsparameter $l$ der Ungleichung

$$\frac{3l^3}{F_o} - \frac{F_o}{l} \geqq \min_{\lambda \in [0,1]} \frac{F_o - l(1 - \lambda)}{l} [\frac{1}{2\sqrt{\lambda(1 - \lambda)}} + 1] \qquad (3.34)$$

genügen, so ist das System (3.25) global asymptotisch stabil.

Bemerkung 3.3. Wie leicht nachprüfbar ist, erweist sich die
Ungleichung (3.34) äquivalent zu

$$3 - R^2 \geq \min_{k \in [0,1]} R(R - 1 + k)\left(\frac{1}{2\sqrt{k(1 - k)}} + 1\right), \qquad (3.35)$$

wobei $R = \dfrac{F_o}{l^2}$ die Reynolds-Zahl nach [76'] ist.

Die Berechnung der rechten Seite der Ungleichung (3.35) zeigt,
daß das Minimum für $k = \frac{1}{9}$ angenommen wird. Hieraus ergibt sich
die

Folgerung 3.4. Das System eines flüssigen Gyroskops (3.25) ist
für $0 < R < 1$ asymptotisch stabil im ganzen und für
$1 < R < 1.289$ global asymptotisch stabil.

## 4. Zur fehlenden Dissipativität zweier Systeme von Rössler

Neben dem Lorenz-System (1.1) werden in der Literatur auch andere autonome Systeme aus drei gewöhnlichen Differentialgleichungen erster Ordnung diskutiert, die wegen der Existenz eines
seltsamen Attraktors besonderes Interesse hervorrufen. Zu ihnen
zählen die von Rössler in [41, 42] angegebenen abstrakten Reak-
tionssysteme, die zur Erklärung von Oszillationserscheinungen
in chemischen Experimenten benutzt werden ([30]). Eines dieser
Systeme, das in [10] als „das" Rössler-System zitiert wird,
lautet

$$\dot{x} = -y - z, \qquad (4.1i)$$

$$\dot{y} = x + ay, \qquad (4.1ii)$$

$$\dot{z} = bx - cz + xz, \qquad (4.1iii)$$

wobei a, b und c positive Zahlen sind.

Bekanntlich läßt das Lorenz-System (1.1) Phasenvolumen
„schrumpfen", da das dem System entsprechende Vektorfeld im gesamten Raum eine (konstante) negative Divergenz besitzt. Dem
Rössler-System (4.1) entspricht ein Vektorfeld mit der Divergenz a - c + x, so daß es sich, mit der Terminologie aus
[57, 64], bei (4.1) um ein „System mit Aufpumpen" handelt. In
diesem Abschnitt wird gezeigt, daß auch vom Standpunkt des globalen Verhaltens der Trajektorien sich die Systeme von Lorenz

(1.1) und Rössler (4.1) stark unterscheiden. Das Lorenz-System
ist im reellen und komplexen Fall immer dissipativ im Sinne
von Levinson (Abschnitt 2). Das Rössler-System (4.1) ist, wie
im vorliegenden Abschnitt gezeigt wird, nicht dissipativ im
Sinne von Levinson bei beliebigen Parametern a > 0, b > 0 und
c > 0. Damit wird nachgewiesen, daß Trajektorien mit bestimmten
Anfangszuständen gar nicht in die Umgebung des seltsamen
Attraktors gelangen können, der numerisch für einige Parameter
ermittelt wurde und in [10, 76] beschrieben wird. In den Arbeiten [43, 90, 115, 135] werden zahlreiche Kriterien für
Dissipativität bzw. Nichtdissipativität autonomer Differentialgleichungssysteme angegeben, die allerdings auf das Rössler-
System (4.1) nicht anwendbar sind. Der Nachweis der fehlenden
Dissipativität für das Rössler-System (4.1) wird im vorliegenden Abschnitt mit einer Hilfsfunktion geführt, die i.a. keine
vorzeichenkonstante Ableitung bezüglich System (4.1) besitzt,
die es aber gestattet, die Untersuchungen auf ein- bzw. zweidimensionale Systeme zu reduzieren. Damit können die Methode
der Phasenebene und die Methode der Vergleichssysteme [43, 64,
127] wirkungsvoll eingesetzt werden.

Die Ergebnisse für das System (4.1) lassen sich, wie im Punkt
4.3 gezeigt wird, leicht auf ein anderes System von Rössler
übertragen.

Die Darstellung des Abschnittes 4 geht auf die Arbeit [23] zurück.

### 4.1. Konstruktion einer Hilfsfunktion und der Fall c = ab

Das Hauptergebnis des Abschnittes ist im folgenden Satz zusam-
mengefaßt.

<u>Satz 4.1.</u> Das System (4.1) ist für beliebige a > 0, b > 0 und
c > 0 nicht dissipativ im Sinne von Levinson.

Bevor wir zum Beweis dieses Satzes kommen, formulieren und beweisen wir einige Hilfsaussagen.

<u>Lemma 4.1.</u> Die Funktion $V: \mathbb{R}^3 \to \mathbb{R}$ sei definiert durch

$$V(x,y,z) = \tfrac{1}{2}(x^2 + y^2) + z - by - cx, \qquad (4.2)$$

wobei die Parameter b und c aus dem System (4.1) stammen. Dann
gilt für eine beliebige Lösung (x,y,z) von (4.1) die Beziehung

$$\dot{V} \stackrel{\text{def}}{=} \frac{d}{dt} V(x(t),y(t),z(t)) = ay^2(t) + (c-ab)y(t) \qquad (4.3)$$

für alle t aus dem Existenzbereich der Lösung.

<u>Beweis.</u> Die Formel (4.3) ist die Ableitung von V bezüglich
(4.1):

$$\dot{V} = x(-y-z) + y(x+ay) + bx - cz + xz - bx - aby + cy + cz =$$

$$= ay^2 + (c-ab)y. \quad \blacksquare$$

<u>Bemerkung 4.1.</u> Mit Hilfe der Funktion $V_1(x,y,z) = ay^2 + (c-ab)y$
$(x,y,z \in \mathbb{R})$ erhält man die folgende Zerlegung des Phasenraumes
(z.B. für den Fall $ab - c \geq 0$):

$$\mathbb{R}^3 = \Pi_1 \cup \Pi_2 \cup \Pi_3$$

mit

$$\Pi_1 = \{x,y,z: y < 0\}, \quad \Pi_2 = \{x,y,z: 0 \leq y \leq \frac{ab - c}{a}\},$$

$$\Pi_3 = \{x,y,z: y > \frac{ab - c}{a}\}.$$

Diese Zerlegung ist dadurch charakterisiert, daß $\dot{V}$ nichtnegativ
ist, wenn sich die Trajektorie von (4.1) in $\Pi_1$ oder $\Pi_3$ aufhält
und $\dot{V}$ nichtpositiv ist, wenn die Trajektorie in $\Pi_2$ liegt. Wie
man leicht sieht, hat das System (4.1) die Gleichgewichtszustände $O_1 = (0,0,0)$ und $O_2 = (c-ab, -\frac{c-ab}{a}, c-ab)$. Diese
Gleichgewichtszustände liegen also gerade an den Grenzen dieser
Gebiete. Deshalb ist in gewissem Sinne die Wahl von V in der
Form (4.2) für das System (4.1) optimal.

Im folgenden Lemma behandeln wir den einfachen Fall, wenn das
Gebiet $\Pi_2$ nur aus der Ebene $y = 0$ besteht, d.h., wenn $c = ab$
ist.

<u>Lemma 4.2.</u> Es sei $c = ab$. Dann ist das System (4.1) nicht dissi-
pativ im Sinne von Levinson.

<u>Beweis.</u> Es sei $R > 0$ eine beliebige Zahl. Wir wählen $\alpha > 0$ so
groß, daß

$$\Omega \overset{\text{def}}{=} \{x,y,z: V(x,y,z) > \alpha\} \subset \{x,y,z: x^2 + y^2 + z^2 > R^2\}$$

gilt. Entlang einer beliebigen Trajektorie $(x,y,z)$ mit den Anfangsbedingungen $(x_0,y_0,z_0) \in \Omega$ bei $t = 0$ erhält man $\dot{V} \geq 0$, was
$V(x(t),y(t),z(t)) > \alpha$ für alle $t$ aus dem Existenzintervall impliziert. Folglich gelangt die betrachtete Trajektorie nie in
die Menge $\{x,y,z: x^2 + y^2 + z^2 \leq R^2\}$. $\blacksquare$

<u>Bemerkung 4.2.</u> Offensichtlich hat die Linearisierung des Systems
(4.1) um $(0,0,0)$ die Gestalt

$$
\frac{d}{dt}\begin{bmatrix} z_1 \\ z_2 \\ z_3 \end{bmatrix} = \begin{bmatrix} 0 & -1 & -1 \\ 1 & a & 0 \\ b & 0 & -c \end{bmatrix} \begin{bmatrix} z_1 \\ z_2 \\ z_3 \end{bmatrix}.
$$

Das charakteristische Polynom der Systemmatrix lautet

$$
p(\lambda) = \lambda^3 + \lambda^2(c - ab) + \lambda(1 + b - ac) + c - ab.
$$

Die Funktion (4.2) besitzt also genau dann eine vorzeichenkonstante Ableitung bezüglich (4.1) (und ist damit Ljapunow-Funktion), wenn die Matrix der Linearisierung von (4.1) um $(0,0,0)$ den Eigenwert 0 besitzt.

## 4.2. Beweis des allgemeinen Falls

Dem Beweis gehen zwei Hilfsaussagen voraus.

<u>Lemma 4.3.</u> Wir setzen $ab - c > 0$ voraus und legen mit zwei Zahlen $\Delta_1 < 0$ und $\Delta_2 > \max\{\frac{ab - c}{a}, 2b\}$ den Streifen

$$
\Pi_{[\Delta_1,\Delta_2]} = \{x,y,z : \Delta_1 \leq y \leq \Delta_2\}
$$

fest.

Dann existieren Zahlen $N_o > 0$, $D > 0$, $H > 0$, so daß eine beliebige Trajektorie $(x,y,z)$ von (4.1), die zum Zeitpunkt $t_o \geq 0$ auf $\Pi_{[\Delta_1,\Delta_2]}$ mit $V(x(t_o),y(t_o),z(t_o)) = N \geq N_o$ trifft, in $\Pi_{[\Delta_1,\Delta_2]}$ eine Verweilzeit kleiner $\frac{D}{\sqrt{N}}$ besitzt und die Änderung von $V(x(t),y(t),z(t))$ beim Durchlaufen des Streifens $\Pi_{[\Delta_1,\Delta_2]}$ durch die Trajektorie größer als $\frac{-H}{\sqrt{N}}$ ist. Trifft die Trajektorie dabei mit $x(t_o) < 0$, $y(t_o) = \Delta_2$ auf den Streifen, so verläßt sie $\Pi_{[\Delta_1,\Delta_2]}$ wieder, indem sie in $y < \Delta_1$ übergeht.

<u>Beweis.</u> Wir geben eine beliebige positive Zahl $N$ vor (die noch konkretisiert wird), betrachten eine Trajektorie $(x,y,z)$ von (4.1), für die bei einem $t_o \geq 0$ $V(t_o) = N$ und $y(t_o) = \Delta_1$ oder $y(t_o) = \Delta_2$ gelten und untersuchen zunächst die Trajektorie bei $t \in [t_o, t_o + 1]$ auf dem Stück, für das $y(t) \in [\Delta_1,\Delta_2]$ ist. Laut Mittelwertsatz ist

$$
V(t) = V(t_o) + \dot{V}(\hat{t}(t))(t - t_o) \tag{4.4}
$$

mit $t_o \leq \hat{t}(t) \leq t \leq t_o + 1$. Wegen (4.3) gilt innerhalb von $[\Delta_1,\Delta_2]$ die Abschätzung

$$
|\dot{V}| \leq \max\{a\Delta_1^2 + (c - ab)\Delta_1, \ a\Delta_2^2 + (c - ab)\Delta_2, \ \frac{(ab - c)^2}{4a}\} \overset{\text{def}}{=} C_2. \tag{4.5}
$$

Abkürzend schreiben wir
$$f_1(t) = \dot{V}(\hat{t}(t))(t - t_0) \quad \text{und} \quad f_2(t) = -\tfrac{1}{2} y^2(t) + by(t).$$
Für $f_2$ läßt sich bei $y(t) \in [\Delta_1, \Delta_2]$ die Abschätzung
$$|f_2(t)| \leqq \max\{\tfrac{1}{2} \Delta_1^2 - b\Delta_1, \tfrac{b^2}{2}, \tfrac{1}{2}\Delta_2^2 - b\Delta_2\} \overset{\text{def}}{=} C_3$$
angeben. Mit den eingeführten Funktionen erhalten wir aus (4.2) und (4.4) die Darstellung
$$z(t) = -\tfrac{1}{2}(x(t) - c)^2 + N + \tfrac{1}{2} c^2 + f_1(t) + f_2(t).$$
Wir setzen dies anstelle von $z(t)$ in (4.11) und erhalten
$$\dot{x}(t) = \tfrac{1}{2}(x(t) - c)^2 - N - y(t) - \tfrac{1}{2} c^2 - f_1(t) - f_2(t).$$
Für die Funktion
$$f(t) = -y(t) - \tfrac{1}{2} c^2 - f_1(t) - f_2(t)$$
gilt für $y(t) \in [\Delta_1, \Delta_2]$ die Abschätzung
$$|f(t)| < C_1 \tag{4.6}$$
mit
$$C_1 > \max\{-\Delta_1, \Delta_2\} + C_2 + C_3 + \tfrac{1}{2} c^2.$$
Damit ist eine Differentialgleichung erster Ordnung
$$\dot{x}(t) = -N + \tfrac{1}{2}(x(t) - c)^2 + f(t) \tag{4.7}$$
gewonnen, die für $t \in [t_0, t_0 + 1]$ und $y(t) \in [\Delta_1, \Delta_2]$ anstelle von (4.1) betrachtet werden kann.

Die weiteren Überlegungen werden nun in Abhängigkeit von $x(t_0)$ durchgeführt. Dabei besteht unser Ziel darin, zu zeigen, daß sich bei hinreichend großem N für die Trajektorie, die bei bestimmtem $t_0$ mit $V(t_0) = N$ auf den Streifen $\Pi_{[\Delta_1, \Delta_2]}$ auftritt, eine Verweilzeit der Größenordnung $\frac{\text{const}}{\sqrt{N}}$ ergibt. Zu diesem Zwecke unterscheiden wir bezüglich der Anfangswerte $x(t_0)$ zwei Fälle, die sich aus der topologischen Lösungsstruktur von (4.7) ergeben, indem als Vergleichssysteme die durch die Schranken von f implizierten Differentialgleichungen herangezogen werden: Wir betrachten Lösungen von (4.1), die größer als $\sqrt{2(N + C_1)} + c$ oder aber kleiner als $-\sqrt{2(N - C_1)} + c$ sind. Weiterhin untersuchen wir die Lösungen im Intervall
$[-\sqrt{2(N - C_1)} + c, \sqrt{2(N + C_1)} + c]$, wobei willkürlich ein Intervall der Form $[-\tfrac{\sqrt{N}}{2} + c, \tfrac{\sqrt{N}}{2} + c]$ abgesondert wird.

**Fall 1.** $x(t_o) > \sqrt{2(N + C_1)} + c$. Mit dem Vergleichsprinzip für Differentialgleichungen [64, 127] ergibt sich
$x(t) > \sqrt{2(N + C_1)} + c$ für alle $t \geqq t_o$ aus dem Existenzintervall der Lösung und dem Gültigkeitsbereich von (4.7). Dann gilt mit (4.1ii) für diese $t$

$$\dot{y} = ay + x > ay + \sqrt{2(N + C_1)} + c \geqq \Delta_1 a + \sqrt{2(N + C_1)} + c.$$

Für die Verweilzeit $T$ der Lösung in $\Pi_{[\Delta_1, \Delta_2]}$ fordern wir einen Wert kleiner $\frac{1}{2}$, d.h. es soll

$$T \leqq \frac{\Delta_2 - \Delta_1}{\Delta_1 a + \sqrt{2(N + C_1)} + c} \leqq \frac{1}{2}$$

sein. Das ergibt für $N$ die Forderung

$$-C_1 + \frac{1}{2}(2(\Delta_2 - \Delta_1) - \Delta_1 a - c)^2 \leqq N.$$

Diese Ungleichung garantiert erst einmal die Anwendbarkeit von (4.7). In Wirklichkeit wählen wir das $N$ so groß, daß

$$T \leqq \frac{\Delta_2 - \Delta_1}{\Delta_1 a + \sqrt{2(N + C_1)} + c} \leqq \frac{D_1}{\sqrt{N}}$$

gilt, wobei $D_1 > 0$ eine Konstante ist.

**Fall 2.** $x(t_o) < c - \sqrt{2(N - C_1)}$. Dann folgt aus dem Vergleichsprinzip für Differentialgleichungen

$$x(t) < c - \sqrt{2(N - C_1)} \tag{4.8}$$

für alle $t \geqq t_o$, für die $x(t)$ existiert und für die $(x(t), y(t), z(t))$ innerhalb von $\Pi_{[\Delta_1, \Delta_2]}$ liegt. Folglich ist mit (4.1ii) auch $\dot{y} = ay + x < a\Delta_2 + c - \sqrt{2(N - C_1)}$ für diese $t$. Die Gültigkeit der Darstellung (4.7) ist somit gewährleistet bei

$$T \leqq \frac{\Delta_2 - \Delta_1}{-a\Delta_2 - c + \sqrt{2(N - C_1)}} \leqq \frac{1}{2},$$

was die Forderung für $N$

$$\frac{1}{2}(2(\Delta_2 - \Delta_1) + a\Delta_2 + c)^2 + C_1 \leqq N$$

impliziert. Auch hier läßt sich eine Konstante $D_2 > 0$ angeben, so daß für hinreichend große $N$ gilt

$$T \leqq \frac{\Delta_2 - \Delta_1}{-a\Delta_2 - c + \sqrt{2(N - C_1)}} \leqq \frac{D_2}{\sqrt{N}}.$$

**Fall 3.** $x(t_o) \in [-\frac{1}{2}\sqrt{N} + c, \frac{1}{2}\sqrt{N} + c] \overset{\text{def}}{=} I_N$.
Wir zeigen zunächst, daß die Trajektorie $x(t)$ von (4.7) das Intervall $I_N$ schnell nach links verläßt und außerhalb verbleibt,

solange die Trajektorie $(x(t),y(t),z(t))$ von (4.1) innerhalb von $\Pi_{[\Delta_1,\Delta_2]}$ liegt. Es sei $T$ die Verweilzeit der Lösung im Intervall $I_N$. Dann gilt während dieser Zeit wegen (4.6) und (4.7) die Ungleichung

$$\dot{x} < -N + \frac{1}{8} N + C_1 = -\frac{7}{8} N + C_1 \quad \text{für } t \in [t_o,\ t_o+T]. \quad (4.9)$$

Die Integration dieser Ungleichung von $t_o$ bis $t \in [t_o,\ t_o+T]$ liefert unter Beachtung der Zugehörigkeit der Trajektorie zum Intervall $I_N$ die Beziehung

$$x(t) < (-\frac{7}{8} N + C_1)(t-t_o) + x(t_o) \leqq (-\frac{7}{8} N + C_1)(t-t_o) + \frac{1}{2} \sqrt{N} + c.$$

Offensichtlich ist dann ab einem bestimmten $t = t_o + T$ auch

$$(-\frac{7}{8} N + C_1)T + \frac{1}{2} \sqrt{N} + c < -\frac{1}{2} \sqrt{N} + c$$

erfüllt.

Frühestens ist dies für $T = \sqrt{N}\,(\frac{7}{8} N - C_1)^{-1}$ gewährleistet. Damit $T < \frac{1}{2}$ ist, reichen die Forderungen $\frac{1}{8} N > C_1$ und $\frac{4}{3\sqrt{N}} < \frac{1}{2}$ aus. In Wirklichkeit können wir dann auch hier eine $T$-Zeit der Ordnung $\frac{const}{\sqrt{N}}$ realisieren:

$$T < \sqrt{N}\,(\frac{7}{8} N - C_1)^{-1} < \frac{8}{6} \sqrt{N^{-1}}.$$

Offensichtlich folgt aus (4.9), daß die Trajektorie $x(t)$ nicht wieder in $[-\frac{1}{2} \sqrt{N} + c,\ \frac{1}{2} \sqrt{N} + c]$ zurückgeht, solange die Trajektorie $(x(t),y(t),z(t))$ in $\Pi_{[\Delta_1,\Delta_2]}$ liegt. Die weitere Schlußweise ist wie im Fall 2, wobei anstelle der Ungleichung (4.8) die Beziehung

$$x(t) \leqq -\frac{1}{2} \sqrt{N} + c$$

für alle $t \geqq t_1$ aus dem Existenzbereich der Lösung, für die auch $(x(t),y(t),z(t))$ innerhalb von $\Pi_{[\Delta_1,\Delta_2]}$ liegt, betrachtet wird.

<u>Falle 4.</u> $x(t_o) \in (\frac{1}{2} \sqrt{N} + c,\ \sqrt{2(N + C_1)}\,]$. Bezüglich des Verhaltens der Trajektorien für $t \geqq t_o$ unterscheiden wir weiter:

4.1. $\frac{1}{2} \sqrt{N} + c \leqq x(t)$ für alle die $t \in [t_o,\ t_o+\frac{1}{2}]$, für die $(x(t),y(t),z(t))$ innerhalb von $\Pi_{[\Delta_1,\Delta_2]}$ liegt. Dann verläuft die weitere Untersuchung wie im Fall 1.

4.2. Für ein $t_1$ mit $t_1 \leqq t_o + \frac{1}{2}$ ist $x(t_1) < \frac{1}{2} \sqrt{N} + c$. Dies führt zum Fall 3.

<u>Fall 5.</u> $x(t_o) \in [c - \sqrt{2(N - C_1)},\ -\frac{1}{2} \sqrt{N} + c)$. Auch hier unterscheiden wir bezüglich des weiteren Verlaufs für $t \geqq t_o$:

5.1. $x(t) \leq -\frac{1}{2} \sqrt{N} + c$ für alle $t \in [t_0, t_0 + \frac{1}{2}]$, für die
$(x(t),y(t),z(t))$ innerhalb von $\Pi_{[\Delta_1,\Delta_2]}$ liegt. Dann verläuft
die weitere Behandlung wie im Fall 2.

5.2. Für ein $t_1$ mit $t_1 \leq t_0 + \frac{1}{2}$ ist $x(t_1) > -\frac{1}{2} \sqrt{N} + c$.
Dann führt dies zum Fall 3.

Die Fälle 1 - 5 lassen sich zusammenfassen, indem man die endliche Anzahl von Forderungen an N durch die Wahl eines hinreichend großen $N_0$ gewährleistet und die in den Ausdrücken $\frac{D}{\sqrt{N}}$
vorkommenden D durch den Maximalwert ersetzt. Folglich gilt
dann, daß für alle $N \geq N_0$ Trajektorien $(x,y,z)$ mit
$V(x(t_0),y(t_0),z(t_0)) = N$, $y(t_0) = \Delta_1$ in $\Pi_{[\Delta_1,\Delta_2]}$ eine Verweilzeit nicht größer als $\frac{D}{\sqrt{N}}$ besitzen. Damit läßt sich auch leicht
die Änderung der Funktion V entlang der Trajektorie
$(x(t),y(t),z(t))$ beim Durchlaufen des Streifens $\Pi_{[\Delta_1,\Delta_2]}$ ab-
schätzen. Man erhält nämlich für diese Änderung $\Delta V$ auf $\Pi_{[\Delta_1,\Delta_2]}$

$$\Delta V \geq \min_{\Pi_{[\Delta_1,\Delta_2]}} \dot{V} \frac{D}{\sqrt{N}} \geq \frac{-C_2 D}{\sqrt{N}},$$

wobei sich $C_2$ aus (4.5) berechnet. ∎

<u>Lemma 4.4.</u> Gegeben sei das System
$$\dot{x} = \frac{1}{2}(x-c)^2 + \frac{1}{2}(y-(1+b))^2 - \frac{1}{2} c^2 - \frac{1}{2}(1+b)^2 - N - f(t),$$
$$\tag{4.10}$$
$$\dot{y} = x + ay,$$

wobei $a,b,c$ die Konstanten aus (4.1) sind und $N > 0$ ebenfalls
eine Konstante ist. Weiter sei $f$ eine stetige Funktion mit der
Eigenschaft

$$|f(t)| < \varepsilon(N) \tag{4.11}$$

für alle $t$, für die (4.10) betrachtet wird, und es sei
$\lim_{N \to \infty} \varepsilon(N) = 0$. Dann existiert eine Zahl $N_0 > 0$, so daß für alle
$N \geq N_0$ jede Trajektorie von (4.10), die aus $y > 0$ in $y < 0$ und
zurück in $y > 0$ geht, in $y < 0$ mindestens eine Verweilzeit von
$\sqrt{1.9}/\sqrt{2.1}$ besitzt oder nach Passieren der Achse $y = 0$ für alle
weiteren $t$ aus dem Existenzbereich der Lösung im Gebiet $x \geq 0$,
$y \geq 0$ verbleibt.

<u>Beweis.</u> Wir betrachten eine Trajektorie $(x(t),y(t))$, die aus
$y > 0$ in $y < 0$ und zurück in $y > 0$ geht. Es sei $t_1$ der Zeitpunkt des ersten Überschreitens der x-Achse durch die Trajektorie. Offensichtlich ist wegen $y(t_1) = 0$ und wegen der zweiten

Gleichung von (4.10) auch $x(t_1) < 0$. Die Trajektorie befindet
sich nach dem Überschreiten der x-Achse also zunächst im Gebiet
$x + ay \leqq 0$. Da die betrachtete Trajektorie in $y > 0$ zurückgehen
soll, muß sie zunächst die Menge

$$M = \{x,y: \ x \leqq 0, \ y \leqq 0, \ (x,y) \in K_N^-\}$$

mit

$$K_N^- = \{x,y: \tfrac{1}{2}(x-c)^2 + \tfrac{1}{2}(y-(1+b))^2 \leqq \tfrac{1}{2} c^2 + \tfrac{1}{2}(1+b)^2 + N - \varepsilon(N)\}$$

($N \geqq N_0$, $N_0$ hinreichend groß) verlassen, da sonst die Trajektorie nicht aus $x \leqq 0$, $y \leqq 0$ herauskommt. Der Übergang der
Trajektorie aus $x \leqq 0$, $y \leqq 0$ in $y > 0$ kann also nur durch das
Gebiet $x \geqq 0$, $y \leqq 0$ erfolgen. Dabei kann die Trajektorie vor
Passieren der y-Achse nicht wieder in $K_N^-$ gelangen, da dies voraussetzen würde, daß $\dot{x} = 0$ im Gebiet $\{x \leqq 0, \ y \leqq 0, \ (x,y) \in K_N^-\}$
wird, was aber nicht möglich ist. Die Trajektorie passiert also
die y-Achse außerhalb von $K_N^-$, bevor sie in positiver y-Richtung
(nach Schnitt mit $x + ay = 0$) die Halbebene $y < 0$ wieder verläßt. Dazu muß die Trajektorie mindestens die Entfernung
$\sqrt{1.9}\,\sqrt{N}$ in positiver y-Richtung zurücklegen, wobei der Wert
$\sqrt{1.9}\,\sqrt{N}$ für alle $N \geqq N_0$ ($N_0$ wird, wenn nötig, vergrößert) gilt.
Auf dem Weg in $y < 0$ sind zwei Situationen möglich. Einmal kann
die Trajektorie noch vor Passieren der x-Achse in $K_N^-$ gelangen.
Dann schneidet die Trajektorie bei $x < \sqrt{2.1\,N}$ (auch hier für
$N \geqq N_0$, $N_0$ im Bedarfsfalle vergrößert) die x-Achse und hat auch
hier während des gesamten Aufenthaltes in $y < 0$ keine größeren
x-Werte. Dann läßt sich aus der zweiten Gleichung von (4.10)
die Ungleichung

$$\dot{y} \leqq \sqrt{2.1\,N} \tag{4.12}$$

ableiten. Damit ist für den Weg in $y < 0$ mindestens eine Zeit
$\sqrt{1.9\,N}/\sqrt{2.1\,N} = \sqrt{1.9/2.1}$ erforderlich. Die zweite Möglichkeit
besteht darin, daß die Trajektorie oberhalb $\sqrt{2.1\,N}$ die x-Achse
schneidet. Dann kann in $x \geqq 0$, $y \geqq 0$ die Trajektorie nicht wieder in $K_N^-$ gelangen und sowohl $x(t)$ als auch $y(t)$ wachsen nur
noch an. ∎

<u>Beweis des Satzes 4.1.</u> Wegen Lemma 4.2 bleibt nur der Fall
$ab - c \neq 0$ zu betrachten. Wir setzen im weiteren o.B.d.A.
$ab - c > 0$ voraus. Es seien $\Delta_1 < 0$ und $\Delta_2 > \max\{(ab-c)a^{-1}, \ 2b\}$
zwei beliebige Zahlen, durch die ein Streifen
$\Pi_{[\Delta_1, \Delta_2]} = \{x,y,z: \ \Delta_1 \leqq y \leqq \Delta_2\}$ im Phasenraum festgelegt wird.
Wir geben uns eine Kugel mit beliebig großem fixiertem Radius

vor und zeigen, daß es Trajektorien vom System (4.1) gibt, die
nicht in diese Kugel gelangen. Aus dieser Eigenschaft folgt sofort die Aussage des Satzes 4.1.

Mit dem genannten Ziel wird eine Trajektorie $(x(t),y(t),z(t))$
von (4.1) mit $(x(0),y(0),z(0)) \in \Pi_{[\Delta_1,\Delta_2]}$ betrachtet, für die
der Wert $V(x(0),y(0),z(0)) = N_1$ (V ist die Funktion (4.2)) so
groß ist, daß wir uns in den Bedingungen der Lemmata 4.3 und
4.4 befinden, die Menge $(x,y,z\colon V(x,y,z) \geq N_1\}$ außerhalb der
eingeführten Kugel liegt und die Ungleichungen

$$\frac{E}{\sqrt{N} - \dfrac{H}{\sqrt{N}}} < \sqrt{\frac{1.9}{2.1}} - \frac{D}{\sqrt{N} - \dfrac{H}{\sqrt{N}}} \tag{4.13}$$

für alle $N \geq N_1$ und $N - \dfrac{H}{\sqrt{N}} \geq N_0$ erfüllt sind. Dabei sind $N_0, D, H$
die Konstanten, über die in Lemma 4.3 gesprochen wird, während
E definiert wird durch

$$E = D \max\{\frac{1}{a\Delta_1^2 + (c - ab)\Delta_1}, \frac{1}{a\Delta_2^2 + (c - ab)\Delta_2}\}. \tag{4.14}$$

Gelangt die Trajektorie $(x(t),y(t),z(t))$ nicht in $\Pi_{[\Delta_1,\Delta_2]}$, so
befindet sie sich ständig in einem Gebiet, in dem die Ableitung
$\dot{V}$ aus (4.3) nichtnegativ ist. Also wird der Wert der Funktion
$V(t)$ (wir kürzen damit den Ausdruck $V(x(t),y(t),z(t))$ ab) nicht
kleiner und die Trajektorie gelangt nicht in die fixierte
Kugel.

Es werde nun angenommen, daß die betrachtete Trajektorie bei
$t = t_0$ mit $V(t_0) = N \geq N_0$ in $\Pi_{[\Delta_1,\Delta_2]}$ gelangt. Wegen Lemma 4.3
verläßt die Trajektorie den Streifen $\Pi_{[\Delta_1,\Delta_2]}$ nach einer Verweilzeit nicht größer als $\dfrac{D}{\sqrt{N}}$.

Unser Ziel besteht darin zu zeigen, daß bei einem erneuten Eintritt der Trajektorie in $\Pi_{[\Delta_1,\Delta_2]}$ der Wert von V nicht kleiner
als N ist, d.h. nicht kleiner als der vorhergehende V-Wert beim
Eintritt in den Streifen $\Pi_{[\Delta_1,\Delta_2]}$.

Damit werden wir erhalten, daß trotz wiederholten Eindringens
der Trajektorie in $\Pi_{[\Delta_1,\Delta_2]}$ und trotz der damit verbundenen Abnahme von V entlang der Trajektorie innerhalb eines Teils des
Streifens, sich der Wert V bei aufeinanderfolgenden Zeitpunkten
des Eindringens nicht verringert und damit die Trajektorie zu
diesen Zeitpunkten außerhalb der eingeführten Kugel liegt.

Wir wollen annehmen, daß diese Aussage falsch ist, d.h., daß
die Trajektorie bis zum Wiedereintritt in $\Pi_{[\Delta_1,\Delta_2]}$ eine Zunahme
des Funktionswertes $V$ impliziert, die kleiner ist als $\frac{H}{\sqrt{N}}$. Als
Konsequenz dieser Annahme erhält man, daß die Aufenthaltsdauer
$\Delta t$ der Trajektorie in $\mathbb{R}^3 \setminus \Pi_{[\Delta_1,\Delta_2]}$ nicht größer als $\frac{E}{\sqrt{N}}$ ist, wobei $E$ eine Konstante ist, die von $D$, $\Delta_1$ und $\Delta_2$ abhängt. Sie
läßt sich folgendermaßen bestimmen. Angenommen, die Trajektorie
befindet sich in $y < \Delta_1$. Laut (4.3) ist
$\dot{V} = ay^2(t) + (c - ab)y(t)$. Damit ist $\dot{V} \geq a\Delta_1^2 + (c - ab)\Delta_1 > 0$.
Mit dem Mittelwertsatz ist dann die Funktionswertänderung von
$V$ beschränkt durch

$$(a\Delta_1^2 + (c - ab)\Delta_1)\Delta t \leq \Delta V < \frac{D}{\sqrt{N}}.$$

Somit erhält man

$$\Delta t \leq \frac{D}{(a\Delta_1^2 + (c - ab)\Delta_1)\sqrt{N}}. \tag{4.15}$$

Nun sei die Trajektorie in $y > \Delta_2$. Dann ist analog

$$\Delta t \leq \frac{D}{(a\Delta_2^2 + (c - ab)\Delta_2)\sqrt{N}}. \tag{4.16}$$

Für die Konstante $E$ können wir deshalb die Festlegung (4.14)
verwenden.

Die Trajektorie, die sich in $\mathbb{R}^3 \setminus \Pi_{[\Delta_1,\Delta_2]}$ aufhält, kann entweder in $y > \Delta_2$ oder in $y < \Delta_1$ liegen. Für unsere Belange ist
der zweite Fall günstig; der erste läßt sich auf ihn zurück-
führen. Wenn die Trajektorie, die sich in $y > \Delta_2$ befindet, dort
für alle weiteren $t$-Werte verbleibt, erhält man mit (4.16) die
Aussage des Satzes. Also möge die Trajektorie wieder in $\Pi_{[\Delta_1,\Delta_2]}$
gelangen. Der Wert der Funktion $V$ hat sich dabei gegenüber
$N - H/\sqrt{N}$ nicht mehr verkleinert. Angenommen, die Trajektorie
trifft zum Zeitpunkt $t_1$ auf $\Pi_{[\Delta_1,\Delta_2]}$. Dann ist offensichtlich
$x(t_1) + ay(t_1) < 0$, was natürlich $x(t_1) < 0$ impliziert. Nach
Lemma 4.3 verläßt die Trajektorie $(x(t),y(t),z(t))$ den Streifen
$\Pi_{[\Delta_1,\Delta_2]}$ wieder nach einer Verweilzeit kleiner $D/\sqrt{N} - H/\sqrt{N}$
und einer Funktionswertverringerung von $V(t)$ kleiner
$H/\sqrt{N} - H/\sqrt{N}$ und geht dabei in $y < \Delta_1$ über. Wenn nun $V(t)$
während des Aufenthaltes der Trajektorie in $y < \Delta_1$ nicht mindestens um $H/\sqrt{N} + H/\sqrt{N} - H/\sqrt{N}$ wächst (falls die Trajektorie
sofort nach $t = t_0$ aus $\Pi_{[\Delta_1,\Delta_2]}$ in $y < \Delta_1$ übergeht, wäre $H/\sqrt{N}$

als Zuwachs ausreichend), so gilt die Beziehung

$$V(t) = N + f(t) \tag{4.17}$$

mit

$$|f(t)| < H/\sqrt{N} + H/\sqrt{N - H/\sqrt{N} +}$$
$$\overline{+ H/\sqrt{N - H/\sqrt{N} - H/\sqrt{N} - H/\sqrt{N}}} \overset{\text{def}}{=} \varepsilon(N) \tag{4.18}$$

für alle t bis nach der nächsten Durchquerung des Streifens $\Pi_{[\Delta_1,\Delta_2]}$.

Wir eleminieren aus (4.2) z und erhalten

$$z = V - \frac{1}{2}(x^2 + y^2) + by + cx. \tag{4.19}$$

Mit dieser Darstellung reduzieren wir die Dimension des Differentialgleichungssystems (4.1), indem wir nur (4.1i) und (4.1ii) betrachten, wobei z in (4.1i) durch (4.17) und (4.19) ersetzt wird. Wir erhalten das nichtautonome Differentialgleichungssystem der Dimension 2 (4.10) mit $\varepsilon(N)$ aus (4.18) und können also das Lemma 4.4 anwenden. Die erste Möglichkeit, die das Lemma 4.4 bezüglich der Trajektorie zuläßt, besteht darin, daß deren Aufenthaltszeit in $y < \Delta_1$ größer als $\sqrt{1.9/2.1} - D/\sqrt{N} - H/\sqrt{N}$ ist. Das ergibt aber mit (4.13) sofort einen Widerspruch zu (4.15). Die zweite Möglichkeit, die im Lemma 4.4 zugelassen wird, führt zum Verletzen der Ungleichung (4.16). ∎

## 4.3. Fehlende Dissipativität eines benachbarten Systems

Anstelle von (4.1) wird häufiger ([41, 76]) das nur in (4.1iii) veränderte System

$$\begin{aligned}
\dot{x} &= -y - z, \\
\dot{y} &= x + ay, \\
\dot{z} &= b - cz + xz
\end{aligned} \tag{4.20}$$

mit positiven Parametern a,b,c betrachtet.

Die bisherigen Untersuchungen lassen sich leicht auf (4.20) übertragen.

<u>Lemma 4.5.</u> Die Funktion $W: \mathbb{R}^2 \to \mathbb{R}$ sei definiert durch

$$W(x,y,z) = \frac{1}{2}(x^2 + y^2) + z - cx, \tag{4.21}$$

wobei c aus (4.20) ist. Dann gilt für eine beliebige Lösung $(x(t),y(t),z(t))$ von (4.20) die Beziehung

$$\dot{W} = \frac{d}{dt} W(x(t),y(t),z(t)) = ay^2(t) + cy(t) + b. \tag{4.22}$$

__Beweis.__ Er verläuft analog zum Beweis des Lemmas 4.1. ∎

__Lemma 4.6.__ Es sei $b \geqq c^2/4a$. Dann ist das System (4.20) nicht dissipativ im Sinne von Levinson.

__Beweis.__ Es folgt sofort aus der Darstellung

$$ay^2 + cy + b = a(y + \frac{c}{2a})^2 + b - \frac{c^2}{4a} \qquad (y \in \mathbb{R})$$

und weiteren Überlegungen wie im Beweis des Lemmas 4.2. ∎

__Satz 4.2.__ Das System (4.20) ist nicht dissipativ im Sinne von Levinson.

__Beweis.__ Er verläuft vollkommen analog zum Beweis des Satzes 4.1 mit folgender Zerlegung des Phasenraumes für $b < \frac{c^2}{4a}$:

$$\mathbb{R}^3 = \Pi_1 \cup \Pi_2 \cup \Pi_3,$$

$$\Pi_1 = \{x,y,z: \; y < -\frac{c}{2a} - \sqrt{\frac{c^2}{4a^2} - \frac{b}{a}}\},$$

$$\Pi_2 = \{x,y,z: \; -\frac{c}{2a} - \sqrt{\frac{c^2}{4a^2} - \frac{b}{a}} \leqq y \leqq -\frac{c}{2a} + \sqrt{\frac{c^2}{4a^2} - \frac{b}{a}}\},$$

$$\Pi_3 = \{x,y,z: \; -\frac{c}{2a} + \sqrt{\frac{c^2}{4a^2} - \frac{b}{a}} < y\}.$$

Damit kann

$$\Pi_{[\Delta_1,\Delta_2]} = \{x,y,z: \; -\frac{c}{2a} - \sqrt{\frac{c^2}{4a^2} - \frac{b}{a}} + \Delta_1 < y < \frac{c}{2a} +$$

$$+ \sqrt{\frac{c^2}{4a^2} - \frac{b}{a}} + \Delta_2\}$$

mit entsprechenden $\Delta_1 < 0$ und $\Delta_2 > 0$ eine Rolle wie im Beweis des Satzes 4.1 übernehmen. ∎


## 5. Zweiseitige Schranken und Normschranken für die Lösungen von semilinearen Differentialgleichungen

Gegeben sei das quasilineare Differentialgleichungssystem

$$\dot{x} = Ax + f(x,t). \qquad (5.1)$$

Dabei ist $A$ eine $n \times n$-Matrix und $f$ ist eine stetige Abbildung $f: \mathbb{R}^n \times \mathbb{R}_+ \to \mathbb{R}^n$, die außerdem einer lokalen Lipschitz-Bedingung bezüglich $x$ genügt. Weiter wird vorausgesetzt, daß für beliebige $t_0 \geqq 0$, $x_0 \in \mathbb{R}^n$ die Lösung $x(\cdot;t_0,x_0)$ für alle $t \geqq t_0$ existiert. Um Mißverständnissen vorzubeugen, definieren wir an dieser Stelle die Begriffe des Kegels und der invarianten Menge im $\mathbb{R}^n$.

**Definition 5.1.** Die Menge $K \subset \mathbb{R}^n$ bezeichnen wir als __Kegel__, wenn $K$ konvex und abgeschlossen ist, $K \cap (-K) = \{0\}$ ist und $\alpha K \subset K$ für $\alpha \geq 0$ gilt. Der Kegel $K$ heißt __räumlich__, wenn die Menge der inneren Punkte von $K$ nichtleer ist.

**Definition 5.2.** Die Menge $M \subset \mathbb{R}^n$ heißt (positiv) __invariant für das System (5.1)__, wenn für beliebige $t_0 \geq 0$ und $x_0 \in M$ die Inklusion $x(t;t_0,x_0) \in M$ $(t \geq t_0)$ folgt.

Unter Benutzung eines Kegels wird die __Halbordnung__ $\leq_K$ im $\mathbb{R}^n$ durch $x \leq_K y \Longleftrightarrow y - x \in K$ für $x,y \in \mathbb{R}^n$ eingeführt.

In den folgenden zwei Aussagen werden für das System (5.1) auf einfache Weise Vergleichssysteme konstruiert, mit deren Hilfe Stabilität bezüglich eines Kegels bzw. Instabilität nachgewiesen wird. Sätze ähnlicher Art kann man bei Krasnoselskii/Burd/ Kolesov [89] finden. Wir führen zunächst Aussagen an, die sich als Folgerungen des Maximumprinzips für gewöhnliche Differentialgleichungen ergeben, und zeigen anschließend, daß sich der Beweis gewisser Frequenzkriterien der Stabilität bzw. Instabilität auf die Konstruktion eines invarianten Kegels und Anwendung von Sätzen der genannten Art reduziert. Unsere Darstellung stützt sich auf die Arbeit [39].

__Satz 5.1.__ Für System (5.1) mögen ein invarianter Kegel $K$ und eine $n \times n$-Matrix $B$ mit folgenden Eigenschaften existieren:
(a) Es gibt ein $\omega_0$, so daß $(-A - B + \omega I)^{-1} K \subset K$ für $\omega \geq \omega_0$ ist.
(b) Für alle $x \in K$ und $t \geq 0$ ist $Bx - f(x,t) \in K$.

Dann gelten die Aussagen:
(i) Für beliebige $x_0 \in K$, $t_0 \geq 0$ genügt die Lösung $x(\cdot\,;t_0,x_0)$ von (5.1) der Beziehung

$$0 \leq_K x(t;t_0,x_0) \leq_K e^{(A+B)(t-t_0)} x_0 \qquad (5.2)$$

für alle $t \geq t_0$.

(ii) Die Eigenwerte von $A + B$ mögen nur negative Realteile besitzen. Dann existieren reelle Konstanten $\gamma > 0$ und $\varepsilon > 0$, unabhängig von $x_0 \in K$, so daß

$$\|x(t;t_0,x_0)\| \leq \gamma \cdot e^{-\varepsilon(t-t_0)} \|x_0\| \qquad (5.3)$$

für alle $t \geq t_0$ gilt.

Bevor wir zum Beweis von Satz 5.1 kommen, führen wir eine Hilfsaussage an, die in [15] für quasilineare Differentialgleichungen im Banachraum zu finden ist und als Maximumprinzip für gewöhnliche Differentialgleichungen bezeichnet wird.

**Lemma 5.1 [15].** Es seien K ein Kegel im $\mathbb{R}^n$, P eine $n \times n$-Matrix,
g: $\mathbb{R}^n \times \mathbb{R}_+ \to \mathbb{R}^n$ eine stetige, einer lokalen Lipschitz-Bedingung
in x genügende Abbildung und es seien folgende Bedingungen er-
füllt:

(a) Es gibt ein $\omega_0 > 0$, so daß für alle $\omega \geqq \omega_0$ die Beziehung
$(-P + \omega I)^{-1} K \subset K$ gilt.

(b) Für jedes $r > 0$ existiert ein $\beta(r) \geqq 0$, so daß
$g(x,t) + \beta(r)x \in K$ für $t \geqq 0$ und $x \in K \cap \{x \mid \|x\| \leqq r\}$ gilt.

Dann genügt für beliebige $x_0 \in K$, $t_0 \geqq 0$ die Lösung $x(\cdot;t_0,x_0)$
von $\dot{x} = Px + g(x,t)$ der Beziehung $x(t;t_0,x_0) \in K$ für alle
$t \geqq t_0$ aus dem Existenzintervall.

Außer (a) und (b) gelte für beliebige r aus (b):
Für alle $x,y \in K \cap \{x \mid \|x\| \leqq r\}$ mit $x \leqq_K y$ ist
$g(x,t) + \beta(r)x \leqq_K g(y,t) + \beta(r)y$. Dann gilt auch:
Für beliebige $\bar{x}_0, \bar{\bar{x}}_0$ mit $0 \leqq_K \bar{x}_0$, $0 \leqq_K \bar{\bar{x}}_0$, $\bar{x}_0 \leqq_K \bar{\bar{x}}_0$ ist

$$x(t;t_0,\bar{x}_0) \leqq_K x(t;t_0,\bar{\bar{x}}_0) \qquad (t \geqq t_0).$$

**Bemerkung 5.1.** In Lemma 5.1 kann die Bedingung (a) ersetzt werden durch (a)':

$$e^{Pt} K \subset K \qquad (t \geqq 0).$$

**Beweis des Satzes 5.1.** Für die Lösung $x(\cdot) = x(\cdot;t_0,x_0)$ von
(5.1) mit $x_0 \in K$ gilt

$$x(t) = e^{(A+B)(t-t_0)} x_0 + \int_{t_0}^{t} e^{(A+B)(t-s)} (f(x(s),s) - Bx(s))ds.$$

Laut Voraussetzung ist $x(t) \in K$ $(t \geqq t_0)$. Folglich gilt mit
Lemma 5.1 die Beziehung

$$0 \leqq_K \int_{t_0}^{t} e^{(A+B)(t-s)} (Bx(s) - f(x(s),s)ds \qquad (t \geqq t_0).$$

Damit ergibt sich sofort 5.2. Weiter existiert eine positive
Konstante N, so daß gilt

$$\|x(t)\| \leqq N \|e^{(A+B)(t-t_0)}\| \|x_0\| \qquad (t \geqq t_0).$$

Wenn alle Eigenwerte von A + B einen negativen Realteil haben,
folgt (ii) sofort aus (5.2). ∎

**Definition 5.3 [132, 36].** Das System (5.1) heißt <u>instabil im
ganzen</u>, wenn eine offene, unbeschränkte Menge $\Gamma \subset \mathbb{R}^n$ existiert
mit $0 \in \bar{\Gamma}$, so daß aus $x_0 \in \Gamma$, $t_0 \geqq 0$ folgt, daß $\|x(t;t_0,x_0)\|$
unbeschränkt auf $(t_0,+\infty)$ ist.

$\underline{\text{Satz } 5.2.}$ Für System (5.1) möge ein invarianter Kegel K mit
Int K $\neq \emptyset$ und eine $n \times n$-Matrix B existieren, so daß gilt:

(a) Es gibt ein $\omega_0 > 0$, so daß für $\omega \geq \omega_0$ die Beziehung

$\qquad (-A + B + \omega I)^{-1} K \subset K$ erfüllt ist.

(b) Für alle $x \in K$ und $t \geq 0$ ist $f(x,t) + Bx \in K$.

Dann gelten folgende Aussagen:

(i) Für alle $x_0 \in K$, $t_0 \geq 0$ genügt die Lösung

$\qquad x(\cdot) = x(\cdot\,; t_0, x_0)$ von (5.1) der Beziehung

$$0 \leq_K e^{(A-B)(t-t_0)} x_0 \leq_K x(t) \qquad (t \geq t_0). \qquad (5.4)$$

(ii) Es existiere zusätzlich ein $u \in K$ mit $\|e^{(A-B)t} u\| \to +\infty$ für
$t \to +\infty$. Dann ist das System (5.1) instabil im ganzen.

$\underline{\text{Beweis.}}$ Für die Lösung $x(\cdot) = x(\cdot\,; t_0, x_0)$ von (5.1) mit $x_0 \in K$,
$t_0 \geq 0$ gilt

$$x(t) = e^{(A-B)(t - t_0)} x_0 + \int_{t_0}^{t} e^{(A-B)(t-s)} (Bx(s) + f(x(s),s))ds$$
$$(t \geq t_0).$$

Laut Voraussetzung ist

$$0 \leq_K \int_{t_0}^{t} e^{(A-B)(t-s)} (Bx(s) + f(x(s),s))ds,$$

wodurch mit dem Vorangegangenen die Beziehung (5.4) gezeigt
ist. Um (ii) zu zeigen, setzen wir $\Gamma \overset{\text{def}}{=} \text{Int K}$. Es sei $x_0 \in K$.
Offensichtlich existiert dann ein $\varrho > 0$, so daß $x_0 - \varrho u \in \Gamma$
gilt. Die Beziehung (5.4) ergibt sich sofort aus $\varrho u \leq_K x_0$ und
damit ist

$$0 \leq_K \varrho e^{(A-B)(t-t_0)} u \leq_K x(t) \qquad (t \geq t_0). \quad \blacksquare$$

## 5.1. Beschränktheit der Lösungen von Systemen mit periodischer rechter Seite

Wir betrachten nun das nichtlineare System (5.1) und setzen
voraus, daß ein Vektor $d \in \mathbb{R}^n$, $d \neq 0$ existiert, so daß

$$Ad = 0 \quad \text{und} \quad f(x + d, t) = f(x,t) \qquad (x \in \mathbb{R}^n, t \in \mathbb{R}_+) \quad (5.5)$$

gilt. Damit wird (5.1), (5.5) zu einem Phasensystem. Im Unterschied zu den Sätzen 5.1 und 5.2 für System (5.1) sind in [89]
für (5.1), (5.5) Aussagen allgemeiner Art für Differentialgleichungen in einem Raum mit Kegel nicht formuliert.

**Satz 5.3.** Die Kegel K und -K seien invariant für das System
(5.1), (5.5). Es mögen ganze Zahlen $\varrho_1$ und $\varrho_2$ existieren, für
die $0 \leqq_K x_0 + \varrho_1 d$ und $0 \leqq_K -x_0 + \varrho_2 d$ gilt. Dann ist für alle
$t \geqq t_0$

$$-\varrho_1 d \leqq_K x(t;t_0,x_0) \leqq_K \varrho_2 d \qquad (5.6)$$

erfüllt. Also sind solche Lösungen auch beschränkt.

**Folgerung 5.1.** Es sei $d \in \text{Int } K$. Dann gilt (5.6) für beliebige
$x_0 \in \mathbb{R}^n$, $t_0 \geqq 0$ und folglich ist in diesem Falle jede Lösung
von (5.1), (5.5) normbeschränkt.

**Beweis.** Die Folgerung ergibt sich unmittelbar aus Satz 5.3, da
die Inklusion $d \in \text{Int } K$ die Beziehung $d \pm \frac{1}{\varrho} x_0 \in K$ für hinreichend großes natürliches $\varrho$ impliziert. ∎

**Beweis des Satzes 5.3.** Gegeben sei ein $x_0$ mit $-\varrho_1 d \leqq_K x_0 \leqq_K \varrho_2 d$.
Wegen der Eindeutigkeit der Lösung und der Eigenschaft (5.5)
gilt die Beziehung

$$x(t;t_0, x_0 + jd) = x(t;t_0,x_0) + jd \qquad (j \in \mathbb{Z}, \ t \geqq t_0).$$

Für den Nachweis ist ausreichend zu bemerken, daß die Funktion
$y(t) := x(t;t_0,x_0) + jd$ der Differentialgleichung (5.1) genügt
und $y(0) = x_0 + jd$ ist. Demzufolge ist
$x(t;t_0,x_0) + \varrho_1 d = x(t;t_0, x_0 + \varrho_1 d)$. Wegen $0 \leqq_K x_0 + \varrho_1 d$ gilt
$0 \leqq_K x(t;t_0, x_0 + \varrho_1 d)$ $(t \geqq t_0)$, d.h. $-\varrho_1 d \leqq_K x(t;t_0,x_0)$
$(t \geqq t_0)$. Analog gilt $x(t;t_0,x_0) - \varrho_2 d = x(t;t_0, x_0 - \varrho_2 d)$.
Wegen $x_0 - \varrho_2 d \in (-K)$ gilt $x(t;t_0, x_0 - \varrho_2 d) \in (-K)$ $(t \geqq t_0)$ und
damit $x(t;t_0,x_0) \leqq_K \varrho_2 d$ $(t \geqq t_0)$. Da K ein normaler Kegel ist,
ist die Menge $-\varrho_1 d \leqq_K x \leqq_K \varrho_2 d$ normbeschränkt ([89]). ∎

## 5.2. Realisierungen der Sätze über Stabilität bzw. Instabilität durch Kreis- und Polyederkegel für Systeme der automatischen Steuerung

Die Sätze 5.1 - 5.3 werden effektiv, wenn man in der Lage ist,
die dort verlangten invarianten Kegel zu konstruieren. Wir betrachten das nichtlineare System

$$\dot{x} = Ax + b\varphi(\sigma,t), \qquad \sigma = c^* x. \qquad (5.7)$$

Dabei ist A eine $n \times n$-Matrix, b und c sind n-Vektoren,
$\varphi: \mathbb{R} \times \mathbb{R}_+ \to \mathbb{R}$ ist stetig und lokal Lipschitz in $\sigma$.

Wir setzen außerdem $\varphi(0,t) \equiv 0$ $(t \geqq 0)$ voraus und nehmen an,
daß eine Konstante $\mu$ mit $0 < \mu \leqq +\infty$ existiert, so daß

$$0 \leqq \varphi(\sigma,t)\sigma \leqq \mu\sigma^2 \qquad (\sigma \in \mathbb{R}, \ t \geqq 0) \qquad (5.8)$$

gilt.

Es sei weiter $\chi(p) = c^*(A - pI)^{-1}b$ die _Übertragungsfunktion_ des
Systems (5.7), wobei p eine komplexe Variable ist.

Die folgende Behauptung ergibt sich leicht aus dem Lemma von
Yakubovich-Kalman [75]. Ähnliche Aussagen stehen in [73,89].
Unsere Formulierung und der Beweis unterscheiden sich aber von
ihnen und werden deshalb hier angeführt. Für die Formulierung
des Lemmas benötigen wir noch folgenden Begriff.

_Definition 5.4_ [75]. Es seien P eine $n \times n$-Matrix und q ein
n-Vektor. Das Paar (P,q) heißt _vollkommen steuerbar_, wenn
$\det[q, Pq, \ldots, P^{n-1}q] \neq 0$ ist.

_Lemma 5.2._ Es seien folgende Bedingungen erfüllt:
(a) Das Paar (A,b) ist vollkommen steuerbar.
(b) Es existiert eine Zahl $\lambda > 0$ der Art, daß die Matrix $A + \lambda I$
    einen positiven Eigenwert und $n - 1$ Eigenwerte mit negati-
    vem Realteil besitzt und die Ungleichungen

$$\text{Re } \chi(i\omega - \lambda) > 0 \qquad (\omega \in \mathbb{R}),$$

$$\lim_{t \to +\infty} \omega^2 \text{ Re } \chi(i\omega - \lambda) > 0 \tag{5.9}$$

    gelten.
(c) $c^*b > 0$.

Dann existiert eine Matrix $H = H^*$, so daß die Menge
$K = \{x \mid x^*Hx \leqq 0\} \cap \{x \mid c^*x \geqq 0\}$ ein Kegel mit Int $K \neq \emptyset$ ist
und außerdem folgende Aussagen gelten:
(i)    Die Kegel K und $-K$ sind invariant für das System (5.7).
(ii)   Jede Lösung von (5.7), für die $x(t; t_0, x_0) \to 0$ für $t \to +\infty$
      ist, gelangt in Int K oder Int $(-K)$.
(iii) $b \in K$.
(iv) Der dominante Eigenwert von A besitzt einen Eigenvektor
      in Int K.

_Beweis._ Das Paar (A,b) ist vollkommen steuerbar, die Matrix
$A + \lambda I$ hat keine Eigenwerte auf der imaginären Achse und die
Frequenzbedingung (5.9) ist erfüllt. Aus dem Lemma von
Yakubovich-Kalman [75, 134] folgt deshalb, daß eine $n \times n$-Matrix
$H = H^*$ und eine Zahl $\delta > 0$ existieren, so daß gilt

$$2x^*H[(A + \lambda I)x + b\xi] + c^*x\xi \leqq -\delta\|x\|^2 \qquad (x \in \mathbb{R}^n, \ \xi \in \mathbb{R}). \tag{5.10}$$

Wenn wir in (5.10) $\xi = 0$ setzen, erhalten wir

$$2x^*H(A + \lambda I)x \leqq -\delta\|x\|^2 \qquad (x \in \mathbb{R}^n). \tag{5.11}$$

Da die Matrix $A + \lambda I$ einen positiven Eigenwert und $n - 1$ Eigenwerte mit negativem Realteil hat, folgt aus (5.11) mit [75],
daß die Matrix H einen negativen und $n - 1$ positive Eigenwerte
besitzt. Außerdem impliziert (5.10) die Beziehung

$$2Hb + c = 0. \qquad (5.12)$$

Aus (5.12) ergibt sich $c^*H^{-1}c = -2c^*b$ und, unter Benutzung von
(c), $c^*H^{-1}c < 0$. Wie in [73] gezeigt wurde, gilt in diesem
Falle

$$\{x \mid x^*Hx \leqq 0\} \cap \{x \mid c^*x = 0\} = \{0\} \qquad (5.13)$$

und die Menge $K = \{x \mid x^*Hx \leqq 0\} \cap \{x \mid c^*x \geqq 0\}$ ist ein Kegel.
Außerdem ist laut Konstruktion Int $K \neq \emptyset$: Aus (5.12) und (c)
folgt $b^*Hb = -\frac{1}{2} b^*c < 0$, so daß

$$b \in \text{Int } K \qquad (5.14)$$

gilt. Weiterhin ist die Bedingung (b) von Lemma 5.1 mit
$\beta(r) \equiv 0$ erfüllt: Für $x \in K$ gilt $\varphi(c^*x,t) \geqq 0$ für alle $t \geqq 0$,
was zusammen mit (5.14)

$$b\varphi(c^*x,t) \in K \qquad (x \in K, \; t \geqq 0) \qquad (5.15)$$

impliziert. Nun betrachten wir den Ausdruck $y(t) = e^{At}y_0$ mit
einem gegebenen $y_0 \in K$. Wenn $y_0 = 0$ ist, so gilt auch
$y(t) \equiv 0 \in K$. Wir nehmen deshalb $y_0 \in K$, $y_0 \neq 0$ an. In diesem
Falle ist wegen (5.13) $c^*y_0 > 0$. Wir definieren die Funktion
$V: \mathbb{R}^n \to \mathbb{R}$ durch $V(x) = x^*Hx$. Für die Ableitung $\frac{dV}{dt}$ entlang $y(t)$
gilt $\frac{dV}{dt} = 2y^*(t)HAy(t)$ und durch Einsetzen in (5.11) erhält man

$$\dot{V}(y(t)) + 2\lambda V(y(t)) \leqq -\delta \|y(t)\|^2 \qquad (t \geqq 0).$$

Die Integration der letzten Ungleichung ergibt

$$V(y(t)) \leqq e^{-2\lambda t} V(y(0)) - \delta e^{-2\lambda t} \int_0^t e^{2\lambda s} \|y(s)\|^2 ds. \qquad (5.16)$$

Wegen $V(y(0)) \leqq 0$ impliziert (5.16)

$$V(y(t)) \leqq 0 \qquad (t \geqq 0). \qquad (5.17)$$

Auf der Grundlage von (5.17) erhält man $y(t) \in K$ $(t \geqq 0)$: Unter
Beachtung dessen, daß $y(t)$ stetig ist und (5.17) erfüllt ist,
ergibt sich, daß die Trajektorie $y(t)$ den Kegel K nur verlassen
kann, wenn ein $t_1 > 0$ existiert, so daß $c^*y(t_1) = 0$ ist. Diese
Bedingung kann aber nicht erfüllt sein, da aus ihr mit (5.17)
und (5.13) $y(t_1) = 0$ folgt, was wegen $e^{At}y_0 \neq 0$ $(t \geqq 0)$ nicht
möglich ist.

Wir haben damit die Eigenschaft $e^{At}K \subset K$ für $t \geqq 0$ gezeigt und,
zusammen mit (5.15), die Voraussetzungen von Lemma 5.1. Mit

Hilfe dieses Lemmas erhält man, daß K invariant für das System
(5.7) ist. In derselben Weise zeigt man, daß auch -K invariant
für (5.7) ist.

Wir wollen nun (ii) beweisen und setzen dazu das Gegenteil voraus: Es werde angenommen, daß es eine Lösung $x(\cdot;t_0,x_0)$ von
(5.7) gibt, für die $x(t;t_0,x_0) \not\to 0$ für $t \to +\infty$ gilt und für die
$x(t;t_0,x_0) \notin \text{Int}(K \cup (-K))$ $(t \geq t_0)$ ist. Folglich ist für diese
Lösung $V(x(t;t_0,x_0)) \geq 0$ $(t \geq t_0)$.

Aus (5.10) erhält man

$$\dot{V}(x(t;t_0,x_0)) + \varphi(c^*x(t;t_0,x_0),t)c^*x(t;t_0,x_0) \leq -\delta\|x(t;t_0,x_0)\|^2$$

und, durch Integration,

$$\int_{t_0}^{t} \|x(s;t_0,x_0)\|^2 ds \leq \frac{1}{\delta} V(x_0) \quad (t \geq t_0).$$

Letzteres impliziert $\|x(\cdot;t_0,x_0)\| \in L^2_{(t_0,+\infty)}$. Aus (5.7) ergibt

sich mit der Stetigkeit von $\varphi$ die Beschränktheit von $\frac{dx}{dt}$ auf

$(t_0,+\infty)$. Mit dem Lemma von Barbalat [32] folgt $\|x(t;t_0,x_0)\| \to 0$

für $t \to +\infty$. Dieser Widerspruch beweist die Beziehung (ii).

Es seien $\varrho$ der dominante Eigenwert von A und r ein korrespon-
dierender Eigenvektor. Wir setzen $x = r$ in (5.11) und erhalten
$2(\varrho + \lambda)r^*Hr < 0$. Wir können annehmen, daß $c^*r > 0$ ist, womit
dann (iv) bewiesen ist. ∎

Eine einfache Prozedur zur Konstruktion polyedrischer Kegel ist
im folgenden Lemma enthalten. Sie läßt sich in vielen Fällen
anwenden, in denen die Frequenzbedingungen für die Existenz der
Kreiskegel nicht erfüllt sind. Ein solcher Fall liegt vor, wenn
A einen dominanten Eigenwert hat, der nicht einfach ist.

Auch hier ist es günstig, vorher einen Begriff zu klären.

<u>Definition 5.5 [75]</u>. Es seien P eine $n \times n$-Matrix und q ein
n-Vektor. Das Paar $(P,q)$ heißt <u>vollkommen beobachtbar</u>, wenn

$$\det[q,P^*q,\dots,(P^*)^{n-1}q] \neq 0$$

ist.

<u>Lemma 5.3.</u> Folgende Bedingungen seien erfüllt:
(a) Das Paar $(A,c)$ ist vollkommen beobachtbar.
(b) Es gibt ein Polynom $\delta(p) = p^\ell + \alpha_1 p^{\ell-1} + \dots + \alpha_\ell$ mit
    $\delta(A) = 0$ und den Koeffizienten $\alpha_i \leq 0$ $(i = 1,2,\dots,\ell)$.
(c) $c^*A^m b \geq 0$ $(m = 0,1,\dots,n-1)$.
Dann sind die Kegel $K = \{x \mid c^*A^m x \geq 0, \ m = 0,1,\dots,n-1\}$ und $-K$
invariant für das System (5.7).

**Beweis.** Offenbar ist K nichtleer, abgeschlossen, konvex und es
gilt für alle $\alpha \geq 0$ die Beziehung $\alpha K \subset K$. Es sei $y \in K \cap (-K)$.
In diesem Falle gilt $c^* A^m y = 0$ $(m = 0, 1, \ldots, n-1)$. Mit Voraussetzung (a) ergibt sich $y = 0$. Die Beziehungen
$$A^\ell = -\alpha_1 A^{\ell-1} - \alpha_2 A^{\ell-2} - \ldots - \alpha_\ell I \quad \text{und} \quad e^{At} = I + At + \frac{A^2 t^2}{2!} + \ldots$$
implizieren $e^{At} K \subset K$ für alle $t \geq 0$. Laut Konstruktion gilt
$b \in K$ und $K \subset \{x \mid c^* x \geq 0\}$. Mit Lemma 5.1 erhält man für 5.7
die Invarianz von K. Analog ist der Beweis für $-K$. ∎

**Satz 5.4.** Es seien folgende Bedingungen erfüllt:
1) Es existiert eine Zahl $\lambda > 0$, so daß die Matrix $A + \lambda I$ einen
   positiven Eigenwert und $n - 1$ Eigenwerte mit negativem Realteil besitzt und die Ungleichungen (5.9) erfüllt sind.
2) Das Paar $(A, b)$ ist vollkommen steuerbar.
3) Es ist $\mu < +\infty$, $c^* b > 0$ und es handelt sich bei $A + \mu b c^*$ um
   eine Hurwitz-Matrix.

Dann konvergiert jede Lösung von (5.7) gegen Null.

**Beweis.** Unter den Voraussetzungen des Satzes können wir die
Kegel K und $-K$ aus Lemma 5.2 mit den dort angeführten Eigen-
schaften benutzen. Um den Satz 5.1 anwenden zu können, setzen
wir $B = \mu b c^*$ und bemerken, daß für beliebige $x \in K$ und $t \geq 0$ die
Beziehungen $b(\mu c^* x - \varphi(c^* x, t)) \in K$ und $e^{(A + \mu b c^*)t} K \subset K$ gelten.
Analoge Eigenschaften sind für $-K$ richtig. Nach Lemma 5.2 ge-
langt jede Lösung von (5.7) in $K \cup (-K)$ oder strebt gegen Null.
Innerhalb von K bzw. $-K$ gilt die Abschätzung (5.3). ∎

**Bemerkung 5.2.** Frequenzbedingungen, die eine zweiseitige monotone Einschließung der Lösung von Systemen nichtlinearer
Volterra-Integralgleichungen garantieren, sind in [37] zu finden. Die Vorgehensweise dort ist mit der von Satz 5.4 eng verwandt.

**Satz 5.5.** Es seien die Voraussetzungen 1) und 2) von Satz 5.4
erfüllt. Außerdem sei $c^* b > 0$ und die Matrix A habe Eigenwerte
mit positivem Realteil. Dann gilt:
(i)  Das System (5.7) ist instabil im ganzen.
(ii) Jede Lösung $x(\cdot; t_0, x_0)$ von (5.7) genügt der Beziehung
     $\|x(t; t_0, x_0)\| \to 0$ für $t \to +\infty$ oder ist unbeschränkt.

**Beweis.** Unter den Voraussetzungen des Satzes können wir die
Kegel K und $-K$ aus Lemma 5.2 mit den dort angeführten Eigenschaften benutzen. Um den Satz 5.2 anwenden zu können, setzen
wir $B = 0$. Laut Voraussetzung hat A einen dominanten Eigenwert

$\varkappa > 0$, zu dem ein Eigenvektor $r \in \text{Int } K$ gehört. Außerdem gilt $\|e^{At}r\| \to +\infty$ für $t \to +\infty$. Die Aussagen (i) und (ii) folgen damit sofort aus Lemma 5.2 und Satz 5.2. $\blacksquare$

<u>Bemerkung 5.3.</u> Ein Frequenzkriterium der Instabilität mit der Bedingung (5.9) wurde in [94] bewiesen, wo außerdem noch gefordert wird, daß $\chi(0) \geq 0$ ist und $\varphi(\cdot,t)$ differenzierbar ist. In [36] sind diskrete Analoga der Sätze 5.2 und 5.5 enthalten. Sätze, die einseitige Instabilität von kontinuierlich bzw. diskret wirkenden Systemen garantieren, sind auch in der Diffusionstheorie von Interesse, da sie Driftlösungen („running solutions") außerhalb des Diffusionsbereiches bei einfachen Systemen mit Translationssymmetrie garantieren ([47]).

<u>Beispiel 5.1.</u> Wir betrachten das folgende System aus [94]:

$$
\begin{aligned}
\dot{x}_1 &= \alpha x_1 + \beta x_2 + \varphi(x_1,t), \\
\dot{x}_2 &= \gamma x_1 + \eta x_2, \\
0 &\leq \varphi(\sigma,t)\sigma \qquad\qquad (\sigma \in \mathbb{R},\ t \geq 0),
\end{aligned}
\tag{5.18}
$$

wobei $\alpha$, $\beta$, $\gamma$ und $\eta$ reelle Parameter sind und $\varphi(\sigma,t)$ stetig ist und bezüglich $\sigma$ einer lokalen Lipschitz-Bedingung genügt. Außerdem mögen alle Lösungen für $t \geq 0$ existieren. Wir haben somit in (5.18) ein System (5.7) mit

$$
A = \begin{bmatrix} \alpha & \beta \\ \gamma & \eta \end{bmatrix}, \quad
b = c = \begin{bmatrix} 1 \\ 0 \end{bmatrix}, \quad
x = \begin{bmatrix} x_1 \\ x_2 \end{bmatrix}, \quad
\mu = +\infty
$$

und suchen nach Bedingungen, bei denen dieses System instabil im ganzen ist. Das Kriterium aus [110] läßt sich wegen $\mu = +\infty$ nicht anwenden. Wir benutzen zunächst den Satz 5.2 mit einem Kegel aus Lemma 5.3. Es gilt

$$
\det[c,A^*c] = \det \begin{bmatrix} 1 & \alpha \\ 0 & \beta \end{bmatrix} = \beta.
$$

Deshalb ist bei $\beta \neq 0$ das Paar $(A,c)$ vollkommen beobachtbar. Außerdem gilt $c^*b = 1$ und $c^*Ab = \alpha$. Für $\alpha \geq 0$ ist die Bedingung (c) von Lemma 5.3 erfüllt. Das charakteristische Polynom von $A$ aus (5.18) lautet $\delta(p) = p^2 - (\alpha + \eta)p - \beta\gamma$. Mit diesem Polynom ist (b) erfüllt, wenn $\alpha + \eta \geq 0$ und $\beta\gamma \geq 0$ ist.

Bei $\frac{\alpha + \eta}{2} + \sqrt{\left(\frac{\alpha + \eta}{2}\right)^2 + \beta\gamma} > 0$ hat die Matrix $A$ einen Eigenwert $> 0$. Wir sehen, daß bei $\beta\gamma > 0$, $\alpha \geq 0$ und $\alpha + \eta \geq 0$ alle Bedingungen von Lemma 5.3 und Satz 5.2 erfüllt sind und mit

Satz 5.2 das System (5.18) instabil im ganzen ist. Es läßt sich zeigen, daß Satz 5.5 die folgenden Bedingungen für Instabilität von (5.18) liefert: $\eta < \alpha < 0$ und $\alpha\eta - \beta\gamma < 0$.

Die Voraussetzungen des Kreiskriteriums der Instabilität aus [132] sind in diesem Falle nicht erfüllt.

<u>Beispiel 5.2.</u> Wir betrachten das System aus [110]

$$\dot{x}_1 = x_2$$
$$\dot{x}_2 = \psi(\sigma,t), \quad \sigma = x_1 - x_2, \tag{5.19}$$
$$0 \leq \psi(\sigma,t)\sigma \leq \mu\sigma^2 \qquad (\sigma \in \mathbb{R}, \ t \geq 0), \quad \mu < +\infty,$$

wobei $\psi$ stetig und lokal Lipschitz bezüglich $\sigma$ ist und die Lösungen für alle $t \geq 0$ existieren sollen.

Wir definieren auch hier

$$A = \begin{bmatrix} 0 & 1 \\ 0 & 0 \end{bmatrix}, \quad b = \begin{bmatrix} 0 \\ 1 \end{bmatrix}, \quad c = \begin{bmatrix} 1 \\ -1 \end{bmatrix}, \quad x = \begin{bmatrix} x_1 \\ x_2 \end{bmatrix}.$$

Wie man leicht sieht, hat A die Eigenwerte $\lambda_1 = \lambda_2 = 0$ und der Kegel aus Lemma 5.2 kann nicht verwendet werden.

Wir definieren den Kegel $K = \{x_1,x_2 : x_2 \geq 0, \ x_1 \geq x_2\}$.

Wegen $A^m = 0 \ (m \geq 2)$ gilt

$$e^{At}x = (I + tA)\begin{bmatrix} x_1 \\ x_2 \end{bmatrix} = \begin{bmatrix} x_1 + tx_2 \\ x_2 \end{bmatrix}, \tag{5.20}$$

was die Inklusion $e^{At}K \subset K$ für alle $t \geq 0$ impliziert. Wir setzen $\beta(r) = \mu$ in Lemma 5.1 und erhalten

$$b\psi(c^*x,t) + \mu x = \begin{bmatrix} \mu x_1 \\ \psi(c^*x,t) + \mu x_2 \end{bmatrix} \overset{\text{def}}{=} \begin{bmatrix} z_1 \\ z_2 \end{bmatrix}.$$

Es ist offensichtlich, daß aus $x \in K$ die Beziehung $\psi(c^*x,t) \geq 0$ für alle $t \geq 0$ folgt. Damit ist aber $z_2 \geq 0$. Weiter ist

$$z_2 = \psi(c^*x,t) + \mu x_2 \leq \mu c^*x + \mu x_2 = \mu(x_1 - x_2) + \mu x_2 = z_1$$

und wir erhalten $(z_1,z_2)^* \in K$.

Die Voraussetzungen (a) und (b) von Satz 5.2 sind erfüllt und es gilt Int $K \neq \emptyset$. Wir setzen $u^* = (x_1,x_2)$ mit $u \in K$ und $x_2 > 0$ beliebig. Dann folgt aus (5.20) $\|e^{At}u\| \to \infty$ für $t \to \infty$. Laut Satz 5.2 ist das System (5.19) instabil im ganzen, was auch in [110] mit anderen Mitteln gezeigt wurde.

$\underline{\text{Beispiel 5.3.}}$ Gegeben sei das System

$$\frac{\partial u}{\partial t} = \frac{\partial^2 u}{\partial x^2} + \lambda(-\sinh u), \qquad 0 < x < \pi,$$

$$t > 0: \; u(0,t) = u(\pi,t) = 0, \qquad u(x,0) = u_0(x), \tag{5.21}$$

wobei $\lambda$ ein Parameter ist und $u_0$ eine gegebene skalare Funktion ist. Wir werden die Stabilität der Nullösung untersuchen.

Es sei zunächst $\lambda < 0$. In diesem Falle existiert die Lösung von (5.21) nicht für alle $t > 0$. Wir zeigen dies analog zu [15], wo die Nichtlinearität $u^3$ in (5.21) betrachtet wird.

Es sei $u_0(x) > 0$ für $x \in (0,\pi)$ und $u_0$ stetig. Mit dem Maximumprinzip erhält man, daß $u(\cdot,t)$ nichtnegativ auf dem Existenzintervall ist. Wir definieren die Funktion

$$s(t) = \int_0^\pi \sin x \, u(x,t)dx.$$

Die Ableitung $\frac{ds}{dt}$ bezüglich System (5.21) ist

$$\frac{ds}{dt} = \int_0^\pi \sin x \left(\frac{\partial^2 u}{\partial x^2} + \lambda(-\sinh u)\right)dx.$$

Für alle $u \in \mathbb{R}_+$ gilt $\sinh u \geqq u + \frac{u^3}{6}$. Folglich ist

$$-\lambda \int_0^\pi \sin x \, \sinh u(x,t)dx \geqq -\lambda \int_0^\pi \sin x \, u(x,t)dx -$$

$$-\frac{\lambda}{6} \int_0^\pi \sin x \, u^3(x,t)dx.$$

Mit der Hölder-Ungleichung erhält man

$$s(t) \leqq \pi^{2/3}\left(\int_0^\pi \sin x \, u^3(x,t)dx\right)^{1/3}.$$

Damit ist

$$\frac{ds}{dt} \geqq -s - \lambda s - \frac{\lambda}{6\pi^2} s^3 \tag{5.22}$$

für alle $t > 0$ aus dem Existenzintervall.

Wir setzen nun

$$\int_0^\pi \sin x \, u_0(x)dx > 0$$

voraus und erhalten aus (5.22), daß $s(t) \to +\infty$ für $t \to t_1 - 0$ mit einem $t_1 > 0$ gilt. Somit haben wir eine Fluchtlösung („blow up") in (5.21). Für $\lambda \geqq 0$ ergibt sich aus den Ergebnissen von Chafee-Infante (z.B. in [15] formuliert), daß die Lösungen von (5.21) für alle $t > 0$ existieren.

Für eine stetige Funktion $u_o$ definieren wir die Größen

$$w_- = \min_{x \in [0,\pi]} u_o(x) \quad \text{und} \quad w_+ = \max_{x \in [0,\pi]} u_o(x).$$

Mit ihnen betrachten wir die Differentialgleichungen

$$\dot{w}_\pm = - \sinh w_\pm(t),$$
$$w_\pm(0) = w_\pm. \tag{5.23}$$

Unter Benutzung des Maximumprinzips erhält man

$$w_-(t) \leqq u(x,t) \leqq w_+(t) \tag{5.24}$$

für $t > 0$ und $x \in (0,\pi)$.

Wir definieren $K = \mathbb{R}_+$ und setzen z.B. $w_- \in (-K)$ und $w_+ \in K$.
Dann ergibt sich $w_-(t) \in (-K)$ und $w_+(t) \in K$ für alle $t \geqq 0$.
Wir benutzen nun den Satz 5.1: Mit $B = -1$ ist $(-1 + \omega)K \subset K$ für
alle $\omega > 1$. Außerdem ist $-x + \sinh x \in K$ für $x \in K$ und
$-x + \sinh x \in (-K)$ für $x \in (-K)$. Mit dem Satz 5.1 und (5.24)
erhält man

$$e^t w_- \leqq w_-(t) \leqq u(x,t) \leqq w_+(t) \leqq e^{-t} w_+.$$

Folglich ist die Nullösung von (5.21) exponentiell stabil.

## 5.3. Attraktoren für Phasensysteme

Wir betrachten nun das System (5.7) mit einer singulären Matrix
A und einer bezüglich $\sigma$ $\Delta$-periodischen Funktion $\varphi$, die der Beziehung

$$\varphi(\sigma,t)\sigma \leqq \mu\sigma^2 \quad (\sigma \in \mathbb{R}, \ t \geqq 0) \tag{5.25}$$

mit einer Konstanten $\mu$ genügt. Die Vorgehensweise aus dem Satz
5.3 und dem Lemma 5.2 bildet die Grundlage für die Erstellung
einer Reihe von Frequenzkriterien der Beschränktheit der Lösungen von Phasensystemen. Wir zeigen dies am Beispiel des folgenden Satzes aus [75, 96].

Satz 5.6. Die folgenden Bedingungen seien erfüllt:
(a) Das Paar (A,b) ist vollkommen steuerbar und das Paar (A,c)
    ist vollkommen beobachtbar.
(b) Es existiert ein $\lambda > 0$, so daß die Matrix $A + \lambda I$ einen posi-
    tiven Eigenwert und $n - 1$ Eigenwerte mit negativem Realteil
    besitzt und die Ungleichungen

$$\operatorname{Re} \chi(i\omega - \lambda) + \mu|\chi(i\omega - \lambda)|^2 < 0 \quad \text{für alle} \quad \omega \in \mathbb{R}$$

und
$$\tag{5.26}$$
$$\lim_{\omega \to \infty} \omega^2(\operatorname{Re} \chi(i\omega - \lambda) + \mu|\chi(i\omega - \lambda)|^2) < 0$$

erfüllt sind.

(c) $c^*b < 0$.

Dann gilt:

(i) Jede Lösung des Systems (5.7), (5.25) ist beschränkt auf $(t_0, +\infty)$.

(ii) Für beliebige $x_0 \in \mathbb{R}^n$, $t_0 \geq 0$ existiert ein $T \geq 0$, so daß

$$|c^*x(t_1; t_0, x_0) - c^*x(t_2; t_0, x_0)| \leq \Delta \qquad (5.27)$$

für alle $t_1, t_2 \geq T$ gilt.

<u>Beweis.</u> Da $A$ den Eigenwert $0$ hat und das Paar $(A, c)$ vollkommen beobachtbar ist, existiert ein Vektor $d \in \mathbb{R}^n$ mit $Ad = 0$ und $c^*d = \Delta$. Wir schreiben das System (5.7) in der Form

$$\dot{x} = (A + \mu bc^*)x - b(\mu c^*x - \varphi(c^*x, t))$$

und sehen, daß für dieses System alle Voraussetzungen des Lemmas 5.2 erfüllt sind. Indem wir den Kegel $K$, der auf Grund dieses Lemmas existiert, benutzen, erhalten wir mit der Folgerung 5.1.: Für beliebige $x_0 \in \mathbb{R}^n$, $t_0 \geq 0$ existieren ganzzahlige $\varrho_1, \varrho_2$ der Art, daß (5.6) erfüllt ist. Mit der Matrix $H$ aus Lemma 5.2, die den betrachteten Kegel festlegt, können wir schreiben:

$$x(t; t_0, x_0) \in \{x \mid (x + \varrho_1 d)^*H(x + \varrho_1 d) \leq 0\} \cap \{x \mid c^*x \geq -\varrho_1\Delta\} \cap$$

$$\cap \{x \mid (x - \varrho_2 d)^*H(x - \varrho_2 d) \leq 0\} \cap \{x \mid c^*x \leq \varrho_2\Delta\}$$

$$(t \geq t_0).$$

Wir betrachten nun ein beliebiges ganzzahliges $j \in (-\varrho_1, \varrho_2)$. Wenn für die Lösung $x(\cdot; t_0, x_0)$ (die beschränkt ist) $x(t; t_0, x_0) \to jd$ für $t \to \infty$ gilt, so erhalten wir mit Lemma 5.2 die Inklusion

$$x(t; t_0, x_0) - jd \in K \cup (-K) \qquad (t \geq T), \qquad (5.28)$$

wobei $T$ hinreichend groß ist. Da im Intervall $(-\varrho_1, \varrho_2)$ nur eine endliche Anzahl solcher ganzzahliger $j$ sind, läßt sich folgern, daß jede Lösung $x(\cdot; t_0, x_0)$, für die $x(t; t_0, x_0) \to jd$ für $t \to +\infty$ gilt und $j \in (-\varrho_1, \varrho_2)$ ($j$ - ganzzahlig) ist, der Beziehung (5.28) genügt. Damit ergibt sich für ein ganzzahliges $j_0$ die Inklusion

$$j_0 d \leq_K x(t; t_0, x_0) \leq_K (j_0 + 1)d \qquad \text{für} \quad t \geq T$$

und $T$ hinreichend groß. Hieraus folgt sofort (5.27). ∎

## 5.4. Zweiseitige Schranken unter Benutzung von Differentialgleichungen zweiter Ordnung

Im vorliegenden Punkt soll gezeigt werden, wie man die intensiv untersuchten Differentialgleichungen zweiter Ordnung zur Attraktoreingrenzung von Systemen anwenden kann. In der Theorie der Phasensynchronisation ist diese Vorgehensweise als „nichtlokale Reduktionsmethode" [75, 106] bekannt. Unser Zugang unterscheidet sich von dem der genannten Arbeiten.

Wir betrachten das System

$$\dot{z} = Az + b\varphi(\sigma,t),$$
$$\dot{\sigma} = c^*z,$$
$$(5.29)$$

wobei $A$ eine $n \times n$-Matrix ist, während $b$ und $c$ n-dimensionale Vektoren sind. Weiter sei $\varphi: \mathbb{R} \times \mathbb{R}_+ \to \mathbb{R}$ eine stetige Funktion, die einer lokalen Lipschitz-Bedingung bezüglich des ersten Arguments genügt, und für die folgende Bedingungen erfüllt sind:

$$0 \leq \varphi(\sigma,t)\sigma \quad (\sigma \in \mathbb{R}, \ t \geq 0), \qquad (5.30)$$

$$\varphi(\sigma_1,t) \leq \varphi(\sigma_2,t) \quad (\sigma_1 \leq \sigma_2, \ t \geq 0). \qquad (5.31)$$

Die Lösungen von (5.29) mögen für alle $t \geq 0$ existieren.

**Satz 5.7.** Es existiere im $\mathbb{R}^n$ ein Kegel $K$ mit folgenden Eigenschaften:

1) $e^{At}K \subset K \ (t \geq 0)$.
2) $b \in K \subset \{x \mid c^*x \geq 0\}$.
3) Die Matrix $A$ hat einen reellen Eigenwert $\gamma$ und einen zugehörigen Eigenvektor $d$ mit $d \in K$ und $c^*d = 1$.
4) Es gibt Zahlen $\varrho_1$ und $\varrho_2$, so daß $b - \varrho_1 d \in K$ und $\varrho_2 d - b \in K$ erfüllt ist und die Lösungen der Differentialgleichungen

$$\ddot{\sigma} = \gamma\dot{\sigma} + \varrho_i\varphi(\sigma,t) \quad (i = 1,2) \qquad (5.32)$$

für alle $t \geq 0$ existieren.

Dann gilt:

Gegeben seien $z_0 \in \mathbb{R}^n$ und $\sigma_0 \in \mathbb{R}$ und es seien $\delta_1$, $\delta_2$, $\sigma_1$ und $\sigma_2$ nichtnegative Zahlen mit $\delta_1 d \leq_K z_0 \leq_K \delta_2 d$ und $\sigma_1 \leq \sigma_0 \leq \sigma_2$. Weiter sei $z,\sigma$ die Lösung von (5.29) mit den Anfangsbedingungen $z(0) = z_0$ und $\sigma(0) = \sigma_0$. Dann genügt diese Lösung den Einschließungen

$$\dot{\alpha}(t)d \leq_K z(t) \leq_K \dot{\beta}(t)d$$
$$\alpha(t) \leq \sigma(t) \leq \beta(t) \qquad (t \geq 0). \qquad (5.33)$$

Dabei sind $\alpha$ (i = 1) bzw. $\beta$ (i = 2) Lösungen der Differentialgleichungen (5.32) mit den Anfangsbedingungen $\dot{\alpha}(0) = \delta_1$,
$\alpha(0) = \sigma_1$ bzw. $\dot{\beta}(0) = \delta_2$, $\beta(0) = \sigma_2$.

Bevor wir zum Beweis dieses Satzes kommen, führen wir das folgende einfache Lemma an.

<u>Lemma 5.4.</u> Im $\mathbb{R}^n$ mit dem Kegel K seien die beiden Systeme

$$\dot{z} = f(z,t), \qquad\qquad (5.34)$$

$$\dot{y} = g(y,t) \qquad\qquad (5.35)$$

gegeben. Dabei sind $f,g: \mathbb{R}^n \times \mathbb{R}_+ \to \mathbb{R}^n$ stetige Vektorfunktionen,
die einer lokalen Lipschitz-Bedingung bezüglich des ersten
Arguments genügen. Die Lösungen von (5.34) und (5.35) mögen für
alle $t \geqq 0$ existieren. Weiterhin gelte

$$0 \leqq_K f(z,t) \leqq_K g(y,t) \quad \text{für alle} \quad 0 \leqq_K z \leqq_K y, \; t \geqq 0. \quad (5.36)$$

Dann ist für beliebige $t_0 \geqq 0$ und $z_0, y_0 \in \mathbb{R}^n$ mit $0 \leqq_K z_0 \leqq_K y_0$
die Beziehung

$$0 \leqq_K z(t;t_0,z_0) \leqq_K y(t;t_0,y_0) \quad (t \geqq t_0) \qquad (5.37)$$

erfüllt.

<u>Beweis.</u> Wir betrachten das Differentialgleichungssystem

$$\dot{x} = G(x,t) \qquad\qquad (5.38)$$

mit

$$G(x,t) \stackrel{\text{def}}{=} g(x + z(t),\, t) - f(z(t),t) \quad (x \in \mathbb{R}^n, \; t \geqq 0)$$

und

$$z(t) \equiv z(t;t_0,z_0).$$

Offensichtlich ist $x(t) \equiv y(t;t_0,y_0) - z(t;t_0,z_0)$ die einzige
Lösung von (5.38) mit $x(t_0) = y_0 - z_0$. Für beliebige $x \in K$ und
$t \geqq 0$ gilt $G(x,t) \in K$, da für $0 \leqq_K x$ und $0 \leqq_K z_0 \leqq_K y_0$ wegen
Lemma 5.1 auch $0 \leqq_K z(t) \leqq_K z(t) + x$ ist und mit (5.36)
$0 \leqq_K g(x + z(t),\, t) - f(z(t),t)$ folgt.
Damit ist das Lemma 5.1 wieder anwendbar, und wir erhalten sofort (5.37). ∎

<u>Beweis des Satzes 5.7.</u> Wir untersuchen neben System (5.29) das
System

$$\dot{y} = Ay + \varrho_2 d\varphi(\eta,t),$$
$$\dot{\eta} = c^*y \qquad\qquad (5.39)$$

und zeigen die rechten Ungleichungen von (5.33). Im $\mathbb{R}^{n+1}$ definieren wir dazu den Kegel $K_1 = K \times \mathbb{R}_+$ und betrachten beliebige

$z, y \in \mathbb{R}^n$ und $\sigma, \eta \in \mathbb{R}$ mit

$$0 \leqq_{K_1} \begin{bmatrix} z \\ \sigma \end{bmatrix} \leqq_{K_1} \begin{bmatrix} y \\ \eta \end{bmatrix}.$$

**Für sie gilt**

$$0 \leqq_{K_1} \begin{bmatrix} Az + b\varphi(\sigma,t) \\ c^*z \end{bmatrix} \leqq_{K_1} \begin{bmatrix} Ay + \varrho_2 d\varphi(\eta,t) \\ c^*y \end{bmatrix} \quad (t \geq 0). \quad (5.40)$$

Die erste Ungleichung von (5.40) gilt wegen 1), 2) und (5.30). Aus $\sigma \leq \eta$ folgt wegen (5.31) $\varphi(\sigma,t) \leq \varphi(\eta,t)$ $(t \geq 0)$ und aus $z \leqq_K y$ folgt wegen 2) $c^*z \leq c^*y$. Weiterhin ist wegen $b \in K$ auch $b\varphi(\sigma,t) \leqq_K b\varphi(\eta,t)$ $(t \geq 0)$. Damit ist mit 1) die Beziehung (5.40) erfüllt, wenn $(\varrho_2 d - b)\varphi(\eta,t) \in K$ $(t \geq 0)$ ist. Letzteres ist wegen (5.30) und 4) richtig. Wegen der Lemmata 5.1 und 5.4 gilt dann für zwei beliebige Lösungen $z,\sigma$ und $y,\eta$ von (5.29) bzw. (5.39) bei

$$0 \leqq_{K_1} \begin{bmatrix} z(0) \\ \sigma(0) \end{bmatrix} \leqq_{K_1} \begin{bmatrix} y(0) \\ \eta(0) \end{bmatrix} \text{ auch } 0 \leqq_{K_1} \begin{bmatrix} z(t) \\ \sigma(t) \end{bmatrix} \leqq_{K_1} \begin{bmatrix} y(t) \\ \eta(t) \end{bmatrix} \quad (t \geq 0).$$

Das System (5.39) hat bei bestimmten Anfangsbedingungen Lösungen mit der Komponente $y(t) = \Theta(t)d$, wobei $\Theta$ eine skalare Funktion ist. Wir setzen dazu $y(t) = \Theta(t)d$ in (5.39) und erhalten mit $\Theta = \dot{\eta}$ die Differentialgleichung (5.32) mit $i = 2$. Ist also

$$0 \leqq_{K_1} \begin{bmatrix} z(0) \\ \sigma(0) \end{bmatrix} \leqq_{K_1} \begin{bmatrix} \dot{\eta}(0)d \\ \eta(0) \end{bmatrix},$$

so gilt

$$0 \leqq_{K_1} \begin{bmatrix} z(t) \\ \sigma(t) \end{bmatrix} \leqq_{K_1} \begin{bmatrix} \dot{\eta}(t)d \\ \eta(t) \end{bmatrix} \quad (t \geq 0).$$

Die linken Ungleichungen von (5.33) werden analog bewiesen. ∎

# 6. Attraktoren für kontinuierliche Systeme mit periodischer Nichtlinearität

Ausgangspunkt für die Untersuchungen in den Abschnitten 6 und 9 des Buches sind nichtlineare _Phasenkopplungssysteme_, die vielfältige Anwendungen in der Technik und in den Naturwissenschaften finden (Zeilensynchronisation in Fernsehgeräten, Steuerung elektrischer Synchronmaschinen und zyklischer Beschleuniger in der Kernphysik usw. [5, 26, 54, 127]). Nach Schachgildjan-Ljachovkin [127'] ist Synchronisation eine „Widerspiegelung der allgemeinen Tendenz materieller Objekte zur Selbstorganisation". Das Grundprinzip der Phasenkopplung besteht darin, daß zwei periodische oder fastperiodische Prozesse ständig oder in gewissen Zeitabständen verglichen werden und durch ein System der automatischen Steuerung ein synchrones Verhalten zwischen ihnen hergestellt wird. Im Idealfall bedeutet dies bei harmonischen Schwingungen die Gleichheit der Frequenz und eine konstante Phasenverschiebung. Das prinzipielle Schema der automatischen Phasenkopplung zeigt die Abb. 6.1.

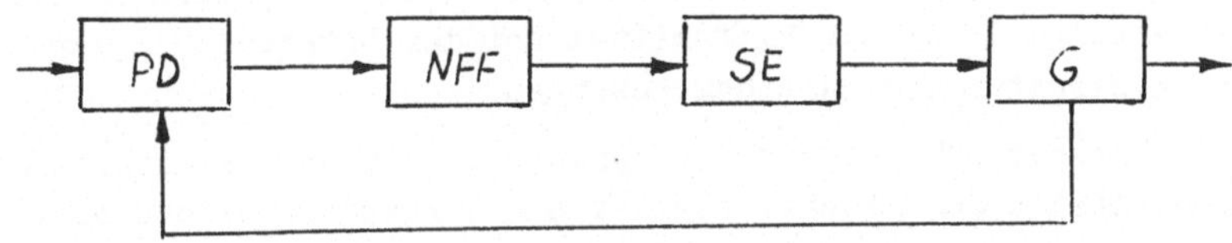


Abb. 6.1

Funktionelles Schema der Phasenkopplung

Das zu synchronisierende Signal und das Signal vom Generator G gehen auf den Phasendetektor PD, wo ein Fehlersignal ermittelt und über einen Niederfrequenzfilter NFF auf die Steuereinrichtung SE gegeben wird. Die Ermittlung der Fehlersignale geschieht entweder kontinuierlich oder diskret. Im letzten Fall ist mit dem Phasendetektor ein Diskretisator gekoppelt. Die Ausgangscharakteristik des Phasendetektors ist eine $\Delta$-periodische, stückweise stetige, nichtlineare Funktion des Fehlersignals. Wie in [75, 84] festgestellt wird, stellt die eingangs beschriebene Form des vollständigen Synchronismus eine zu starke Idealisierung dar. Wünschenswert und realistisch ist dagegen, für die Phasendifferenz $\sigma(t)$ die Eigenschaft

$$\exists\, j_0 \in \mathbb{Z}\; \exists\, t_0 \in \mathbb{R}_+\; \forall t \geqq t_0\colon\; j_0\Delta \leqq \sigma(t) \leqq (j_0 + 1)\Delta, \qquad (6.1)$$

die man als Bakaev-Effekt [60] bezeichnet, zu garantieren. Diese Eigenschaft wird für gewisse Klassen von Differentialgleichungen bzw. Differentialinklusionen in den Arbeiten [24, 55, 75]
und im Abschnitt 5.3 nachgewiesen. Allerdings läßt sich die Aussage (6.1) für die Phasendifferenz noch verschärfen, wenn im
Unterschied zu den genannten Arbeiten zusätzliche Eigenschaften
der Nichtlinearität des Phasendetektors genutzt werden. Im vorliegenden Abschnitt wird deshalb für kontinuierliche Phasenkopplungssysteme anstelle von (6.1) die Eigenschaft

$$\exists \, \delta_0 > 0 \; \exists \, \delta_1 > 0 \; \exists \, j_0 \in \mathbb{Z} \; \exists \, t_0 \in \mathbb{R}_+ \; \forall \, t \geq t_0:$$

$$j_0 \Delta + \delta_0 \leq \sigma(t) \leq (j_0 + 1)\Delta - \delta_1 \qquad (6.2)$$

nachgewiesen. Es geht dabei um die explizite Angabe von Attraktoren einer Klasse nichtlinearer Systeme mit zylindrischem
Phasenraum. Es wird auch gezeigt, daß für solche Systeme eine
Stabilität im Sinne von Ljapunow nicht vorzuliegen braucht und
trotzdem (6.2) erfüllt ist.

In der qualitativen Theorie der gewöhnlichen Differentialgleichungen spielen Systeme mit einer periodischen Nichtlinearität
eine wichtige Rolle als Hilfsmittel bei der Untersuchung der
lokalen Struktur periodischer Lösungen.

Wie die Arbeit [47] betont, entspricht in Diffusionsmodellen die
Periodizität $\Delta$ der Nichtlinearität $\varphi$ des Phasendetektors einer
„Gittertranslationsinvarianz mit der Gitterkonstante $\Delta$", während
die Eigenschaft $\varphi(-\sigma) = -\varphi(\sigma)$ $(\sigma \in \mathbb{R})$ als „Spiegelsymmetrie" betrachtet werden kann.

Auch die Anwendung der Poincaré-Abbildung bei der Untersuchung
periodischer Lösungen von Differentialgleichungen kann zu Systemen mit einer periodischen Nichtlinearität führen, allerdings
mit diskreter Zeit. Dem Nachweis der Eigenschaft (6.2) für diskrete Phasensysteme ist der Abschnitt 9 des Buches gewidmet.

Die im vorliegenden Abschnitt eingesetzten Methoden sind von
globaler Natur. Sie benutzen den Apparat der Ljapunow-Funktionen
in Verbindung mit dem Lemma von Yakubovich-Kalman und das Prinzip der Lösungseinschließung durch invariante quadratische Kegel.
Im Vergleich zu anderen Arbeiten [17, 55, 75, 108] und zum Abschnitt 5 ist im vorliegenden Abschnitt neu, daß beim Beweis des
entsprechenden Kriteriums mit einem streckenweise kontinuierlich
angesiedelten Netz solcher invarianter Kegel gearbeitet wird.

Da Phasensysteme oft durch Differentialgleichungen mit unstetiger rechter Seite beschrieben werden, muß nach einem geeigneten Lösungsbegriff gesucht werden. Im Abschnitt 6 benutzen wir zu diesem Zweck Differentialinklusionen. Eine umfassende Darstellung der qualitativen Theorie von Differentialgleichungen mit unstetiger rechter Seite wird in [75, 120'] gegeben.

## 6.1. Frequenzkriterium der $\varrho\Delta$-Stabilität

Gegeben sei die Differentialinklusion

$$\dot{x} = Ax + b\xi, \quad \xi \in \varphi(\sigma,t), \quad \sigma = c^*x, \qquad (6.3)$$

wobei $A$ eine singuläre $n \times n$-Matrix ist, während $b$ und $c$ n-Vektoren mit $b \neq 0$ sind. Wir setzen voraus, daß $\varphi: \mathbb{R} \times \mathbb{R}_+ \to 2^{\mathbb{R}}$ eine oberhalbstetige Punkt-Mengen-Abbildung ist, die $\Delta$-periodisch bezüglich $\sigma$ ist und für die eine Konstante $\mu > 0$ existiert, so daß

$$\xi\sigma \leq \mu\sigma^2 \quad (\sigma \in \mathbb{R}, \ t \geq 0, \ \xi \in \varphi(\sigma,t)) \qquad (6.4)$$

gilt. Außerdem sei für beliebige $(\sigma,t) \in \mathbb{R} \times \mathbb{R}_+$ die Menge $\varphi(\sigma,t)$ beschränkt, abgeschlossen und konvex.

Wie in [75] verstehen wir unter einer Lösung von (6.3) auf dem Intervall $(t_0,t_1)$ eine absolutstetige Vektorfunktion $x$, die für fast alle $t \in (t_0,t_1)$ der Beziehung

$$\dot{x}(t) \in Ax(t) + b\varphi(c^*x(t),t)$$

genügt. In [75] wurde gezeigt, daß bei unseren Voraussetzungen die meßbare Funktion (alles im Sinne von Lebesgue)

$$\xi(t) = \frac{1}{\|b\|^2} [\dot{x}(t) - Ax(t)]^*b$$

(„ergänzend definierte Nichtlinearität") existiert, so daß für fast alle $t \in (t_0,t_1)$ die Beziehung

$$\dot{x}(t) = Ax(t) + b\xi(t), \quad \xi(t) \in \varphi(c^*x(t),t)$$

erfüllt ist. Wir werden deshalb im weiteren unter einer Lösung der Differentialinklusion (6.3) ein solches Paar $x,\xi$ verstehen, die zweite Komponente aber nicht immer nennen.

Auf Grund der getroffenen Voraussetzungen existiert für beliebige $x_0 \in \mathbb{R}^n$ und $t_0 > 0$ eine Lösung $x(t;t_0,x_0)$, $\xi(t;t_0,x_0)$ und diese Lösung ist wegen (6.4) fortsetzbar für alle $t > t_0$ ([75]).

Für das System (6.3) präzisieren wir nun die Eigenschaft (6.2).

Definition 6.1. Gegeben sei eine Zahl $\varrho \in [0,1]$. Das System (6.3) heißt $\varrho\Delta$-stabil im ganzen, wenn sich für eine beliebige

Lösung $x, \xi$ von (6.3) ein $t_o$ angeben läßt, so daß für
$\sigma(t) = c^*x(t)$ die Beziehung

$$|\sigma(t_1) - \sigma(t_2)| \leqq \varrho\Delta \qquad (t_1, t_2 \geqq t_o)$$

gilt.

Bevor wir das zentrale Ergebnis des Abschnittes 6 formulieren,
definieren wir die Übertragungsfunktion $\chi(p) = c^*(A - pI)^{-1}b$
$(p \in \mathbb{C}: \det(A - pI) \neq 0)$ des linearen Teils von (6.3) und
setzen voraus, daß $\chi$ <u>nichtsingulär</u> ist, d.h. ([75]) eine echt
gebrochene rationale Funktion ist, deren Zähler- und Nennerpolynome teilerfremd sind und das Nennerpolynom den Grad n besitzt. Bei dieser Voraussetzung ist das Paar (A,b) vollkommen
steuerbar, während das Paar (A,c) vollkommen beobachtbar ist.

Da die Matrix A den Eigenwert Null besitzt und das Paar (A,c)
vollkommen beobachtbar ist, existiert ein Vektor $r \in \mathbb{R}^n$, $r \neq 0$,
mit

$$Ar = 0 \quad \text{und} \quad c^*r = \Delta. \tag{6.5}$$

<u>Satz 6.1.</u> Es seien folgende Bedingungen erfüllt:

(1) Es existiert eine Zahl $\lambda > 0$, so daß die Matrix $A + \lambda I$
   einen positiven Eigenwert und $n - 1$ Eigenwerte mit negativem Realteil besitzt und die Ungleichung

$$\operatorname{Re} \chi(i\omega - \lambda) + \mu |\chi(i\omega - \lambda)|^2 < 0 \qquad (\omega \in \mathbb{R}) \tag{6.6}$$

   gilt.

(2) Es existieren Zahlen $\delta_o > 0$ und $\delta_1 > 0$ mit $\delta_o + \delta_1 < \Delta$ und
   es existiert eine stetige $\Delta$-periodische Funktion $\varphi_1: \mathbb{R} \to \mathbb{R}$,
   so daß gilt:

   (a) Für jedes $\gamma \in (0, \delta_o]$ ist

$$\xi \leqq \varphi_1(\sigma) < \mu(\sigma - \gamma) \tag{6.7}$$

   bei beliebigen $\sigma \in [\gamma, \Delta]$, $t \geqq 0$ und $\xi \in \varphi(\sigma, t)$.

   (b) Für jedes $\gamma \in [-\delta_1, 0)$ ist

$$\xi \geqq \varphi_1(\sigma) > \mu(\sigma - \gamma) \tag{6.8}$$

   bei beliebigen $\sigma \in [-\Delta, \gamma]$, $t \geqq 0$ und $\xi \in \varphi(o, t)$.

(3) Es gibt eine natürliche Zahl m, $1 \leqq m \leqq n$, so daß der endliche Grenzwert

$$\lim_{p \to \infty} p^m \chi(p) > 0$$

   existiert.

Es seien $\varepsilon_1 \in (0, \delta_o)$ und $\varepsilon_2 \in (0, \delta_1)$ beliebige Zahlen. Dann
existieren für jede Lösung $x, \xi$ von (6.3), für die $c^*x(t)$ bei

$t \to +\infty$ nicht gegen eine Zahl $k\Delta$ ($k$ ganzzahlig) konvergiert, ganze Zahlen $j$ und $t_o > 0$, so daß

$$\sigma(t) = c^*x(t) \in \Gamma_j(\varepsilon_1,\varepsilon_2) \tag{6.9}$$

für alle $t \geq t_o$ gilt. Wir bezeichnen dabei

$$\Gamma_j(\varepsilon_1,\varepsilon_2) \overset{\text{def}}{=} [j\Delta + \delta_o - \varepsilon_1,\ (j + 1)\Delta - \delta_1 + \varepsilon_2].$$

<u>Folgerung 6.1.</u> Unter den Bedingungen des Satzes 6.1 ist das System (6.3) $\varrho\Delta$-stabil im ganzen. Dabei ist
$\varrho = 1 - \frac{1}{\Delta}(\delta_o + \delta_1 - \varepsilon_1 - \varepsilon_2)$ mit $\varepsilon_1 \in (0,\delta_o)$ und $\varepsilon_2 \in (0,\delta_1)$ beliebig.

<u>Bemerkung 6.1.</u>

(1) Die Bedingung (1) des Satzes 6.1 ist die übliche Frequenzbedingung, mit der die Lösbarkeit einer Matrizenungleichung durch das Lemma von Yakubovich-Kalman [75, 134] garantiert wird.

(2) Die Bedingung (2) des Satzes 6.1 geht praktisch davon aus, daß diese Frequenzbedingung mit einer gewissen Reserve bezüglich $\mu$ erfüllt ist. Wir betrachten zur Illustration dieses Sachverhaltes die $\Delta$-periodische Nichtlinearität auf Abb. 6.2. Die Bedingungen (6.7) bzw. (6.8) fordern, daß auf beliebigen Intervallen $(\gamma',\Delta)$ mit $\gamma' \in (0,\delta_o]$ bzw. $[-\Delta,\gamma'')$ mit $\gamma'' \in [-\delta_1,0)$ der Graph der Nichtlinearität $\varphi$ unterhalb bzw. oberhalb der jeweiligen Geraden $\xi = \mu(\sigma - \gamma')$ bzw. $\xi = \mu(\sigma - \gamma'')$ liegt.

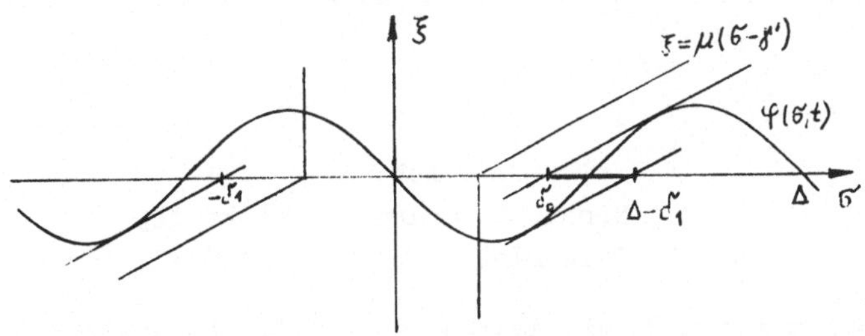


Abb. 6.2

Illustration der Bedingung (2) des Satzes 6.1

(3) Die Klasse der bezüglich σ Δ-periodischen Funktionen φ, die
der Bedingung (2) des Satzes 6.1 genügen, enthält wichtige,
in der Technik verwendete Nichtlinearitäten des Phasendetektors, wie das auf Abb. 6.3 zu sehen ist.

a)

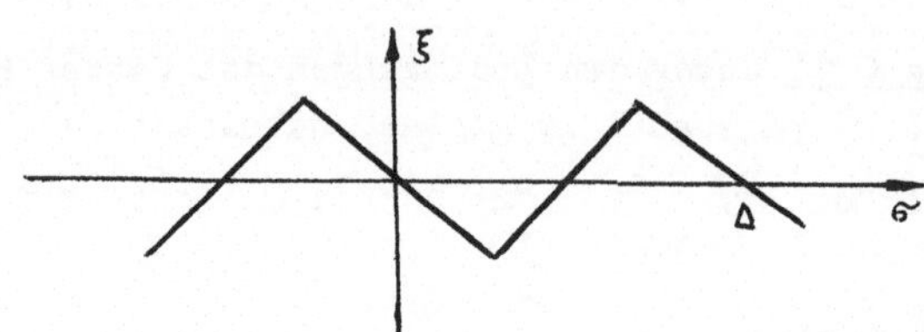

b)

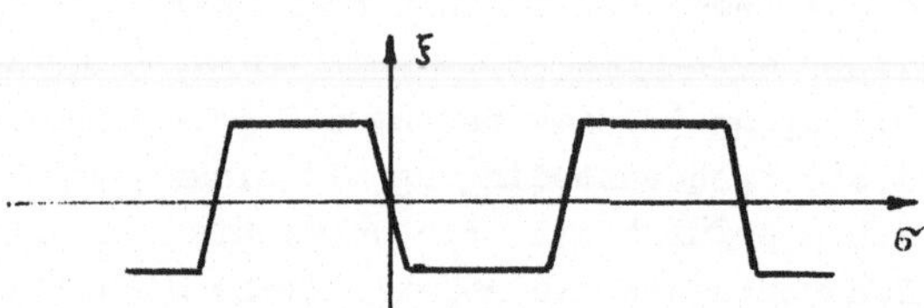

c)

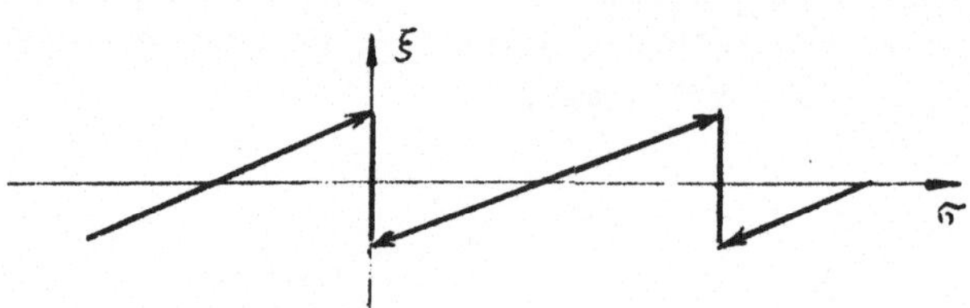

Abb. 6.3
Normierte Charakteristika des
Phasendetektors nach [127']

Bevor wir zum Beweis des Satzes 6.1 im Abschnitt 6.3 kommen,
wollen wir im nächsten Abschnitt seine Effektivität an konkreten
Systemen der Winkelstabilisierung demonstrieren.

## 6.2. $\varrho\Delta$-Stabilität von Systemen der Phasensynchronisation und der Winkelstabilisierung

**Beispiel 6.1.** Wir betrachten das System (6.3) mit

$$\chi(p) = \frac{1}{p(p^2 + \alpha p + \beta)}, \qquad (6.10)$$

wobei $\alpha$ und $\beta$ positive Parameter sind, und der Nichtlinearität

$$\varphi(\sigma) = -\sin \sigma \qquad (\sigma \in \mathbb{R}). \qquad (6.11)$$

Durch Übertragungsfunktionen vom Typ (6.10) und differenzierbare Nichtlinearitäten der Art (6.11) werden Systeme der Phasensynchronisation mit einem RLC-Filter bzw. einem RCRC-Filter beschrieben. Wir wenden auf (6.10), (6.11) den Satz 6.1 an und setzen damit Untersuchungen aus [75] fort, wo die Beschränktheit der Lösungen von (6.10), (6.11) bei gewissen Voraussetzungen gezeigt wurde.

Es seien $\mu > 0$ und $\lambda > 0$ die in der Formulierung des Satzes 6.1 vorkommenden variierbaren Parameter. Dann gelten für beliebige $\omega \in \mathbb{R}$ und $\chi$ aus (6.10) die Beziehungen

$$\text{Re } \chi(i\omega - \lambda) =$$

$$= \frac{\omega^2(3\lambda - \alpha) - \lambda(\lambda^2 - \alpha\lambda + \beta)}{[\omega^2(3\lambda - \alpha) - \lambda(\lambda^2 - \alpha\lambda + \beta)]^2 + [-\omega^3 + \omega(3\lambda^2 - 2\alpha\lambda + \beta)]^2},$$

$$|\chi(i\omega - \lambda)|^2 =$$

$$= \frac{1}{[\omega^2(3\lambda - \alpha) - \lambda(\lambda^2 - \alpha\lambda + \beta)]^2 + [-\omega^3 + \omega(3\lambda^2 - 2\alpha\lambda + \beta)]^2}.$$

Daraus folgt

$$\text{Re } \chi(i\omega - \lambda) + \mu \, |\chi(i\omega - \lambda)|^2 =$$

$$= \frac{\omega^2(3\lambda - \alpha) - \lambda(\lambda^2 - \alpha\lambda + \beta) + \mu}{[\omega^2(3\lambda - \alpha) - \lambda(\lambda^2 - \alpha\lambda + \beta)]^2 + [-\omega^3 + \omega(3\lambda^2 - 2\alpha\lambda + \beta)]^2}.$$

Wir setzen im weiteren $\alpha^2 \leqq 3\beta$ voraus ($\alpha^2 > 3\beta$ wird analog behandelt) und wählen $\lambda = \frac{\alpha}{3}$. Dann wird die Ungleichung (6.6) äquivalent zu $\mu < \lambda(\lambda^2 - \alpha\lambda + \beta)$, d.h.

$$\mu < \frac{\alpha}{3}(\beta - \frac{2\alpha^2}{9}). \qquad (6.12)$$

Weiter ist (für die Matrix A aus (6.3) mit (6.10))

$$\det[pI - \lambda I - A] = (p - \lambda)[p^2 + (\alpha - 2\lambda)p + \lambda^2 - \alpha\lambda + \beta].$$

Es ist wegen der Bedingung (1) des Satzes zu garantieren, daß das Polynom in den letzten eckigen Klammern zwei Nullstellen mit negativem Realteil besitzt. Dazu wird

$$\alpha - 2\lambda > 0, \qquad \lambda^2 - \alpha\lambda + \beta > 0 \qquad\qquad (6.13)$$

gefordert. Bei der Voraussetzung $\alpha^2 \leqq 3\beta$ und der Wahl $\lambda = \frac{\alpha}{3}$ ist
(6.13) automatisch erfüllt. Ebenso ist die Bedingung (1) des
Satzes 6.1 im ganzen erfüllt.

Wir wollen nun die Bedingung (2) des Satzes untersuchen.
Zunächst ergibt sich aus einfachen geometrischen Erwägungen
eine untere Grenze für $\mu$, so daß der Graph von $\varphi(\sigma) = -\sin \sigma$
„unterhalb" von $\xi = \mu\sigma$ liegt:

$$\mu > \frac{1}{\sqrt{2} - 1 + 1.25\pi}. \qquad\qquad (6.14)$$

Die obere Grenze für $\mu$ ergibt sich aus der Forderung, daß
„gerade noch" die Frequenzbedingung (6.6) erfüllt ist, d.h.
(6.12).

Zur weiteren Illustration setzen wir $\alpha = \frac{1}{2}$ und $\beta = \frac{3}{2}$.
Aus (6.12), (6.14) ergibt sich der mögliche Parameterbereich.
Dieser ist in Abb. 6.4 mit einer durchgehenden Linie beschränkt.

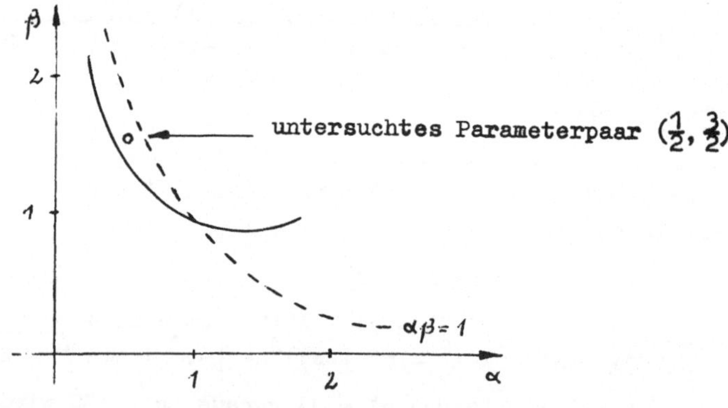


Abb. 6.4

Betrachtete Parameterbereiche im Beispiel 6.1

Die gestrichelte Linie zeigt die Grenze des Parametergebiets
der im Sinne von Ljapunow stabilen stationären Lösungen nach
[75]: $\{\alpha > 0, \beta > 0: \alpha\beta \geqq 1\}$. Damit liegt das Parameterpaar
$(\frac{1}{2}, \frac{3}{2})$ außerhalb des Gebiets der stabilen stationären Lösungen.
Wegen (6.12) und (6.14) kann man für $\mu$ das folgende Intervall

benutzen:

$$0.23 < \mu < 0.2406.$$

Wir wählen $\mu = 0.24$ als zulässigen Parameter und können damit $\delta_0 = \delta_1 = 0.4$ setzen, so daß die Ungleichungen (6.7) in der Bedingung (2) erfüllt sind. Die Werte $\mu$, $\delta_0$, $\delta_1$ lassen sich durchaus günstiger wählen, allerdings benötigt man hierzu den Rechner, da ihre Bestimmung für die Nichtlinearität (6.11) zu transzententen Gleichungen führt.

Bezüglich des Erfülltsein der Bedingung (3) des Satzes 6.1 braucht nur bemerkt werden, daß für $\chi$ aus (6.10)

$$\lim_{p \to \infty} p^3 \chi(p) = 1 > 0$$

ist. Damit erhält man für das System (6.10), (6.11) mit $\alpha = \frac{1}{2}$ und $\beta = \frac{3}{2}$ die $\varrho 2\pi$-Stabilität im ganzen, wobei $\varrho \in (1 - \frac{2 \cdot 0.4}{2\pi}, 1)$ beliebig ist. Konkreter gesagt, läßt sich hieraus, als Beispiel, die $0.88 \cdot 2\pi$-Stabilität ablesen. Damit konnte für das System (6.10), (6.11) mit $\alpha = \frac{1}{2}$, $\beta = \frac{3}{2}$ über die in [75] nachgewiesene Beschränktheit des Phasenfehlers $\sigma$ hinaus gezeigt werden, daß dieses System bezüglich $\sigma$ Attraktoren der Form $[k2\pi + 0.4, (k+1)2\pi - 0.4]$ (k-ganzzahlig) besitzt, obwohl die stationären Lösungen instabil im Sinne von Ljapunow sind.

<u>Beispiel 6.2.</u> Einige Systeme der Winkelstabilisierung kosmischer Flugapparate lassen sich laut [59, 82] durch das System (6.3) mit $\chi$ der Form (6.10) beschreiben:

$$\chi(p) = \frac{1}{p\left(p^2 + \dfrac{\bar{\mu}}{I_\Gamma}\, p + \dfrac{2H(H + k_v^{\cdot})}{I_z I_\Gamma}\right)} \cdot \tag{6.15}$$

Die Nichtlinearität besitzt die Form [82]

$$\varphi(\sigma) = \begin{cases} \left[-\dfrac{2H}{I_z I_\Gamma}\,\gamma,\ \dfrac{2H}{I_z I_\Gamma}\,\gamma\right], & \sigma = 0, \\[2ex] -\dfrac{2H}{I_z I_\Gamma}\,\gamma, & 0 < \sigma \leqq 2\delta, \\[2ex] \left[-\dfrac{2H}{I_z I_\Gamma}\,\gamma,\ 0\right], & \sigma = 2\delta, \\[2ex] 0, & 2\delta < \sigma < 4\delta, \\[2ex] \left[0,\ \dfrac{2H}{I_z I_\Gamma}\,\gamma\right], & \sigma = 4\delta, \\[2ex] \dfrac{2H}{I_z I_\Gamma}\,\gamma, & 4\delta < \sigma < 6\delta. \end{cases} \tag{6.16}$$

$$\varphi(\sigma) = \varphi(\sigma + 6\delta) \qquad (\sigma \in \mathbb{R}).$$

Dabei sind $H$, $I_\Gamma$, $I_z$, $\bar{\mu}$, $\delta$ und $k_{\dot{\nu}}$ Parameter des technischen Systems, $\sigma$ bezeichnet die Winkelabweichung. Die Nichtlinearität ist auf Abb. 6.5 zu sehen.

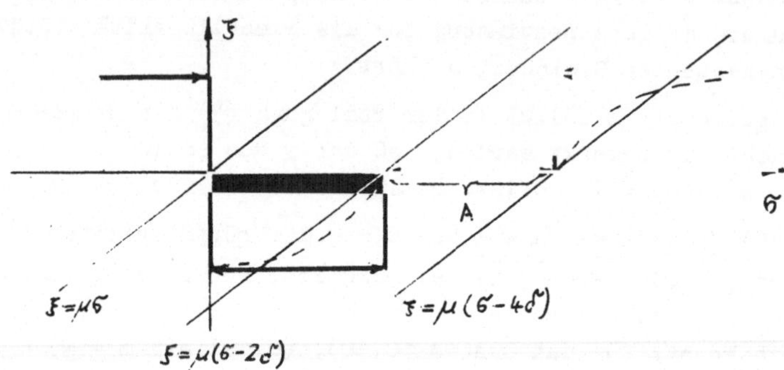


Abb. 6.5

Die Nichtlinearität (6.16) mit Attraktor A für (6.15),<br>
(6.16) und Hilfsfunktion $\varphi_1$ aus dem Satz 6.1 (gestrichelt)

Unser Ziel besteht darin, mit dem Satz 6.1 Bedingungen für die Parameter von (6.15), (6.16) anzugeben, so daß das entsprechende System $2\delta$-stabil im ganzen ist.

Mit (6.15) liegt eine spezielle Funktion (6.10) mit

$$\alpha = \frac{\bar{\mu}}{I_\Gamma} \qquad \text{und} \qquad \beta = \frac{2H(H + k_{\dot{\nu}})}{I_z I_\Gamma}$$

vor. Wir beschränken uns auch hier auf den Fall $\alpha^2 \leqq 3\beta$, d.h., wir fordern

$$\frac{\bar{\mu}^2}{I_\Gamma^2} \leqq \frac{6H(H + k_{\dot{\nu}})}{I_z I_\Gamma}. \tag{6.17}$$

Es gilt

$$\frac{\alpha}{3}\left(\beta - \frac{2\alpha^2}{9}\right) = \frac{\bar{\mu}}{3 I_\Gamma^2}\left(\frac{2H(H + k_{\dot{\nu}})}{I_z} - \frac{2}{9}\frac{\bar{\mu}^2}{I_\Gamma}\right).$$

Die (6.12) entsprechende Ungleichung lautet also

$$\mu < \frac{\bar{\mu}}{3 I_\Gamma^2}\left(\frac{2H(H + k_{\dot{\nu}})}{I_z} - \frac{2}{9}\frac{\bar{\mu}^2}{I_\Gamma}\right). \tag{6.18}$$

Damit der Graph der Nichtlinearität „unterhalb" der Geraden

$\zeta = \mu\sigma$ liegt, fordern wir

$$\mu 4\delta > \frac{2H}{I_z I_\Gamma}\, \gamma.$$

Die letzte Bedingung und (6.18) lassen sich gemeinsam realisieren, wenn

$$\frac{\bar{\mu}4\delta}{3I_\Gamma^2}\left(\frac{2H(H + k_\nu)}{I_z} - \frac{2}{9}\frac{\bar{\mu}^2}{I_\Gamma}\right) > \frac{2H}{I_z I_\Gamma}\, \gamma \qquad (6.19)$$

ist. Damit sind die Verschiebungen der Gerade $\zeta = \mu\sigma$ mit $\mu$ aus
(6.18) nach links bzw. rechts mit $\delta_0 = \delta_1 = 2\delta$ durchführbar,
so daß dabei die Bedingung (2) des Satzes 6.1 erfüllt ist.

Die Bedingung (3) des Satzes ist wegen $\lim\limits_{p \to \infty} p^3\, \chi(p) = 1 > 0$
ebenfalls erfüllt. Schließlich genügt, wie man leicht sieht,
die Nichtlinearität (6.16) den an $\varphi$ gestellten Forderungen.
Damit sind alle Bedingungen des Satzes 6.1 überprüft.
Mit diesem Satz erhält man, daß unter den Voraussetzungen (6.17)
und (6.19) jede Lösung von (6.15), (6.16), die nicht gegen eine
Zahl $j6\delta$ ($j \in \mathbb{Z}$) konvergiert, für hinreichend große $t$ in einem
Intervall $(m6\delta + 2\delta,\ (m+1)6\delta - 2\delta)$ liegt, wobei $m$ eine ganze
Zahl ist. Auf solchen Intervallen ist das System (6.15), (6.16)
linear, woraus für die Lösung insbesondere $\sigma(t) \to$ const für
$t \to +\infty$ folgt.

Die durchgeführten Untersuchungen zeigen, daß unter den Bedingungen (6.17) und (6.19) das System der Winkelstabilisierung
(6.15), (6.16) unabhängig von den Anfangsbedingungen $\sigma(0)$, $\dot{\sigma}(0)$
und $\ddot{\sigma}(0)$ funktioniert.

### 6.3. Beweis des Satzes 6.1

#### 1. Konstruktion des Kegelnetzes

Wegen (6.6) und der Nichtsingularität von $\chi$ existieren nach
dem Lemma von Yakubovich-Kalman [75, 134] eine $n \times n$-Matrix $H = H^*$
und eine Zahl $\delta > 0$, so daß gilt

$$2x^*H[(A + \lambda I)x + b\zeta] + (\mu c^*x - \zeta)c^*x \leq -\delta(c^*x)^2 \qquad (6.20)$$

$$(x \in \mathbb{R}^n,\ \zeta \in \mathbb{R}).$$

Setzt man in (6.20) $\zeta = 0$, so erhält man

$$2x^*H(A + \lambda I)x \leq -(\delta + \mu)(c^*x)^2 \qquad (x \in \mathbb{R}^n). \qquad (6.21)$$

Da das Paar $(A + \lambda I,\ c)$ vollkommen beobachtbar ist und die
Matrix $A + \lambda I$ einen positiven Eigenwert und $n - 1$ Eigenwerte mit
negativem Realteil besitzt, folgt aus (6.21) mit Lemma 1.2.4

aus [75], daß die Matrix H einen negativen und n – 1 positive
Eigenwerte besitzt. Aus (6.20) ergibt sich außerdem $2Hb = c$ und
hieraus $c^*H^{-1}c = 2c^*b$. Auf Grund der Voraussetzung (3) des
Satzes ist $c^*b \leqq 0$ [73]. Wegen dieser Ungleichung und der
Eigenwertverteilung von H erhält man mit Lemma 2.1 aus [73] die
Beziehung

$$\{x \mid x^*Hx < 0\} \cap \{x \mid c^*x = 0\} = \emptyset. \tag{6.22}$$

Für den weiteren Beweis setzen wir $c^*b = 0$ voraus.[1] Dann läßt
sich, wie in [108] gezeigt wurde, ein Vektor $h \neq 0$ angeben, so
daß

$$\{x \mid x^*Hx \leqq 0\} \cap \{x \mid h^*x = 0\} = \{0\} \tag{6.23}$$

gilt. Weiter sei $x_0$ ein Vektor, für den $x_0^*Hx_0 < 0$ und $c^*x_0 < 0$
ist. Wir fordern zusätzlich zu (6.23) die Ungleichung $h^*x_0 < 0$.
Dann gelten laut Lemma 2 aus [108] die Inklusionen

$$\{x \mid x^*Hx < 0, \ c^*x < 0\} = \{x \mid x^*Hx < 0, \ h^*x < 0\}, \tag{6.24}$$

$$\{x \mid x^*Hx \leqq 0, \ h^*x \leqq 0\} \subset \{x \mid x^*Hx \leqq 0, \ c^*x \leqq 0\}, \tag{6.25}$$

$$\{x \mid x^*Hx \leqq 0, \ c^*x < 0\} \subset \{x \mid x^*Hx \leqq 0, \ h^*x \leqq 0\}, \tag{6.26}$$

$$\{x \mid x^*Hx \leqq 0, \ h^*x \leqq 0, \ c^*x = 0\} = \{x \mid x = \nu b, \ \nu \in [0,+\infty)\}. \tag{6.27}$$

Auf diese Beziehungen kommen wir im weiteren zurück. Wird in
(6.21) $x = r$ gesetzt, so erhält man die Ungleichung
$2\lambda r^*Hr \leqq -\mu(c^*r)^2$, aus der sich sofort

$$r^*Hr < 0 \tag{6.28}$$

ergibt.

Wir definieren für einen beliebigen Parameter $\varrho \in \mathbb{R}$ die Funk-
tion $V_\varrho: \mathbb{R}^n \to \mathbb{R}$ durch $V_\varrho(x) = (x - \varrho r)^*H(x - \varrho r)$ und die Menge
$\Omega_\varrho = \{x \mid V_\varrho(x) < 0\}$, bei der es sich um das Innere eines quadratischen Doppelkegels handelt.

## 2. Positive Invarianz des Kegelnetzes

Weiter unten wird gezeigt, daß für eine beliebige Lösung $x, \zeta$
von (6.3), für die $c^*x(t)$ für $t \to +\infty$ nicht gegen eine Zahl $j\Delta$
($j$-ganzzahlig) konvergiert, ein Zeitpunkt $T$ und eine ganze Zahl
$j_0$ existieren, so daß

$$x(t) \in \Gamma_{j_0} \overset{\text{def}}{=} \Omega_{j_0} \cap \Omega_{j_0+1} \cap \{x \mid j_0\Delta < c^*x < (j_0 + 1)\Delta\} \tag{6.29}$$
$$(t \geqq T)$$

---

[1] Der Beweis für $c^*b < 0$ verläuft analog. Die Beziehung (6.23)
ist in diesem Falle mit $h = c$ erfüllt, so daß auf (6.24) bis
(6.27) verzichtet werden kann.

gilt. Wir nehmen zunächst einmal an, daß dies schon bewiesen ist, fixieren eine beliebiges $\gamma_0 \in (0, \frac{\delta_0}{\Delta})$ und zeigen, daß für eine beliebige Lösung $x, \xi$ des Systems (6.3), die der Inklusion (6.29) genügt, ein Zeitpunkt $T_{j_0, \gamma}$ existiert, so daß

$$x(t) \in \Gamma_{j_0, \gamma} \overset{\text{def}}{=} \Omega_{j_0 + \gamma} \cap \Omega_{j_0 + 1} \cap \{x \mid (j_0 + \gamma)\Delta < c^*x < (j_0 + 1)\Delta\}$$

$$(t \geqq T_{j_0, \gamma}) \qquad (6.29a)$$

ist, wobei $\gamma \in (0, \gamma_0]$ beliebig ist. Wir setzen in die Ungleichung (6.20) $x = x(t) - (j_0 + \gamma)r$ und $\xi = \xi(t)$:

$$2[x(t) - (j_0 + \gamma)r]^*H[(A + \lambda I)(x(t) - (j_0 + \gamma)r) + b\xi(t)] +$$

$$+ [\mu c^*(x(t) - (j_0 + \gamma)r) - \xi(t)]c^*(x(t) - (j_0 + \gamma)r) \leqq$$

$$\leqq - \delta(c^*x(t) - (j_0 + \gamma)\Delta)^2 \quad (t \geqq t_0). \qquad (6.30)$$

Für die Ableitung bezüglich System (6.3) der fast überall differenzierbaren Funktion $V_{j_0 + \gamma}(x(t))$ gilt bei Beachtung von (6.5):

$$\frac{d}{dt} V_{j_0 + \gamma}(x(t)) = 2(x(t) - (j_0 + \gamma)r)^*H\dot{x}(t) =$$

$$= 2(x(t) - (j_0 + \gamma)r)^*H[A(x(t) - (j_0 + \gamma)r) + b\xi(t)].$$

Damit nimmt aber die Ungleichung (6.30) die folgende Form an:

$$\frac{d}{dt} V_{j_0 + \gamma}(x(t)) + 2\lambda V_{j_0 + \gamma}(x(t)) \leqq -[\mu c^*(x(t) - (j_0 + \gamma)r) - \xi(t)] \cdot$$

$$\cdot c^*(x(t) - (j_0 + \gamma)r) - \delta(c^*x(t) - (j_0 + \gamma)\Delta)^2 \quad \text{f.a.} \quad t \geqq t_0.$$

$$(6.31)$$

Mit der Ungleichung (6.31) zeigen wir zunächst die positive Invarianz der Mengen $\Gamma_{j_0, \gamma}$ bezüglich der Lösungen von System (6.3) für beliebiges $\gamma \in (0, \gamma_0]$. Wir nehmen dazu an, daß eine dieser Mengen $\Gamma_{j_0, \gamma}$ nicht invariant ist. Dann gibt es eine Lösung $x, \xi$, die in $\Gamma_{j_0, \gamma}$ bei $t = t_0$ startet und für $t = t_1 > t_0$ außerhalb von $\Gamma_{j_0, \gamma}$ liegt. Jeder Weg, der einen inneren Punkt einer Menge mit einem äußeren verbindet, durchquert den Rand dieser Menge. Folglich läßt sich wegen der Stetigkeit von $x$ ein $t_2 \in (t_0, t_1]$ so angeben, daß

$$x(t_2) \in \partial\Gamma_{j_0, \gamma} \quad \text{und} \quad x(t) \in \Gamma_{j_0, \gamma} \quad \text{für} \quad t \in [t_0, t_2) \qquad (6.32)$$

gilt. Hierbei bezeichnet $\partial\Gamma_{j_0,\gamma}$ den Rand von $\Gamma_{j_0,\gamma}$. Die Menge $\Gamma_{j_0+1} \cap \{x \mid c^*x < (j_0 + 1)\Delta\}$ ist wegen der Ungleichung (6.31) (siehe auch das Lemma 4.3.1 [75]) invariant für die Lösungen von (6.3). Demzufolge kann wegen (6.23) - (6.27) die Beziehung (6.32) nur eintreten, wenn

$$((j_0 + \gamma)r - x(t_2))^*H((j_0 + \gamma)r - x(t_2)) = 0 \qquad (6.33)$$

ist.

Andererseits ist aber auf $[t_0, t_2)$ die zweite Beziehung von (6.32) erfüllt. Damit ist mit (6.24) und (6.4) auf diesem Intervall

$$[\mu c^*(x(t) - (j_0 + \gamma)r) - \zeta(t)]c^*(x(t) - (j_0 + \gamma)r) \geqq 0,$$

$$((j_0 + \gamma)r - x(t))^*H((j_0 + \gamma)r - x(t)) < 0$$

sowie

$$(c^*((j_0 + \gamma)r - x(t)))^2 > 0.$$

Folglich erhält man aus (6.31) durch Integration und Grenzübergang

$$e^{2\lambda t_2} V_{j_0+\gamma}(x(t_2)) - e^{2\lambda t_0} V_{j_0+\gamma}(x(t_0)) \leqq$$

$$\leqq -\delta \int_{t_0}^{t_2} e^{2\lambda s}(c^*((j_0 + \gamma)r - x(s)))^2 ds < 0.$$

Dies stellt einen Widerspruch zu (6.33) dar.

3. <u>Zur Konvergenz der Lösungen in eine Menge $\Gamma_{j_0}$</u>

Wir zeigen nun die Beziehung (6.29) für eine beliebige Lösung $x, \zeta$, für die $c^*x(t)$ nicht gegen ein $k\Delta$ ($k$-ganzzahlig) für $t \to +\infty$ konvergiert. Dazu betrachten wir für ganzzahliges $j$ die Funktion $V_j$ in der Darstellung

$$V_j(x) = x^*Hx - 2jr^*Hx + j^2 r^*Hr \qquad (x \in \mathbb{R}^n).$$

Wegen (6.28) gilt für jedes fixierte $x$ und für alle $j$ mit $|j| \geqq j_1$, wobei $j_1 > 0$ hinreichend groß ist, die Ungleichung

$$V_j(x) < 0. \qquad (6.34)$$

Wir betrachten eine Lösung $x, \zeta$ von (6.3) und setzen voraus, daß (6.34) für $x = x(t_0)$ gilt. Wegen (6.31) (dort kann formal $\gamma = 0$ gesetzt werden) gilt (6.34) auch für $x(t)$ mit $t \geqq t_0$. Nun zeigen wir, daß jede Lösung $x, \zeta$ von (6.3), für die $c^*x(t)$ bei

$t \to +\infty$ nicht gegen ein $j\Delta$ mit ganzzahligem $j \in [-j_1, j_1]$ konvergiert, in die Mengen $\Omega_j = \{x : V_j(x) < 0\}$ mit den beschriebenen $j$ gelangt. Wir nehmen dazu das Gegenteil an, d.h., wir nehmen an, daß für ein ganzzahliges $j \in [-j_1, j_1]$

$$V_j(x(t)) \geqq 0 \qquad (t \geqq t_0) \tag{6.35}$$

gilt. Dann ergibt sich aber aus (6.31) für $\gamma = 0$ die Beziehung

$$\frac{d}{dt} V_j(x(t)) \leqq - \delta(c^*x(t) - j\Delta)^2 \quad \text{f.a.} \quad t \geqq t_0.$$

Wir integrieren diese Ungleichung von $t_0$ bis $t$ und erhalten

$$V_j(x(t)) \leqq V_j(x(t_0)) - \delta \int_{t_0}^{t} (c^*x(s) - j\Delta)^2 ds \qquad (t \geqq t_0).$$

Folglich ist

$$\int_{t_0}^{t} (c^*x(s) - j\Delta)^2 ds \leqq \frac{1}{\delta} V_j(x(t_0)) \qquad (t \geqq t_0).$$

Damit ist für die Funktion $g(t) \equiv c^*x(t) - j\Delta$ die Einschließung $g \in L^2 (t_0, +\infty)$ erfüllt.

Wie in [75] gezeigt wurde, gilt bei den Voraussetzungen von Satz 6.1 die Beziehung $\|x(t)\| \leqq \text{const}$ $(t \geqq t_0)$. Folglich ist wegen (6.3) und der Beschränktheit von $\varphi$ auch

$$\frac{dg}{dt} \in L^2 (t_0, +\infty).$$

Da $g$ absolut stetig ist, läßt sich diese Funktion darstellen als

$$g^2(t) = g^2(t_0) + \int_{t_0}^{t} \frac{d}{ds} g^2(s).$$

Aus dieser Darstellung und der vorherigen Bemerkung ergibt sich die Existenz eines endlichen Grenzwertes $\lim_{t \to +\infty} g^2(t)$. Wegen $g \in L^2 (t_0, +\infty)$ kann nur $\lim_{t \to +\infty} g(t) = 0$ gelten. Also ist $c^*x(t) \to j\Delta$ für $t \to +\infty$. Damit existiert für jede Lösung $x, \xi$ von (6.3), für die $c^*x(t)$ bei $t \to +\infty$ nicht gegen ein $j\Delta$ konvergiert, ein $T$, so daß für $t \geqq T$ die Komponente $x(t)$ in $\Omega_j$ $(j = 0, \pm 1, \ldots)$ gelangt und dort verbleibt. Außerdem läßt sich dann wegen (6.23), (6.24) ein ganzzahliges $j_0$ angeben, so daß $j_0\Delta < c^*x(T) < (j_0 + 1)\Delta$ gilt.

## 4. Konvergenz der Lösungen zur Menge $\Gamma_{j_0, \gamma_0}$

Wir nehmen an, daß es eine Lösung $x, \zeta$ von (6.3) gibt, die (6.29) genügt und für die

$$\forall \, t \geq T: \quad x(t) \in \Gamma_{j_0} \setminus \Gamma_{j_0, \gamma_0} \tag{6.36}$$

erfüllt ist. Wegen der schon bewiesenen Invarianz der Mengen $\Gamma_{j_0, \gamma_0}$ existiert dann ein $\varrho_{\bullet} \in (0, \gamma_0]$, so daß

$$\forall \, t \geq t_0: \quad x(t) \notin \Gamma_{j_0, \varrho_0} \tag{6.37}$$

und

$$\forall \, \varepsilon \in (0, \varrho_0) \; \exists \, t_\varepsilon \in \mathbb{R}_+ \; \forall t \geq t_\varepsilon: \quad x(t) \in \Gamma_{j_0, \varrho_0 - \varepsilon} \tag{6.38}$$

gelten.

Wir zeigen als nächstes, daß es keine Folge $\{t_1\}$ mit $t_1 \to +\infty$ bei $1 \to +\infty$ gibt, so daß $c^* x(t_1) \to (j_0 + \varrho_0)\Delta$ für $1 \to +\infty$ ist. Wirklich, wegen der Bedingung (2a) des Satzes ist

$$\varphi_1[(j_0 + \varrho_0)\Delta] < 0.$$

Da die Trajektorie $x(t)$ für alle $t$ in einer kompakten Menge liegt und wegen (6.3) und der Beschränktheit von $\zeta$ auch $\dot{x}$ beschränkt ist, gilt bei erneuter Beachtung von (2a), die Beziehung:

$$\exists \, 1_0 \in \mathbb{N} \; \exists \, \alpha > 0 \; \exists \, \beta > 0 \; \forall \, \zeta \in \varphi(c^* x(t), t) \; \forall \, t \in (t_j, t_j + \alpha)$$

$$\forall 1 \geq 1_0 : \; \zeta < -\beta. \tag{6.39}$$

Wegen (3) haben wir für große 1

$$\int_{t_1}^{t_1 + \alpha} e^{A(t_1 + \alpha - s)} \, b \, ds \in \{x \mid V_0(x) < 0\} \cap \{x \mid c^* x < 0\} \tag{6.40}$$

und

$$e^{A\alpha} x(t_1) \in \Gamma_{j_0, \varrho_0 - \varepsilon}, \tag{6.41}$$

wenn $\varepsilon > 0$ hinreichend klein und $x(t_1) \in \Gamma_{j_0, \varrho_0 - \varepsilon}$ ist.

Während die Beziehung (6.41) sofort aus der schon bewiesenen Invarianz von $\Gamma_{j_0, \varrho_0 - \varepsilon}$ folgt, bedarf (6.40) einer Begründung.

Aus der Beziehung $2Hb = c$ folgt $b^* Hb = \frac{1}{2} c^* b \leq 0$ (Bedingung (3)). Damit erhält man aus (6.31) mit $\zeta(t) \equiv 0$ die Beziehung

$$(e^{At} b)^* H (e^{At} b) \leq 0 \quad (t \geq 0). \tag{6.42}$$

Wir betrachten $f(t) = c*e^{At}b$ für kleine $t > 0$. Wegen der
Existenz des endlichen Grenzwertes $\lim_{p \to \infty} p^m \chi(p) > 0$ ergibt sich
$c*A^k b = 0$ $(k = 0,1,\ldots,m-1)$ und $c*A^m b < 0$. Damit ist aber

$$f(t) = \frac{c*A^m b}{m!}\, t^m + 0(t^m),$$

woraus für hinreichend kleines $t_o > 0$

$$f(t_o) < 0 \tag{6.43}$$

folgt. Aus (6.42), (6.43), (6.24) und der Invarianz der in
(6.40) betrachteten Menge ergibt sich

$$e^{At}b \in \{x \mid V_o(x) < 0\} \cap \{x \mid c*x < 0\}$$

und damit (6.40).

Somit ist wegen (6.39), (6.40) und (6.41)

$$e^{A\alpha}x(t_1) + \int_{t_1}^{t_1+\alpha} e^{A(t_1+\alpha-s)}b\xi(s)ds \in \Gamma_{j_o,\varrho_o} \tag{6.44}$$

bei hinreichend großem l. Die Beziehung (6.44) steht im Widerspruch zu (6.37).

Unter Berücksichtigung von (6.38) läßt sich somit ein $\bar\delta > 0$ angeben, so daß für beliebiges hinreichend kleines $\varepsilon > 0$ gilt:

$$\exists \delta_\varepsilon > 0 \ \exists t_\varepsilon > 0 \ \forall t \geq t_\varepsilon : |V_{j_o+\varrho_o-\delta_\varepsilon}(x(t))| < \varepsilon \qquad \wedge$$

$$\delta(c*x(t) - (j_o + \varrho_o - \delta_\varepsilon)\Delta)^2 \geq \bar\delta \wedge c*x(t) \geq c*(j_o + \varrho_o - \delta_\varepsilon)\Delta.$$

$$\tag{6.45}$$

Mit der letzten Ungleichung und dem $t_\varepsilon$ aus (6.45) ergibt sich
mit (6.4)

$$\forall t \geq t_\varepsilon: \ [\mu(c*x(t) - (j_o + \varrho_o - \delta_\varepsilon)\Delta) - \xi(t)]\cdot$$

$$\cdot (c*x(t) - (j_o + \varrho_o - \delta_\varepsilon)\Delta) \geq 0. \tag{6.46}$$

Aus (6.31), (6.45) und (6.46) folgt

$$\text{f.a. } t \geq t_\varepsilon: \ \frac{d}{dt} V_{j_o+\varrho_o-\delta_\varepsilon}(x(t)) \leq -2\lambda V_{j_o+\varrho_o-\delta_\varepsilon}(x(t)) -$$

$$- \delta(c*x(t) - (j_o + \varrho_o - \delta_\varepsilon)\Delta)^2 \leq 2\lambda\varepsilon - \bar\delta. \tag{6.47}$$

Wir wählen $\varepsilon > 0$ so klein, daß

$$2\lambda\varepsilon - \bar\delta < -\frac{\bar\delta}{2}$$

gilt.

Dann folgt aus (6.47) durch Integration auf $[t_\varepsilon, t]$

$$V_{j_0 + \varrho_0 - \delta_\varepsilon}(x(t)) \leqq V_{j_0 + \varrho_0 - \delta_\varepsilon}(x(t_\varepsilon)) - \frac{\delta}{2}(t - t_\varepsilon). \qquad (6.48)$$

Für hinreichend großes $t$ widerspricht (6.48) der ersten Ungleichung von (6.45). Wir haben damit gezeigt, daß für jede Lösung
$x, \zeta$ von (6.3), für die (6.29) erfüllt ist, auch (6.29a) für beliebige $\gamma \in (0, \frac{\delta_0}{\Delta})$ gilt.

Analog läßt sich zeigen, daß jede Lösung $x, \zeta$ von (6.3), für
die (6.29) erfüllt ist, für beliebiges $\gamma \in (0, \frac{\delta_1}{\Delta})$ der Beziehung

$$\exists T_\gamma \; \forall t \geqq T_\gamma : \; x(t) \in \Omega_{j_0} \cap \Omega_{j_0 + 1 - \gamma} \cap \{x \mid j_0 \Delta < x < (j_0 + 1 - \gamma)\Delta\}$$

genügt. ∎

## 7. Lokalisierung der Lösung diskreter Systeme mit instationärer periodischer Nichtlinearität

Im vorliegenden Abschnitt wird mit der Methode der invarianten
Kegel das Stabilitätsverhalten im Sinne von Yu.A. Bakaev [60]
von diskret wirkenden nichtautonomen Phasensystemen untersucht.
Zu den betrachteten Phasensystemen gehören Systeme der automatischen Steuerung mit unstetigen Nichtlinearitäten, die periodisch sind. Mit Hilfe des in diesem Abschnitt bewiesenen Frequenzkriteriums zur asymptotischen Eingrenzung der Phasendifferenz werden Fangregime eines einfachen Impuls- und eines Ziffernsystems der Phasensynchronisation analysiert. Die Vorgehensweise erlaubt von einem einheitlichen Standpunkt aus die explizite Angabe der Attraktoren von Abbildungen der Kreisperipherie
in sich, von unstetigen Poincare'-Abbildungen wie sie beim
Lorenz-System (1.1) auftreten, von Punkt-Mengen-Abbildungen und
von anderen Abbildungsklassen. Die Darstellung im Abschnitt 7
folgt der Arbeit [21].

### 7.1. Frequenzkriterium der $\varrho\Delta$-Stabilität

Wir betrachten das System

$$x_{t+1} = Ax_t + b\varphi(\sigma_t, t), \quad \sigma_t = c^* x_t, \quad t = 0, 1, \ldots, \qquad (7.1)$$

wobei $A$ eine konstante $n \times n$-Matrix ist, die 1 als Eigenwert besitzt, $b$ und $c$ sind $n$-Vektoren, und $\varphi$ ist eine skalare Funktion
der Argumente $\sigma \in \mathbb{R}$ und $t \in \mathbb{N}_0$.

Es wird vorausgesetzt, daß $\varphi$ der Bedingung

$$\varphi(\sigma, t)\sigma \leqq \mu \sigma^2 \quad (\sigma \in \mathbb{R}, \; t = 0, 1, \ldots) \qquad (7.2)$$

mit einer Konstanten $\mu > 0$ genügt und periodisch mit einer Periode $\Delta > 0$ ist, d.h. es gilt insbesondere

$$\varphi(\sigma + \Delta,\ t) = \varphi(\sigma,t) \qquad (\sigma \in \mathbb{R},\ t = 0,1,\dots). \qquad (7.3)$$

Die Stetigkeit von $\varphi(\cdot\,;t)$ wird nicht gefordert. Wir bezeichnen mit

$$\chi(p) = c^*(A - pI)^{-1}b \qquad (p \in \mathbb{C}:\ \det(A - pI) \neq 0)$$

die <u>Übertragungsfunktion des linearen Teils von (7.1)</u> und setzen voraus, daß $\chi$ <u>nichtsingulär</u> ist, d.h., daß $\chi$ eine echt gebrochene rationale Funktion darstellt, deren Zähler- und Nenner-Polynom keine gemeinsamen Nullstellen besitzen und deren Nennerpolynom den Grad n hat. Die Nichtsingularität von $\chi$ ist in unserem Falle äquivalent zur vollständigen Steuerbarkeit des Paares $(A,b)$ und vollständigen Beobachtbarkeit des Paares $(A,c)$. Weiter existiert bei unseren Voraussetzungen, wie z.B. in [38] gezeigt wurde, ein Vektor $r \in \mathbb{R}^n$, $r \neq 0$, mit

$$Ar = r \quad \text{und} \quad c^*r = \Delta. \qquad (7.4)$$

<u>Definition 7.1.</u> Gegeben sei eine Zahl $\varrho \in (0,1]$. Das System (7.1) heißt <u>$\varrho\Delta$-stabil im ganzen</u>, wenn sich für eine beliebige Lösung $\{\sigma_t\}$ von (7.1) ein $t_0$ angeben läßt, so daß für alle natürlichen $t_1 \geq t_0$ und $t_2 \geq t_0$ die Beziehung $|\sigma_{t_1} - \sigma_{t_2}| \leq \varrho\Delta$ gilt.

Wir formulieren nun das zentrale Ergebnis des vorliegenden Abschnittes.

<u>Satz 7.1.</u> Es seien folgende Bedingungen erfüllt:
1) Es existiert eine Zahl $\lambda \in (0,1)$, so daß die Matrix $\frac{1}{\lambda}\,A$ einen Eigenwert außerhalb und $n - 1$ Eigenwerte innerhalb des Einheitskreises besitzt und die Ungleichung

$$\operatorname{Re}\chi(\lambda p) + \mu|\chi(\lambda p)|^2 < 0 \qquad (7.5)$$

für alle komplexen $p$ mit $|p| = 1$ erfüllt ist.
2) Es existieren Zahlen $\delta_0 > 0$ und $\delta_1 > 0$ mit $\delta_0 + \delta_1 < \Delta$, und es existiert eine stetige $\Delta$-periodische Funktion $\varphi_1 : \mathbb{R} \to \mathbb{R}$, so daß gilt:
   a) Für jedes $\gamma \in (0,\delta_0]$ ist

$$\varphi(\sigma,t) \leq \varphi_1(\sigma) < \mu(\sigma - \gamma) \qquad (\sigma \in [\gamma,\Delta],\ t = 0,1,\dots). \qquad (7.6)$$

   b) Für jedes $\gamma \in [-\delta_1,0)$ ist

$$\varphi(\sigma,t) \geq \varphi_1(\sigma) > \mu(\sigma - \gamma) \qquad (\sigma \in [-\Delta,\gamma],\ t = 0,1,\dots). \qquad (7.7)$$

3) $c^*b < 0$.

Es seien $\varepsilon_1 \in (0,\delta_0)$ und $\varepsilon_2 \in (0,\delta_1)$ beliebig. Dann existieren für jede Lösung $\{x_t\}_{t \geq 0}$ von (7.1), die nicht gegen ein kr

(k ganzzahlig) konvergiert, ganze Zahlen j und $t_0 \geq 0$, so daß

$$\sigma_t = c^* x_t \in \Gamma_j(\varepsilon_1,\varepsilon_2) \quad (t \geq t_0) \tag{7.8}$$

gilt, wobei

$$\Gamma_j(\varepsilon_1,\varepsilon_2) \overset{\text{def}}{=} [j\Delta + \delta_0 - \varepsilon_1,\ (j + 1)\Delta - \delta_1 + \varepsilon_2]$$

ist.

<u>Folgerung 7.1.</u> Unter den Bedingungen des Satzes 7.1 ist das System (7.1) $\varrho\Delta$-stabil im ganzen. Dabei ist $\varrho = 1 - \frac{1}{\Delta}(\delta_0 + \delta_1 - \varepsilon_1 - \varepsilon_2)$ mit $\varepsilon_1 \in (0,\delta_0)$ und $\varepsilon_2(0,\delta_1)$ beliebig.

Der Beweis des Satzes 7.1 ist im Abschnitt 7.3 zu finden.

<u>Bemerkung 7.1.</u> Bei der Ungleichung (7.5) handelt es sich um die übliche Frequenzbedingung, die zusammen mit gewissen Zusatzbedingungen die Lösbarkeit einer Matrizenungleichung durch den diskreten Frequenzsatz von Yakubovich-Kalman [75, 134] garantiert. Die Bedingung 2) geht praktisch davon aus, daß diese Frequenzbedingung mit einer gewissen „Reserve" bezüglich $\mu$ erfüllt ist. Wir betrachten zur Illustration dieses Sachverhaltes die $\Delta$-periodische Nichtlinearität auf Abb. 7.1. Die Bedingungen (7.6) und (7.7) fordern, daß auf beliebigen Intervallen $(\gamma',\Delta)$ mit $\gamma' \in (0,\delta_0]$ bzw. $[-\Delta,\gamma'')$ mit $\gamma'' \in [-\delta_1,0)$ die Nichtlinearität $\varphi$ unterhalb bzw. oberhalb der jeweiligen Geraden $\xi = \mu(\sigma - \gamma')$ bzw. $\xi = \mu(\sigma - \gamma'')$ liegt.

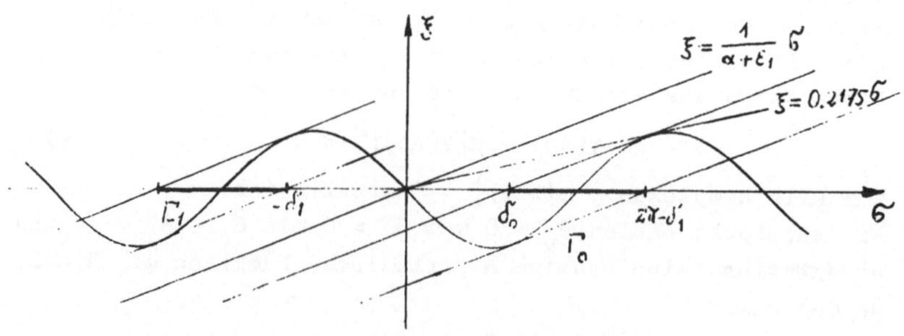


Abb. 7.1

Attraktoren für (7.9) mit

$F(\sigma) = \sin \sigma$, $\delta = 0$, $1 < \alpha < 4.6$

## 7.2. Attraktoren und $\rho\Delta$-Stabilität für Impuls- und Ziffern-systeme der Phasensynchronisation

### 1. Sinusartige Charakteristik des Phasendetektors

Gegeben sei ein Impulsphasenkopplungssystem aus [127], S. 165, dessen Wirkungsweise durch eine Abbildung f der Peripherie des Einheitskreises in sich f: $S^1 \to S^1$ mit

$$\overline{\theta} = \theta + \delta - \alpha F(\theta) \equiv f(\theta, \alpha, \delta) \qquad (7.9)$$

beschrieben wird. Dabei sind $\alpha$ und $\delta$ Parameter, und F ist die nichtlineare Charakteristik, die auf $(-\pi, \pi)$ ungerade ist und durch $\max\limits_{\theta \in [-\pi, \pi]} |F(\theta)| = 1$ normiert ist. Wir interpretieren die Punktabbildung (7.9) als diskretes System

$$\theta_{t+1} = \theta_t + \delta - \alpha F(\theta_t), \quad t = 0, 1, \ldots, \qquad (7.10)$$

wobei wir uns F $2\pi$-periodisch fortgesetzt denken. Bezüglich der Parameter ist besonders der Bereich $0 \leq \delta \leq \pi$, $\alpha > 0$ und $\frac{\delta}{\alpha} < 1$ interessant, da dann Gleichgewichtslagen von (7.10) existieren. Für unsere Betrachtungen setzen wir $\delta = 0$ und zunächst $F(\theta) = \sin \theta$. Im Falle von $\delta \neq 0$ mit $0 < \frac{\delta}{\alpha} < 1$ läßt sich der obige Satz 7.1 ebenfalls anwenden. Man schreibt dazu

$$\theta_{t+1} = \theta_t + \delta - \alpha \sin \theta_t = \theta_t + \alpha(\frac{\delta}{\alpha} - \sin \theta_t) = \theta_t +$$
$$+ \alpha(\sin \hat{\theta} - \sin \theta_t), \quad t = 0, 1, \ldots$$

mit $\hat{\theta} \in (0, \frac{\pi}{2})$ und benutzt die bekannte Ungleichung

$$(-\sin(\theta - \hat{\theta}) - \sin \hat{\theta})\theta \leq \frac{1 + \sin \hat{\theta}}{1 + \pi - \hat{\theta}} \theta^2 \quad (\theta \in \mathbb{R}),$$

womit dann (7.2) erfüllt ist.

Das entstandene System (7.10) wird mit verschiedenen Methoden auch in [51, 77, 128] untersucht. Dabei wird in [51] der Parameterbereich $0 < \delta < \frac{16}{9}$ und in [77], S. 45, $\alpha = 0.1$ betrachtet. Wir überführen das System (7.10) in unsere Standardform durch die Substitution $\theta = \sigma - \pi$ und erhalten

$$\sigma_{t+1} = \sigma_t - \alpha F(\sigma_t - \pi) = \sigma_t - \alpha(-\sin \sigma_t), \quad t = 0, 1, \ldots . \quad (7.11)$$

In unserem Beispiel ist bezüglich (7.1) - (7.3) A = 1, b = $-\alpha$, c = 1 und $\varphi(\sigma, t) \equiv - \sin \sigma$. Offensichtlich ist die Bedingung 3) des Satzes 7.1 erfüllt. Wir betrachten die Übertragungsfunktion des linearen Teils von (7.11) $\chi(p) = \frac{\alpha}{p - 1}$ und überprüfen die Frequenzbedingung (7.5), wobei wir $\lambda \in (0,1)$ und $\mu > 0$ noch festlegen. Es gilt mit $p = e^{i\omega}$, $\omega \in (-\pi, \pi]$, die Beziehung

$$\chi(\lambda p) = \frac{\alpha}{(\lambda \cos \omega - 1) + i\lambda \sin \omega} = \frac{\alpha[(\lambda \cos \omega - 1) - i\lambda \sin \omega]}{[\lambda \cos \omega - 1]^2 + \lambda^2 \sin^2 \omega}.$$

Damit (7.5) erfüllt ist, müssen wir für ein $\lambda \in (0,1)$ die Beziehung

$$\alpha(\lambda \cos \omega - 1) + \mu\alpha^2 < 0 \quad \text{für alle} \quad \omega \in (-\pi,\pi]$$

fordern. Letzteres ist möglich für

$$0 < \alpha < \frac{1}{\mu}. \tag{7.12}$$

Wir betrachten nun die konkrete Nichtlinearität $\varphi(\sigma) = -\sin \sigma$ und überprüfen die Ungleichungen (7.6) und (7.7).

Aus der Abb. 7.1 ist ersichtlich, daß die Attraktoren (7.8) um so „kleiner" sind, je größer $\mu$ ist. (Bei $\mu \geq 1$ lassen sich die Attraktoren bis auf einen Punkt „zusammenstauchen".) Die Größe $\mu$ muß allerdings so sein, daß neben (7.6) und (7.7) auch die Bedingung (7.2) und die Frequenzbedingung (7.5) erfüllt ist. Die Bedingung (7.2) ist mit einem minimalen $\mu_0 = 0.2175\ldots$ erfüllt. Unter Berücksichtigung dessen, daß unsere Bedingungen immer mit einer gewissen „Reserve" erfüllt sein müssen, erhält man damit aus (7.12) für $\alpha$ den möglichen Bereich

$$0 < \alpha < 4.6. \tag{7.13}$$

Offensichtlich ist $\sigma_t \equiv j2\pi$ mit $j \in \mathbb{Z}$ eine Lösung von (7.11). Für die Werte $j2\pi$ genügt die Funktion $g(\sigma) = \sigma - \alpha(-\sin \sigma)$ der Ungleichung $g'(j2\pi) = 1 + \alpha > 1$. Folglich sind die Werte $j2\pi$ abstoßende Fixpunkte von $g$. Letzteres bedeutet die Ljapunow-Instabilität von $\sigma_t \equiv j2\pi$ für die Iteration (7.11). Für $0 < \alpha < 1$ ist die Wahl von $\mu > 1$ möglich, so daß die Bedingungen (7.5) - (7.7) erfüllt sind. Entsprechend der Vorgabe des Satzes 7.1 können die Parameter $\delta_0$ und $\delta_1$ in beliebiger Nähe von $\pi - 0$ gewählt werden. Aus dem Satz 7.1 folgt für eine beliebige Lösung $\sigma_t \not\equiv k2\pi$ mit $k \in \mathbb{Z}$ die Aussage

$$\forall \varepsilon_1, \varepsilon_2 \in (0,\pi) \quad \exists j \in \mathbb{Z} \quad \exists t_0 \in \mathbb{N}_0 \quad \forall t \geq t_0 :$$

$$\sigma_t \in [j2\pi + \pi - \varepsilon_1, (j+1)2\pi - \pi + \varepsilon_2].$$

Letzteres bedeutet, daß für $\alpha \in (0,1)$ jede Lösung von (7.11) außer $\sigma_t \equiv k2\pi$ mit $k \in \mathbb{Z}$ gegen einen Punkt $(j2+1)\pi$ mit $j \in \mathbb{Z}$ konvergiert.

Gegeben sei nun ein $\alpha \in [1;4.6)$. Wir betrachten die Gerade $\zeta = \frac{1}{\alpha + \varepsilon_3} \sigma$ mit hinreichend kleinem $\varepsilon_3 > 0$. Die maximale Verschiebung von $\zeta = \frac{1}{\alpha + \varepsilon_3} \sigma$ von links und rechts, so daß die Bedingungen (7.6) und (7.7) erfüllt sind, läßt sich elementar berechnen. Man erhält für den Verschiebungsparameter

$$\delta_0 = \pi + \arccos \frac{1}{\alpha + \varepsilon_3} - (\alpha + \varepsilon_3) \sqrt{1 - \frac{1}{(\alpha + \varepsilon_3)^2}}$$

und kann wegen der Symmetrie $\delta_1 = \delta_0$ wählen.

Aus dem Satz 7.1 folgt mit (7.8) für eine beliebige Lösung $\sigma_t \neq k2\pi$ mit $k \in \mathbb{Z}$ die Beziehung

$$\forall \varepsilon_1, \varepsilon_2 \in (0, \delta_0) \; \exists j \in \mathbb{Z} \; \exists t_0 \in \mathbb{N}_0 \; \forall t \geq t_0 : \sigma_t \in \Gamma_j, \qquad (7.14)$$

wobei

$$\Gamma_j = \left[ j2\pi + \pi + \arccos \frac{1}{\alpha + \varepsilon_3} - (\alpha + \varepsilon_3) \sqrt{1 - \frac{1}{(\alpha + \varepsilon_3)^2}} - \varepsilon_1 , \right.$$

$$\left. (j + 1)2\pi - \pi - \arccos \frac{1}{\alpha + \varepsilon_3} + (\alpha + \varepsilon_3) \sqrt{1 - \frac{1}{(\alpha + \varepsilon_3)^2}} + \varepsilon_2 \right]$$

ist. Für $j = 0$, $\varepsilon_1, \varepsilon_2, \varepsilon_3 \to +0$ und $\sigma_t = \Theta_t + \pi$ ($t = 0, 1, \ldots$) stimmt der für $\sigma_t$ umgeschriebene Attraktor aus (7.14) mit dem Basisattraktor $0^+$ aus [64] und [127], S. 167, überein.

Bemerkung 7.2. Die Vorgehensweise in den Arbeiten [64, 127] beruht auf der Methode der Punktabbildungen und ist speziell für ein- und zweidimensionale autonome Systeme geeignet. Durch Kopplung mit numerischen Techniken gelingen hierdurch hinreichend genaue Angaben der Attraktoren. Die Einschränkung des Satzes 7.1 auf n = 1 und den autonomen Fall liefert im vorliegenden Beispiel ein effektives Ergebnis.

Bemerkung 7.3. Wie von V.N. Belych in [64, 127] ausgeführt wird (siehe hierzu auch [128]), können bei Änderung von $\alpha$ in bestimmten Bereichen folgende Effekte auf den Mengen $\Gamma_j$ auftreten: Die Grenzmenge der Trajektorien von (7.11) ist auf $\Gamma_j$ gelegen und besteht aus einem Fixpunkt, einem oder mehreren Zyklen, einer fastperiodischen Lösung oder aus einen seltsamen Attraktor. Eine wesentliche Rolle bei der Entscheidungsfindung darüber, welcher Typ vorliegt, spielen die Sätze von Sharkovskii, Li und Yorke über stetige Abbildungen eines Intervalls in sich. Eine Übertragung solcher Aussagen auf die bei uns vorkommenden unstetigen Abbildungen findet man z.B. bei Siegbert (in [31] formuliert).

2. <u>Sägezahnartige Charakteristik des Phasendetektors</u>
Wir betrachten wieder die Iteration (7.9) mit der Nichtlinearität F aus [64, 127]:

$$
F(\theta) = \begin{cases} \dfrac{\sigma}{\nu}, & |\theta| \leqq \nu, \\[2ex] \dfrac{\pi - \theta}{\pi - \nu}, & \nu < \theta < 2\pi - \nu. \end{cases}
$$

$F(\theta) = F(\theta + 2\pi)$ $(\theta \in \mathbb{R})$. Für die Parameter gelte $\alpha > 0$, $0 < \nu < \pi$ und $\pi + \nu > \alpha$, was sich auch auf das System (7.10) bezieht.

Wir substituieren auch hier $\theta = \sigma - \pi$ und erhalten die neue Nichtlinearität

$$
F_1(\sigma) = \begin{cases} \dfrac{\sigma - \pi}{\nu}, & -\nu + \pi \leqq \sigma \leqq \nu + \pi, \\[2ex] \dfrac{-\sigma}{\pi - \nu}, & \nu - \pi < \sigma < \pi - \nu \end{cases} \tag{7.15}
$$

mit $F_1(\sigma) = F_1(\sigma + 2\pi)$ $(\sigma \in \mathbb{R})$.

Der Graph der Nichtlinearität ist auf der Abb. 7.2 zu sehen.

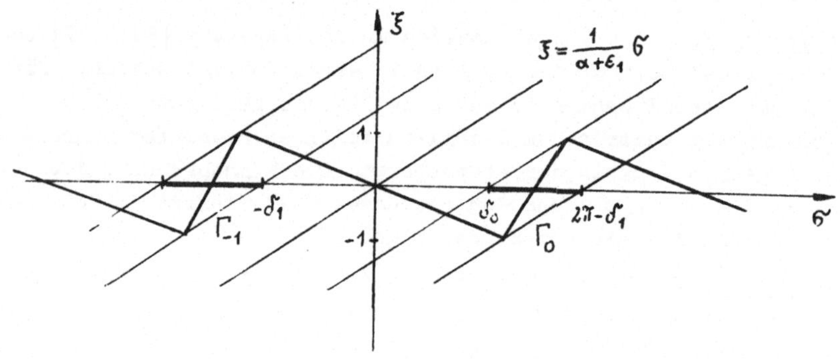


Abb. 7.2
Attraktoren für das System (7.9) mit
einer sägezahnartigen Nichtlinearität

Offensichtlich ist auch hier $\sigma_t \equiv j2\pi$ mit $j \in \mathbb{Z}$ eine Lösung des Systems (7.11), (7.15). Für die Werte $j2\pi$ ist bezüglich $g(\sigma) = \sigma - \alpha\left(\dfrac{-\sigma}{\pi - \nu}\right)$ die Ungleichung $g'(j2\pi) = 1 + \dfrac{\alpha}{\pi - \nu} > 1$ erfüllt, wodurch die Werte $j2\pi$ abstoßende Fixpunkte von $g$ sind.

Die Anwendung des Satzes 7.1 ergibt hier, daß für jede nicht-stationäre Lösung $\{\sigma_t\}$ des Systems (7.11), (7.15) entsprechend (7.8) gilt:

$$\forall \varepsilon_1, \varepsilon_2 \in (0, \ \pi - (\alpha - \nu)) \quad \exists j \in \mathbb{Z} \quad \exists t_0 \in \mathbb{N}_0 \quad \forall t \geq t_0:$$

$$\sigma_t \in \Gamma_j(\varepsilon_1, \varepsilon_2). \tag{7.16}$$

Hierbei ist

$$\Gamma_j(\varepsilon_1, \varepsilon_2) = [j2\pi + \pi - (\alpha - \nu) - \varepsilon_1, \ (j+1)2\pi - \pi + (\alpha - \nu) + \varepsilon_2].$$

**Bemerkung 7.4.** Für $\varepsilon_1, \varepsilon_2 \to +0$ stimmt die Inklusion (7.16) mit dem Ergebnis aus [64, 127] überein, wobei, wie aus dem Satz von Kosyakin-Sandler [86] folgt, für $\alpha > 2\nu$ die Grenzmenge $\Omega_j$ bezüglich der Trajektorien des Systems (7.10), (7.15) in $\Gamma_j$ ein seltsamer Attraktor ist. (Für $\nu \to +0$ in (7.15) besitzt dieser Attraktor Ähnlichkeit mit dem Attraktor der Abbildung in sich einer schneidenten Ebene entlang der Trajektorien des Lorenz-Systems (1.1) (Poincaré-Abbildung).)

Zum Nachweis der Instabilität in $\Gamma_j$ betrachten wir die Ableitung der Nachfolgerfunktion

$$g_1(\sigma) = \sigma - \alpha F_1(\sigma) \quad \text{für} \quad \sigma \neq \begin{cases} \pi - \nu \\ \pi + \nu \end{cases} \pm k2\pi \quad \text{mit} \quad k \in \mathbb{Z}.$$

Unter Beachtung der Vorschrift (7.15) gilt

$$g_1'(\sigma) = \begin{cases} 1 - \dfrac{\alpha}{\nu}, & -\nu + \pi < \sigma < \nu + \pi, \\[2mm] 1 + \dfrac{\alpha}{\nu}, & \nu - \pi < \sigma < \pi - \nu. \end{cases}$$

Die Ungleichung $|g_1'(\sigma)| > 1$ für obige $\sigma$ ist erfüllt, wenn $2\nu < \alpha$ ist.

### 3. Ziffernphasenkopplungssystem ($F(\Theta) = \text{sign sin } \Theta$)

Gegeben sei ein Ziffernsystem (auch Digitalsystem genannt) erster Ordnung, das aus dem System (7.10) mit der Nichtlinearität $F(\Theta) = \text{sign sin } \Theta$ hervorgeht:

$$\Theta_{t+1} = \begin{cases} \Theta_t - (\alpha - \delta), & \pi > \Theta_t \geq 0, \\[2mm] \Theta_t + (\alpha + \delta), & -\pi \leq \Theta_t < 0, \quad t = 0,1,\ldots. \end{cases}$$

Bezüglich der Parameter setzen wir $\alpha > \delta$ voraus. Wir definieren die Nichtlinearität

$$\overline{F}(\Theta) = \begin{cases} \alpha - \delta, & 0 \leq \Theta < \pi, \\[2mm] -(\alpha + \delta), & -\pi \leq \Theta < 0 \end{cases} \tag{7.17}$$

mit $\overline{F}(\Theta + 2\pi) = \overline{F}(\Theta)$ $(\Theta \in \mathbb{R})$. Die unstetige Nichtlinearität (7.17) entspricht aus technischer Sicht einer „binären Quantelung".

Um den Satz 7.1 anwenden zu können, substituieren wir $\theta = \sigma - \pi$
und erhalten das System

$$\sigma_{t+1} = \sigma_t - \overline{F}(\sigma_t - \pi) = \sigma_t - F_1(\sigma_t), \quad t = 0,1,\ldots \quad (7.18)$$

mit der Nichtlinearität

$$F_1(\sigma) = \begin{cases} \alpha - \delta, & \pi \leqq \sigma < 2\pi, \\ -(\alpha + \delta), & 0 \leqq \sigma < \pi \end{cases}$$

und

$$F_1(\sigma) = F_1(\sigma + 2\pi) \quad (\sigma \in \mathbb{R}).$$

Bei Anwendung des Satzes 7.1 läßt sich sofort aus der Abb. 7.3
für Lösungen $\sigma_t \neq k2\pi$ mit $k \in \mathbb{Z}$ ablesen:

$$\forall \varepsilon_1 \in (0,\ \pi - (\alpha - \delta))\ \ \forall \varepsilon_2 \in (0,\ \pi - (\alpha + \delta))\ \ \exists j \in \mathbb{Z}\ \exists t_0 \in \mathbb{N}_0$$

$$\forall t \geqq t_0 : \sigma_t \in \Gamma_j(\varepsilon_1, \varepsilon_2) \quad (7.19)$$

mit $\Gamma_j(\varepsilon_1, \varepsilon_2) = [\,j2\pi + \pi - (\alpha - \delta) - \varepsilon_1,\ (j+1)2\pi - \pi + (\alpha + \delta) + \varepsilon_2\,].$

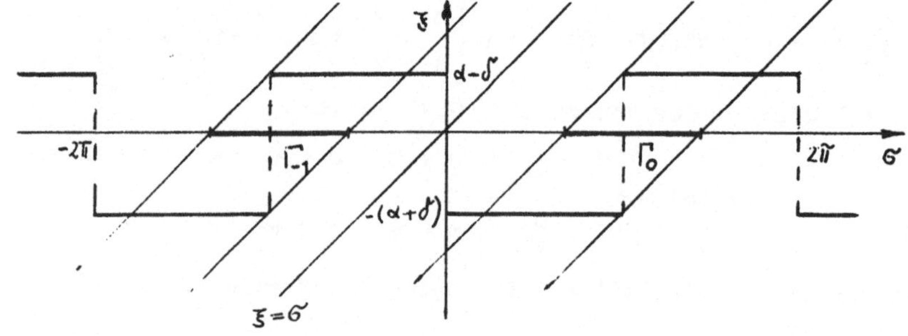


Abb. 7.3
Attraktoren für das System (7.9) mit
der Nichtlinearität $F(\sigma) = \mathrm{sign}\,\sin\,\sigma$

<u>Bemerkung 7.4.</u> Eine stetige Approximation der Nichtlinearität $-$
$\mathrm{sign}\,\sin(\cdot)$ „von oben" auf $(0,\pi)$ und „von unten" auf $(\pi,2\pi)$
wirkt sich i.a. verkleinernd auf die Größe des Attraktors aus.
Als Beispiel nennen wir die in [31], S. 348, benutzte stetige
Approximation $f_\varrho(\cdot)$ für $- \mathrm{sign}\,\sin(\cdot)$ ($\varrho$ ist dabei ein Parameter
aus $(0,\frac{\pi}{2})$):

$$f_\varrho(\theta) = \begin{cases} -\mathrm{sign}\,\theta, & \varrho < \theta < \pi - \varrho \ \ \text{oder} \ \ \pi + \varrho < \theta < 2\pi - \varrho, \\[2mm] \dfrac{\theta - \pi}{\varrho}, & \pi - \varrho \leqq \theta \leqq \pi + \varrho, \\[2mm] -\dfrac{\theta - \pi}{\varrho}, & 0 \leqq \theta \leqq \varrho \qquad \text{oder} \ \ 2\pi - \varrho \leqq \theta \leqq 2\pi + \varrho \end{cases}$$

mit $f_\varrho(\theta) = f_\varrho(\theta + 2\pi)$ $(\theta \in \mathbb{R})$.

Wie aus der Abbildung 7.4 zu ersehen ist, gilt wegen des Satzes
7.1 für das System (7.9) mit der veränderten Nichtlinearität
die Beziehung (7.19) mit $\delta = 0$ und $\alpha - \varrho$ anstelle von $\alpha$.

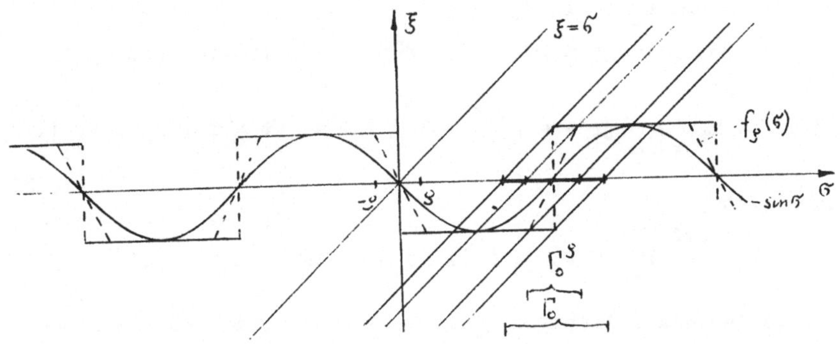


Abb. 7.4

Veränderter Attraktor bei einer Approximation
von $-\mathrm{sign}\,\sin\,\sigma$ durch $f_\varrho(\sigma)$

<u>Bemerkung 7.6.</u> Wir haben uns in den Beispielen darauf be-
schränkt, autonome Systeme der Dimension 1 zu betrachten, da es
in erster Linie darum ging, den Charakter der Bedingung 2) des
Satzes 7.1 anhand von Nichtlinearitäten verschiedener Glattheit
zu veranschaulichen. Bezüglich konkreter Systeme höherer Dimension sei z.B. auf [83'] verwiesen. Auch die in [84] durchgeführ-
te Analyse eines diskreten Systems der automatischen Phasen-
steuerung der Dimension 2 kann im Sinne des Satzes 7.1 präzi-
siert werden.

## 7.3. Beweis des Satzes 7.1

### 1. Konstruktion eines Kegelnetzes

Wegen der Ungleichung (7.5) und der Nichtsingularität von $\chi$ sind
die Bedingungen des diskreten Frequenzsatzes von Yakubovich-
Kalman [134] erfüllt und es existieren eine $n \times n$-Matrix $H = H^*$
und eine Zahl $\varepsilon_1 > 0$, so daß die Ungleichung

$$\frac{1}{\lambda^2}(Ax + b\xi)^* H(Ax + b\xi) - x^* Hx + (\mu c^* x - \xi)c^* x \leqq - \varepsilon_1 \|x\|^2$$

$$(x \in \mathbb{R}^n,\ \xi \in \mathbb{R}) \qquad (7.20)$$

gilt. Wegen dieser Ungleichung und der Bedingung 1) des Satzes
besitzt die Matrix H einen negativen und $n - 1$ positive Eigen-

werte ([129]). Damit folgt aus [36] die Beziehung

$$\{x \mid x^*Hx \leqq 0\} \cap \{x \mid c^*x = 0\} = \{0\}. \tag{7.21}$$

Für einen beliebigen Parameter $\varrho \in \mathbb{R}$ und $r$ aus (7.4) definieren
wir die Funktion $V_\varrho : \mathbb{R}^n \to \mathbb{R}$ durch $V_\varrho(x) = (x - \varrho r)^*H(x - \varrho r)$
und die Menge $\Omega_\varrho = \{x \mid V_\varrho(x) \leqq 0\}$.

Wie in [38] gezeigt wurde, gilt für eine beliebige Lösung $\{x_t\}$
von (7.1):

$$\forall j \in \mathbb{Z} : x_t \xrightarrow[t \to \infty]{} jr \implies [\exists j_0 \in \mathbb{Z} \; \exists T \in \mathbb{N} \; \forall t \geqq T : x_t \in \Gamma_{j_0}].$$
$$\tag{7.22}$$

Dabei ist

$$\Gamma_{j_0} \overset{\text{def}}{=} \Omega_{j_0} \cap \Omega_{j_0+1} \cap \{x \mid j_0 \Delta \leqq c^*x \leqq (j_0 + 1)\Delta\}.$$

Wir wählen ein beliebiges $\gamma_0 \in (0, \frac{\delta_0}{\Delta})$ und zeigen für jede Lösung $\{x_t\}$ von (7.1), die (7.22) genügt und für die

$$\forall t_1 \in \mathbb{N} \; \exists t_2 > t_1 : x_{t_2} \neq j_0 r \tag{7.23}$$

gilt, die Eigenschaft

$$\forall \gamma \in (0, \gamma_0] \; \exists T_\gamma \; \forall t \geqq T_\gamma : x_t \in \Gamma_{j_0,\gamma}, \tag{7.24}$$

wobei

$$\Gamma_{j_0,\gamma} \overset{\text{def}}{=} \Omega_{j_0+\gamma} \cap \Omega_{j_0+1} \cap \{x \mid (j_0 + \gamma)\Delta \leqq c^*x \leqq (j_0 + 1)\Delta\}$$

ist. Für beliebiges $\gamma \in (0, \gamma_0)$ folgt aus (7.21) die Beziehung

$$\{x \mid (x - (j_0 + \gamma)r)^*H(x - (j_0 + \gamma)r) \leqq 0\} \cap \{x \mid c^*x = (j_0 + \gamma)\Delta\} =$$
$$= \{(j_0 + \gamma)r\}.$$

Folglich sind die Mengen

$$\Omega_{j_0+\gamma} \cap \{x \mid (j_0 + \gamma)\Delta \leqq c^*x\} \quad \text{und} \quad \Omega_{j_0+1} \cap \{x \mid c^*x \leqq (j_0 + 1)\Delta\}$$

nach [75] konvex, woraus die Konvexheit von $\Gamma_{j_0,\gamma}$ folgt.

## 2. Bereitstellung einer Ungleichung für $V_\varrho(x_t)$

Wir setzen in die Ungleichung (7.20) die Ausdrücke
$x = x_t - (j_0 + \gamma)r$ und $\xi = \varphi(c^*x_t, t)$:

$$\frac{1}{\lambda^2}[Ax_t + b\varphi(c^*x_t, t) - (j_0 + \gamma)r]^*H[Ax_t + b\varphi(c^*x_t, t) - (j_0 + \gamma)r] -$$
$$- [x_t - (j_0 + \gamma)r]^*H[x_t - (j_0 + \gamma)r] + [\mu c^*(x_t - (j_0 + \gamma)r) - \varphi(c^*x_t, t)] \times$$
$$\times c^*(x_t - (j_0 + \gamma)r) \leqq -\varepsilon_1 \|x_t - (j_0 + \gamma)r\|^2 \quad (t \geqq 0). \tag{7.25}$$

**Indem die** Ungleichung (7.25) mit $\lambda^2$ multipliziert wird, erhält man die Beziehung

$$\Delta V_{j_0+\gamma}(x_t) + (1 - \lambda^2)\, V_{j_0+\gamma}(x_t) \leq -\, \varepsilon_1 \lambda^2 \| x_t - (j_0 + \gamma)r \|^2 -$$

$$-\, \lambda^2 [\mu c^*(x_t - (j_0 + \gamma)r) - \varphi(c^* x_t, t)] c^*(x_t - (j_0 + \gamma)r)$$

$$(t \geq 0), \qquad (7.26)$$

womit mit $\Delta V_{j_0+\gamma}(x_t) \overset{\text{def}}{=} V_{j_0+\gamma}(x_{t+1}) - V_{j_0+\gamma}(x_t)$ die sogenannte erste Differenz auf Grund des Systems (7.1) bezeichnet wird.

3. Invarianz der Menge $\Gamma_{j_0,\gamma}$

Wir werden zeigen, daß für jede Lösung $\{x_t\}$ und einen beliebigen Zeitpunkt $t_0 \geq 0$ aus $x_{t_0} \in \Gamma_{j_0,\gamma}$ die Inklusion $x_t \in \Gamma_{j_0,\gamma}$ $(t \geq t_0)$ folgt. Wir nehmen dazu an, daß dies nicht so ist, d.h. es gibt eine Lösung $\{x_t\}$ von (7.1) und Zeitpunkte $t_0 < t_1$ mit

$$x_t \in \Gamma_{j_0,\gamma} \quad (t_0 \leq t \leq t_1) \quad \text{und} \quad x_{t_1+1} \notin \Gamma_{j_0,\gamma}. \qquad (7.27)$$

Aus der Relation $x_{t_1} \in \Omega_{j_0+\gamma}$ folgt wegen (7.26) unter Benutzung der Ungleichung

$$[\mu c^*(x_{t_1} - (j_0 + \gamma)r) - \varphi(c^* x_{t_1}, t_1)] c^*(x_{t_1} - (j_0 + \gamma)r) \geq 0$$

die Beziehung $x_{t_1+1} \in \Omega_{j_0+\gamma}$. Da außerdem (7.24) gilt, ist die Situation (7.27) nur möglich bei

$$j_0 \Delta \leq c^* x_{t_1+1} < (j_0 + \gamma)\Delta. \qquad (7.28)$$

Um zu zeigen, daß (7.28) nicht realisierbar ist, definieren wir eine Hilfsfunktion. Dazu bezeichnen wir zunächst $z_1 = x_{t_1}$, $\sigma_1 = c^* z_1$ und $\xi_1 = \varphi(\sigma_1, t_1)$ und betrachten in der Menge $\Gamma_{j_0,\gamma}$ einen solchen Punkt $z_2 = (j_0 + \gamma')r$, so daß die Beziehungen $\gamma < \gamma' < \dfrac{\delta_0}{\Delta}$ und $(j_0 + \gamma')\Delta \neq c^* z_1$ gelten. Außerdem führen wir die Bezeichnungen $\sigma_2 = c^* z_2$ und $\xi_2 = \varphi(\sigma_2, t_1)$ ein und nehmen an, daß die Beziehungen $j_0 \Delta < \sigma_1 < \sigma_2 < (j_0 + 1)\Delta$ gelten. Wir definieren die folgende Funktion $\tilde{\varphi}: \mathbb{R} \to \mathbb{R}$ durch

$$
\widetilde{\varphi}(\sigma) = \begin{cases}
\dfrac{\xi_1}{\sigma_1 - j_0\Delta}\,(\sigma - j_0\Delta), & \sigma \in [j_0\Delta, \sigma_1], \\[3mm]
\dfrac{\xi_2 - \xi_1}{\sigma_2 - \sigma_1}\,(\sigma - \sigma_1) + \xi_1, & \sigma \in (\sigma_1, \sigma_2), \\[3mm]
-\dfrac{\xi_2}{(j_0 + 1)\Delta - \sigma_2}\,(\sigma - \sigma_2) + \xi_2, & \sigma \in [\sigma_2, (j_0 + 1)\Delta]
\end{cases}
$$

und $\widetilde{\varphi}(\sigma + \Delta) = \widetilde{\varphi}(\sigma)$ $(\sigma \in \mathbb{R})$.

Es ist leicht zu sehen, daß $\widetilde{\varphi}$ stetig ist und den Bedingungen (7.2), (7.3) und (7.6) genügt.

Mit der Funktion $\widetilde{\varphi}$ definieren wir schließlich die stetige Funktion $f: [0,1] \to \mathbb{R}$ durch

$$f(s) = c^*[A(sz_1 + (1 - s)z_2) + b\widetilde{\varphi}(s\sigma_1 + (1 - s)\sigma_2)] - (j_0 + \gamma)\Delta.$$

Für sie gelten die Beziehungen

$$f(0) = c^*Az_1 + c^*b\widetilde{\varphi}(\sigma_2) - (j_0 + \gamma)\Delta = (j_0 + \gamma') + c^*b\varphi(\sigma_2, t_1) -$$
$$- (j_0 + \gamma)\Delta > (\gamma' - \gamma)\Delta > 0$$

und

$$f(1) = c^*x_{t_1 + 1} - (j_0 + \gamma)\Delta < 0.$$

Wegen der Stetigkeit von $f$ gilt

$$\exists\,\bar{s} \in (0,1) : f(\bar{s}) = 0. \tag{7.29}$$

Da die Menge $\Gamma_{j_0, \gamma}$ konvex ist, gilt die Inklusion

$$\forall\,s \in [0,1] : z(s) \overset{\text{def}}{=} sz_1 + (1 - s)z_2 \in \Gamma_{j_0, \gamma}. \tag{7.30}$$

Damit ist insbesondere $V_{j_0 + \gamma}(z(s)) \leqq 0$ und $c^*z(s) \geqq (j_0 + \gamma)\Delta$ für alle $s \in [0,1]$. Wegen (7.2) ist somit

$$[\mu c^*(z(s) - (j_0 + \gamma)r) - \widetilde{\varphi}(c^*z(s))]c^*[z(s) - (j_0 + \gamma)r] \geqq 0$$
$$(s \in [0,1]).$$

Also erhält man aus (7.25) die Ungleichung

$$V_{j_0 + \gamma}(Az(s) + b\widetilde{\varphi}(c^*z(s))) - V_{j_0 + \gamma}(z(s)) \leqq 0,$$

woraus

$$Az(s) + b\widetilde{\varphi}(c^*z(s)) \in \Omega_{j_0 + \gamma} \quad (s \in [0,1])$$

resultiert.

Aus letzterem und aus (7.29) folgt unter Benutzung von (7.21)
die Beziehung

$$Az(\bar{s}) + b\tilde{\varphi}(c*z(\bar{s})) = (j_o + \gamma)r. \qquad (7.31)$$

Weiter gilt die Ungleichung

$$z(\bar{s}) \neq (j_o + \gamma)r. \qquad (7.32)$$

Wäre nämlich $\bar{s}z_1 + (1 - \bar{s})z_2 = (j_o + \gamma)r$, so implizierte dies
die skalare Gleichung $\bar{s}\sigma_1 + (1 - \bar{s})\sigma_2 = (j_o + \gamma)\Delta$. Laut Konstruktion ist jedoch

$$\bar{s}\sigma_1 + (1 - \bar{s})\sigma_2 > \bar{s}\sigma_1 + (1 - \bar{s})\sigma_1 = \sigma_1 \geqq (j_o + \gamma)\Delta.$$

Aus (7.30), (7.26) und (7.32) folgt die Ungleichung

$$V_{j_o+\gamma}(Az(\bar{s}) + b\tilde{\varphi}(c*z(\bar{s}))) \leqq \lambda^2 V_{j_o+\gamma}(z(\bar{s})) - \varepsilon_1\lambda^2\|z(\bar{s}) -$$
$$(j_o + \gamma)r\|^2 < 0,$$

die der Gleichung (7.31) widerspricht. Der erhaltene Widerspruch beweist die Invarianz der Menge $\Gamma_{j_o,\gamma}$ mit beliebigem

$\gamma \in (0,\gamma_o]$ für die Lösungen von (7.1).

4. <u>Jede Lösung des Systems (7.1) mit der Eigenschaft (7.22) ge-</u>
   <u>langt in die Menge $\Gamma_{j_o,\gamma_o}$</u>

Für den Beweis nehmen wir an, daß es eine solche Lösung $\{x_t\}$
des Systems (7.1) gibt, die (7.22) genügt und für die die Inklusion

$$\forall t \geqq t_o : x_t \in \Gamma_{j_o} \setminus \Gamma_{j_o,\gamma_o} \qquad (7.33)$$

gilt. Wegen der bewiesenen Invarianz existiert ein $\varrho_o \in (0,\gamma_o]$,
so daß die folgenden zwei Eigenschaften (7.34) und (7.35) gelten:

$$\forall t \geqq t_o : x_t \notin \Gamma_{j_o,\varrho_o} \qquad (7.34)$$

und

$$\forall \varepsilon \in (0,\varrho_o) \; \exists t_\varepsilon \in \mathbb{N} \; \forall t \geqq t_\varepsilon : x_t \in \Gamma_{j_o,\varrho_o-\varepsilon}. \qquad (7.35)$$

Als nächstes zeigen wir, daß für die betrachtete Lösung $\{x_t\}$
keine Unterfolge $\{t_i\}$ mit $t_i \to \infty$ für $i \to \infty$ existiert, für die
$\lim_{i \to \infty} x_{t_i} = (j_o + \varrho_o)r$ gilt. Wir nehmen an, daß dies nicht so
ist. Auf Grund der Voraussetzung 2a) des Satzes 7.1 ist
$\varphi_1[(j_o + \varrho_o)\Delta] < 0$. Wegen der Stetigkeit von $\varphi_1$ und der Bedingung 2a) gilt:

$\exists \bar{\delta} > 0 : \|x - (j_0 + \varrho_0)r\| < \bar{\delta} \wedge t \geqq 0 \implies \varphi(c^*x, t) \leqq \varphi_1(c^*x) \leqq$
$$\frac{1}{2} \varphi_1[(j_0 + \varrho_0)\Delta].$$

Wir wählen für eine hinreichend kleine Zahl $\varepsilon > 0$ eine solches $i_\varepsilon$, daß die Eigenschaft

$$\forall i \geqq i_\varepsilon : \|Ax_{t_i} - (j_0 + \varrho_0)r\| < \varepsilon \wedge \|x_{t_i} - (j_0 + \varrho_0)r\| < \bar{\delta}$$

erfüllt ist. Aus (7.20) ergibt sich die Ungleichung $b^*Hb \leqq 0$. Deshalb und wegen $c^*b < 0$ gilt die Einschließung

$$\forall \alpha > 0 : (j_0 + \varrho_0)r + \alpha b \in \text{Int } \Gamma_{j_0, \varrho_0} = \{x \mid V_{j_0 + \varrho_0}(x) < 0\} \cap$$
$$\cap \{x \mid c^*x > (j_0 + \varrho_0)\Delta\}.$$

Dann ist aber für hinreichend kleines $\varepsilon > 0$ auch $x_{t_i+1} \in \text{Int } \Gamma_{j_0, \varrho_0}$ für alle $i \geqq i_\varepsilon$. Aus letzterem folgt jedoch wegen (7.35) die Inklusion $x_t \in \Gamma_{j_0, \varrho_0}$ für alle $t \geqq t_{i_\varepsilon} + 1$, was im Widerspruch zu (7.34) steht.

Es läßt sich resümieren, daß unter Berücksichtigung von (7.35) ein $\bar{\delta} > 0$ existiert, so daß für beliebiges, hinreichend kleines $\varepsilon > 0$ gilt:

$$\exists \delta_\varepsilon > 0 \; \exists t_\varepsilon > 0 \; \forall t \geqq t_\varepsilon : -\varepsilon < V_{j_0 + \varrho_0 - \delta_\varepsilon}(x_t) < 0 \quad \wedge$$

$$\|x_t - (j_0 + \varrho_0 - \delta_\varepsilon)r\| \geqq \bar{\delta} \wedge c^*x_t \geqq c^*(j_0 + \varrho_0 - \delta_\varepsilon)\Delta. \quad (7.36)$$

Mit der letzten Ungleichung aus (7.36) und (7.2) ergibt sich

$\forall t \geqq t_\varepsilon :$

$$[\mu c^*(x_t - (j_0 + \varrho_0 - \delta_\varepsilon)r) - \varphi(c^*x_t, t)]c^*(x_t - (j_0 + \varrho_0 - \delta_\varepsilon)r) \geqq 0.$$
$$(7.37)$$

Aus (7.25), (7.36) und (7.37) folgen die Beziehungen

$$\forall t \geqq t_\varepsilon : \frac{1}{\lambda^2} V_{j_0 + \varrho_0 - \delta_\varepsilon}(x_t) \leqq V_{j_0 + \varrho_0 - \delta_\varepsilon}(x_t) -$$

$$- \varepsilon_1 \|x_t - (j_0 + \varrho_0 - \delta_\varepsilon)r\|^2 \leqq V_{j_0 + \varrho_0 - \delta_\varepsilon}(x_t) - \varepsilon_1 \bar{\delta}^2 \leqq - \varepsilon_1 \bar{\delta}^2$$

und damit

$$V_{j_0 + \varrho_0 - \delta_\varepsilon}(x_t) \leqq - \lambda^2 \varepsilon_1 \bar{\delta}^2.$$

Es ist offensichtlich, daß die letzte Ungleichung und die erste Ungleichung von (7.36) einander widersprechen, wenn $\varepsilon > 0$ hinreichend klein gewählt wird. Damit wurde gezeigt, daß für jede Lösung $\{x_t\}$ von (7.1), für die (7.22) und (7.23) erfüllt sind,

auch (7.24) gilt. Analog läßt sich zeigen, daß für jede Lösung
$\{x_t\}$ von (7.1), die (7.22) und (7.23) (mit $j_o + 1$ anstelle von
$j_o$) genügt, auch bei beliebigem $\gamma \in (0, \frac{\delta_1}{\Delta})$ gilt:

$$\exists t_o \in \mathbb{N}_o \; \forall t \geqq t_o : x_t \in \Omega_{j_o} \cap \Omega_{j_o+1-\gamma} \cap$$

$$\cap \{x \mid j_o \Delta \leqq c^* x \leqq (j_o + 1 - \gamma)\Delta\}.$$

Mit der letzten Bemerkung ist der Beweis des Satzes 7.1 be-
endet. ∎

## 8. Eine Frequenzvariante der Vergleichsmethode von Belych-Nekorkin in der Theorie der Phasensynchronisation

In gewissen Situationen, so beim Nachweis der Beschränktheit
der Lösungen, der Existenz von Kreislösungen und anderen Eigenschaften der Lösungen ist die Methode von V.N. Belych und
V.I. Nekorkin [63, 68 - 70] von Interesse, durch die die Untersuchung auf Systeme niedrigerer Dimension als die des Ausgangs-
systems reduziert wird. Im Abschnitt 8 wird diese Dekomposi-
tionstechnik in bestimmter Weise weiter entwickelt und verallgemeinert. Es werden kontinuierlich und diskret wirkende Systeme der Phasensynchronisation mit einer Nichtlinearität betrachtet und Kriterien der Beschränktheit der Lösungen dieser Systeme bewiesen. Der Nachweis der Beschränktheit der Lösungen in
Systemen der Phasensynchronisation ist von großem praktischen
Interesse, da als Arbeitsregime nur solche gelten können, in
denen die Phasendifferenz zwischen Eichgenerator und abzustim-
mendem Generator eine beschränkte Funktion der Zeit ist. Oft
stellen allerdings die Kriterien für die Beschränktheit aller
Lösungen zu starke Forderungen an den Parameterbereich der entsprechenden Systeme. Es ist deshalb von Interesse, neben Kriterien, die eine Beschränktheit der Lösungen garantieren, auch
hinreichende Bedingungen für die Existenz von Kreislösungen zu
haben. Letztere führen in Systemen der Phasensynchronisation
zu unerwünschten Effekten [127'].

Alle Ergebnisse des vorliegenden Abschnittes, der sich auf die
Arbeit [24] stützt, werden durch die Betrachtung spezieller
mehrdimensionaler Vergleichssysteme mit Hilfe der Methode der
invarianten Kegel [75, 97, 108] und der nichtlokalen Reduktionsmethode [98'] bewiesen.

## 8.1. Kontinuierlich wirkende Systeme der Phasensynchronisation

### 1. Zur Beschreibung kontinuierlich wirkender Systeme der Phasensynchronisation

Gegeben sei ein autonomes System

$$\dot{y} = Py + q\varphi(\sigma), \qquad \sigma = r^*y, \tag{8.1}$$

wobei P eine konstante $n \times n$-Matrix ist, die den Eigenwert Null und n - 1 Eigenwerte mit negativem Realteil hat. Weiter sind q und r n-Vektoren und $\varphi: \mathbb{R} \to \mathbb{R}$ ist eine differenzierbare $2\pi$-periodische Funktion. Unter diesen Voraussetzungen existieren alle Lösungen von (8.1) auf $(0,+\infty)$.

Wir definieren die Übertragungsfunktion des Systems (8.1) vom Eingang $\varphi$ zum Ausgang $-\sigma$:

$$\chi(p) = r^*(P - pI)^{-1}q \quad (p \in \mathbb{C}: \det(P - pI) \neq 0). \tag{8.2}$$

Das System (8.1) läßt sich durch eine lineare Transformation der Veränderlichen ([75]) in die Form

$$\dot{x} = Ax + b\varphi(\sigma),$$
$$\dot{\sigma} = c^*x + \varrho\varphi(\sigma) \tag{8.3}$$

überführen. Hierbei ist A eine konstante Hurwitz-Matrix der Ordnung $(n-1) \times (n-1)$, b und c sind konstante $(n-1)$-Vektoren und $\varrho$ ist eine Zahl. Die Übertragungsfunktion des Systems (8.3) vom Eingang $\varphi$ zum Ausgang $-\dot{\sigma}$ ist

$$K(p) = c^*(A - pI)^{-1}b - \varrho. \tag{8.4}$$

(Die Einheitsmatrix I besitzt jeweils die entsprechende Ordnung.) Die Systeme (8.1) bzw. (8.3) werden in [75] als erste bzw. zweite kanonische Form eines Systems der Phasensynchronisation bezeichnet. Die Übertragungsfunktionen beider Systeme sind durch die Beziehung $\chi(p) = \frac{1}{p} K(p)$ miteinander verknüpft.

Nach Voraussetzung ist die Funktion $\varphi$ stetig und periodisch. Offensichtlich ist sie dann auch beschränkt, d.h. es existieren solche Konstanten $\varphi^-$, $\varphi^+ \in \mathbb{R}$, so daß

$$\varphi^- < \varphi(\sigma) < \varphi^+ \quad (\sigma \in \mathbb{R}) \tag{8.5}$$

gilt. Für die weiteren Darlegungen soll die folgende Prozedur vereinbart werden: Gegeben sei eine echt gebrochene rationale Funktion W, deren Zählerpolynom und Nennerpolynom teilerfremd sind und deren Nennerpolynom nur Nullstellen mit negativem Realteil besitzt. Mit $\Omega$ wird die inverse Laplace-Transformierte der Funktion W bezeichnet. Sie läßt sich berechnen durch

$$\Omega(t) = \frac{1}{2\pi} \int\limits_{-\infty}^{+\infty} W(i\omega)e^{i\omega t}d\omega \qquad (t > 0).$$

Wir definieren die beiden Zahlen $\gamma_1$ und $\gamma_2$ durch

$$\gamma_1 = \varphi^+ \int\limits_{0}^{+\infty} |\Omega(t)|dt \quad \text{und} \quad \gamma_2 = \varphi^- \int\limits_{0}^{+\infty} |\Omega(t)|dt. \qquad (8.6)$$

Bei den getroffenen Voraussetzungen bezüglich W sind diese Größen endlich.

## 2. Kontinuierlich wirkende Systeme der Phasensynchronisation in der ersten kanonischen Form

Satz 8.1. Es seien folgende Bedingungen erfüllt:

1) Die Übertragungsfunktion (8.2) des Systems (8.1) ist darstellbar in der Form

$$\chi(p) = W_1(p)(1 + W_2(p)), \qquad (8.7)$$

wobei $W_1$ und $W_2$ echt gebrochene rationale Funktionen sind, deren Zählerpolynom und Nennerpolynom teilerfremd sind und deren Nennerpolynom den Grad k bzw. $n - k$ ($1 \leqq k \leqq n$) hat. Die Funktion $W_1$ hat Null als Pol, die Funktion $W_2$ hat nur Pole mit negativem Realteil.

2) Es existiert der endliche Grenzwert $\lim\limits_{p \to \infty} p^m W_1(p) > 0$, wobei m eine ganze Zahl mit $1 \leqq m \leqq k$ ist. Außerdem ist $\varphi$ in $\mathbb{R}$ $(m - 1)$-mal stetig differenzierbar.

3) Für alle $\sigma \in \mathbb{R}$ gilt die Ungleichung

$$(\varphi(\sigma) - \gamma_i)(\sigma - \sigma_i) \leqq \mu(\sigma - \sigma_i)^2 \qquad (i = 1,2),$$

wobei $\sigma_1$, $\sigma_2$ und $\mu > 0$ fixierte Zahlen sind. Die Größen $\gamma_1$ und $\gamma_2$ werden durch (8.6) festgelegt, wobei für W die Funktion $-W_2$ aus der Darstellung (8.7) benutzt wird.

4) Es existiert eine Zahl $\lambda > 0$, so daß die Funktion $W_1((\cdot) - \lambda)$ einen positiven (reellen) Pol und $k - 1$ Pole mit negativem Realteil besitzt.

5) Für alle $\omega \in \mathbb{R}$ ist die Ungleichung

$$\text{Re } W_1(i\omega - \lambda) + \mu|W_1(i\omega - \lambda)|^2 \leqq 0$$

erfüllt.

Dann sind alle Lösungen von System (8.1) auf dem Intervall $(0,+\infty)$ beschränkt.

Beweis. Wegen der bezüglich $W_1$ und $W_2$ unter 1) getroffenen Voraussetzungen lassen sich nach [109] reelle Matrizen $P_1$ und $P_2$ der Ordnungen $k \times k$ und $(n - k) \times (n - k)$ sowie Vektoren

$r_1$, $q_1$, $r_2$, $q_2$ der Ordnungen k, k, n - k bzw. n - k angeben, so daß

$$W_1(p) = r_1^*(P_1 - pI)^{-1}q_1 \quad \text{und} \quad W_2(p) = r_2^*(P_2 - pI)^{-1}q_2$$

gilt. Außerdem sind die Paare $(P_1,q_1)$ und $(P_2,q_2)$ vollkommen steuerbar und die Paare $(P_1,r_1)$ und $(P_2,r_2)$ sind vollkommen beobachtbar.

Wir definieren das folgende System

$$\dot{y}_1 = P_1 y_1 + q_1(\varphi(\sigma) - r_2^* y_2),$$
$$\dot{y}_2 = P_2 y_2 + q_2\varphi(\sigma), \tag{8.8}$$
$$\sigma = r_1^* y_1.$$

Indem in (8.8) entsprechende Laplace-Transformationen mit Null-vektoren als Anfangszustände durchgeführt werden, erhält man die Übertragungsfunktion von (8.8) vom Eingang $\varphi$ zum Ausgang $-\sigma$; ($\tilde{y}$ bzw. $\tilde{\varphi}$ bezeichnen die Laplace-Transformierten)

$$\tilde{y}_2 = -(P_2 - pI)^{-1}q_2\tilde{\varphi},$$

$$\tilde{y}_1 = -(P_1 - pI)^{-1}q_1(\tilde{\varphi} + r_2^*(P_2 - pI)^{-1}q_2\tilde{\varphi}).$$

Damit ergibt sich

$$\tilde{\sigma} = -r_1^*(P_1 - pI)^{-1}q_1(1 + r_2^*(P_2 - pI)^{-1}q_2)\tilde{\varphi}$$

oder

$$\tilde{\sigma} = -W_1(p)(1 + W_2(p))\tilde{\varphi}.$$

Es ist also gezeigt worden, daß die Übertragungsfunktionen der Systeme (8.1) und (8.8) übereinstimmen. Deshalb sind diese Systeme äquivalent im Sinne von [109]. Daraus folgt, daß es ausreichend ist, die Beschränktheit der Lösungen von System (8.8) zu zeigen. Die Beschränktheit einer jeden Lösungskomponente $y_2$ folgt sofort aus der Tatsache, daß $P_2$ eine Hurwitz-Matrix ist und $\varphi$ beschränkt ist [126]. Wir beweisen nun die Beschränktheit der Lösungen von (8.8) bezüglich $y_1$ unter Benutzung der Methode der invarianten Kegel [108]. Aus der zweiten Gleichung von (8.8) ergeben sich für beliebige $t \geq t_0 \geq 0$ die Darstellungen

$$y_2(t) = e^{P_2(t-t_0)}y_2(t_0) + \int_{t_0}^{t} e^{P_2(t-\tau)}q_2\varphi(\sigma(\tau))d\tau$$

und

$$r_2^* y_2(t) = r_2^* e^{P_2(t-t_0)} y_2(t_0) + \int_{t_0}^{t} r_2^* e^{P_2(t-\tau)} q_2 \varphi(\sigma(\tau)) d\tau =$$

$$= r_2^* e^{P_2(t-t_0)} y_2(t_0) + \int_{t_0}^{t} \Omega(t - \tau) \varphi(\sigma(\tau)) d\tau. \qquad (8.9)$$

In der Beziehung (8.9) ist

$$\Omega(s) = -\frac{1}{2\pi} \int_{-\infty}^{+\infty} W_2(i\omega) e^{i\omega s} d\omega = r_2^* e^{P_2 s} q_2 \qquad (s > 0),$$

d.h. $\Omega$ ist das Original der Funktion $-W_2$ bei der Laplace-Transformation. Da $P_2$ eine Hurwitz-Matrix ist, ergibt sich für $t \geq t_0$ die Abschätzung

$$\left| r_2^* e^{P_2(t-t_0)} y_2(0) \right| \leq \delta e^{-\varepsilon(t-t_0)} \| y_2(t_0) \| \qquad (8.10)$$

mit Konstanten $\delta > 0$ und $\varepsilon > 0$. ($\| \cdot \|$ ist die Euklidische Norm in $\mathbb{R}^{n-k}$.) Aus den Beziehungen (8.5), (8.6), (8.9), (8.10) und aus $\delta e^{-\varepsilon(t-t_0)} \| y_2(t_0) \| \to 0$ für $t \to + \infty$ folgt, daß für jede Lösung $(y_1, y_2)$ von System (8.8) ein Zeitpunkt $t_1 \geq t_0$ existiert, so daß für alle $t \geq t_1$ die Ungleichung

$$\gamma_2 < r_2^* y_2(t) < \gamma_1 \qquad (8.11)$$

erfüllt ist, wobei $\gamma_1$ und $\gamma_2$ durch (8.6) mit der Funktion $-W_2$ festgelegt werden. Damit sind für das System (8.8) alle Bedingungen des Satzes 2.1 der Arbeit [108] erfüllt. Auf Grund dieses Satzes ist eine beliebige Lösung $(y_1, y_2)$ von System (8.8) auch bezüglich $y_1$ auf einem Intervall $(t_1, +\infty)$ mit $t_1 > 0$ beschränkt. Wegen der Stetigkeit der Lösung auf $(0, +\infty)$ gilt die Beschränktheit auch auf $(0, +\infty)$. ∎

### 3. Kontinuierlich wirkende Systeme in der zweiten kanonischen Form

Satz 8.2. Es seien folgende Bedingungen erfüllt:
1) Die Übertragungsfunktion des Systems (8.3) ist in der Form

$$K(p) = \frac{1}{\alpha_2 p + \beta_2} (\alpha_1 p + \beta_1 + W_1(p)) \qquad (8.12)$$

darstellbar. Dabei ist $W_1$ eine echt gebrochene rationale Funktion, deren Zählerpolynom und Nennerpolynom teilerfremd sind und deren Nennerpolynom den Grad $n - 2$ hat und ein Hurwitz-Polynom ist. Weiter sind $\alpha_1$, $\alpha_2$, $\beta_1$, $\beta_2$ feste Zahlen.
2) Die Funktionen $\beta_1 \varphi(\sigma) + \gamma_1$ ($i = 1,2$) haben genau zwei Nullstellen im Intervall $[0, 2\pi)$ und für alle $\sigma \in \mathbb{R}$ gilt die Beziehung

$$(\beta_1 \varphi'(\sigma))^2 + (\beta_1 \varphi(\sigma) + \gamma_i)^2 \neq 0 \qquad (i = 1,2).$$

3) Alle Lösungen der Differentialgleichungen

$$\alpha_2 \ddot{\sigma} + \beta_2 \dot{\sigma} + \alpha_1 \varphi'(\sigma) \dot{\sigma} + \beta_1 \varphi(\sigma) + \gamma_i = 0 \qquad (i = 1,2) \qquad (8.13)$$

sind beschränkt auf dem Intervall $(0,+\infty)$.

Dann sind alle Lösungen von System (8.3) auf $(0,+\infty)$ beschränkt.

__Bemerkung 8.1.__ In den Bedingungen 2) und 3) des Satzes werden $\gamma_1$ und $\gamma_2$ nach den Formeln (8.6) berechnet, wobei W die Funktion $-W_1$ aus der Darstellung (8.12) ist.

__Beweis von Satz 8.2.__ Da die Funktion $W_1$ nichtsingulär ist, lassen sich nach [109] eine $(n-2) \times (n-2)$-Matrix P und zwei $(n-2)$-Vektoren r und q angeben, so daß $W_1(p) = r^*(P - pI)^{-1}q$ gilt und das Paar $(P,q)$ vollkommen steuerbar ist und das Paar $(P,r)$ vollkommen beobachtbar ist.

Wir betrachten das System

$$\alpha_2 \ddot{\sigma} + \beta_2 \dot{\sigma} + \alpha_1 \varphi'(\sigma) \dot{\sigma} + \beta_1 \varphi(\sigma) + r^*z = 0,$$
$$\dot{z} = Pz + q\varphi(\sigma). \qquad (8.14)$$

Es läßt sich wieder zeigen, daß die Übertragungsfunktionen der Systeme (8.3) und (8.14) vom Eingang $\varphi$ zum Ausgang $-\dot{\sigma}$ übereinstimmen und es deshalb für den Nachweis der Beschränktheit der Lösungen von (8.3) ausreichend ist, die Beschränktheit der Lösungen von (8.14) zu zeigen. Die Beschränktheit der Lösungskomponente z von (8.14) folgt aus der Tatsache, daß P eine Hurwitz-Matrix ist und die Funktion $\varphi$ beschränkt ist. Analog zum Beweis von Satz 8.1 wählen wir wieder die Darstellung

$$r^*z(t) = r^*e^{Pt}z(0) + \int_0^t \Omega(t - \tau)\varphi(\sigma(\tau))d\tau \qquad (t > 0).$$

Damit läßt sich zeigen, daß für ein $t_1 \geq 0$ die Einschließung

$$\gamma_2 < r^*z(t) < \gamma_1 \qquad (t \geq t_1) \qquad (8.15)$$

gilt. Die Zahlen $\gamma_1$ und $\gamma_2$ aus (8.15) lassen sich durch die Formeln (8.6) berechnen, indem für W die Funktion $-W_1$ aus (8.12) benutzt wird. Analog zur Arbeit [63] nennen wir (8.13) Vergleichsdifferentialgleichungen für die erste Gleichung von System (8.14). Auf Grund der Beschränktheit aller Lösungen der Differentialgleichungen (8.13) auf $(0,+\infty)$ und wegen Bedingung 2) des Satzes 8.2 läßt sich wie in [63, 68, 70] die Beschränktheit einer beliebigen Lösung $(z,\sigma)$ von (8.14) bezüglich $\sigma$ auf $(0,+\infty)$ zeigen. ∎

Der folgende Satz garantiert ebenfalls die Beschränktheit aller
Lösungen von System (8.3).

Satz 8.3. Es seien folgende Bedingungen erfüllt:

1) Die Übertragungsfunktion des Systems (8.3) ist darstellbar
   in der Form

$$K(p) = (W_1(p) - \varrho_1)(1 - \frac{1}{Tp + 1} W_2(p)).\qquad (8.16)$$

Dabei sind $W_1$ und $W_2$ echt gebrochene rationale Funktionen,
deren Zählerpolynome und Nennerpolynome teilerfremd sind
und deren Nennerpolynome den Grad $k - 1$ bzw. $n - k$
($1 \leq k \leq n$) haben. Das Nennerpolynom von $W_2$ ist ein Hurwitz-
Polynom. Des weiteren sind $T > 0$ und $\varrho_1$ feste Zahlen.

2) Für alle $\sigma \in \mathbb{R}$ gilt die Ungleichung

$$(\varphi(\sigma) + \gamma_i)^2 + (\varphi'(\sigma))^2 \neq 0 \qquad (i = 1,2).$$

3) Alle Pole der Funktion $W_1(p - \frac{1}{2T})$ haben negative Realteile.

4) Es existiert eine solche Zahl $\varepsilon > 0$, so daß für alle $\omega \geq 0$
   die Ungleichung

$$\varepsilon|W_1(i\omega - \frac{1}{2T}) - \varrho_1|^2 - \operatorname{Re} W_1(i\omega - \frac{1}{2T}) + \varrho_1 \leq 0$$

gilt.

5) Alle Lösungen der Differentialgleichungen zweiter Ordnung

$$\ddot{\theta} + \sqrt{\frac{2\varepsilon}{T}}\,\dot{\theta} + \varphi(\theta) + \gamma_i = 0 \qquad (i = 1,2)$$

sind auf $(0,+\infty)$ beschränkt.

Dann sind alle Lösungen des Systems (8.3) auf $(0,+\infty)$ beschränkt.

Bemerkung 8.2. In den Bedingungen 2) und 5) von Satz 8.3 werden
$\gamma_1$ und $\gamma_2$ nach (8.6) berechnet, indem für die Funktion $W$ die
Funktion $-W_2$ aus (8.16) genommen wird.

Beweis von Satz 8.3. Analog zur Vorgehensweise in den Beweisen
der Sätze 8.1 und 8.2 konstruieren wir ein zu (8.3) im Sinne
von [109] äquivalentes System:

$$\dot{y}_1 = P_1 y_1 + q_1(\psi + \varphi(\sigma)),$$
$$\dot{\sigma} = r_1^* y_1 + \varrho_1(\psi + \varphi(\sigma)),$$
$$T\dot{\psi} + \psi = r_2^* y_2, \qquad\qquad (8.17)$$
$$\dot{y}_2 = P_2 y_2 + q_2 \varphi(\sigma),$$

wobei $P_1$ bzw. $P_2$ konstante reelle Matrizen der Ordnungen
$(k-1) \times (k-1)$ bzw. $(n-k-1) \times (n-k-1)$ sind, $q_1$, $r_1$, $q_2$
bzw. $r_2$ konstante reelle Vektoren der Ordnungen $k-1$, $k-1$,

$n - k - 1$ bzw. $n - k - 1$ sind und die Beziehungen

$$W_1(p) = r_1^*(P_1 - pI)^{-1}q_1 \quad \text{bzw.} \quad W_2(p) = r_2^*(P_2 - pI)^{-1}q_2$$

gelten. (Die entsprechenden Paare sind wieder vollkommen steuerbar bzw. vollkommen beobachtbar.) Wir bestimmen die Übertragungsfunktion von System (8.17) vom Eingang $\varphi$ zum Ausgang $-\tilde{\sigma}$:

$$\tilde{y}_2 = -(P_2 - pI)^{-1}q_2\tilde{\varphi}, \qquad Tp\tilde{\psi} + \tilde{\psi} = -W_2(p)\tilde{\varphi},$$

$$\tilde{\psi} = -\frac{1}{Tp + 1}W_2(p)\tilde{\varphi}, \qquad \tilde{y}_1 = -(P_1 - pI)^{-1}q_1(\tilde{\psi} + \tilde{\varphi}),$$

$$\tilde{\sigma} = -W_1(p)(\tilde{\psi} + \tilde{\varphi}) + \varrho_1(\tilde{\psi} + \tilde{\varphi}) = -(W_1(p) - \varrho_1)(\tilde{\psi} + \tilde{\varphi}) =$$

$$= -(W_1(p) - \varrho_1)\left(1 - \frac{1}{Tp + 1}W_2(p)\right)\tilde{\varphi}.$$

Damit ist gezeigt, daß die Übertragungsfunktionen der Systeme (8.3) und (8.17) übereinstimmen und diese Systeme deshalb im Sinne von [109] einander äquivalent sind. Wir vermerken nun, daß $P_2$ eine Hurwitz-Matrix ist und die Funktion $\varphi$ beschränkt ist. Folglich ist jede Lösung $(y_1, \sigma, \psi, y_2)$ von System (8.17) beschränkt bezüglich $y_2$. Der weitere Beweis basiert auf der Reduktionsmethode für nichtstationäre Nichtlinearitäten (Satz 2, [98']). Aus der Bedingung 5) des Satzes 8.3 folgt ([62], Kap. 1) die Existenz einer hinreichend kleinen Zahl $\delta > 0$, so daß alle Lösungen der Gleichungen

$$\ddot{\theta} + \sqrt{\frac{2\varepsilon}{T}}\,\dot{\theta} + \varphi(\theta) + \gamma_1 + \delta = 0$$

und

$$\ddot{\theta} + \sqrt{\frac{2\varepsilon}{T}}\,\dot{\theta} + \varphi(\theta) + \gamma_2 - \delta = 0$$

auf $(0, +\infty)$ beschränkt sind und folglich die Bedingung 4 des Satzes 2 aus [98'] auch mit diesem $\delta > 0$ erfüllt ist. Indem analoge Überlegungen wie im Beweis des Satzes 8.1 angestellt werden, erhält man, daß für jede Lösung von (8.17) ein Zeitpunkt $t_1$ existiert, so daß für $t \geq t_1$ die Inklusion

$$\gamma_2 < T\dot{\psi}(t) + \psi(t) < \gamma_1 \tag{8.18}$$

gilt. Die Zahlen $\gamma_1$ und $\gamma_2$ werden nach (8.6) berechnet, indem für $W$ die Funktion $-W_2$ aus (8.16) genommen wird. Aus der Gleichung $T\dot{\psi} + \psi = r_2^*y_2$ und der Beziehung (8.18) erhält man für $t > t_1$

$$\psi(t) = e^{-\frac{t-t_1}{T}} \psi(t_1) + \frac{1}{T} \int_{t_1}^{t} e^{-\frac{t-\tau}{T}} r_2^* y_2(\tau) d\tau \leq$$

$$\leq e^{-\frac{t-t_1}{T}} \psi(t_1) + \frac{\gamma_1}{T} e^{-\frac{t}{T}} \int_{t_1}^{t} e^{\frac{\tau}{T}} d\tau = \gamma_1 + e^{\frac{t_1-t}{T}} (\psi(t_1) - \gamma_1).$$

Offensichtlich läßt sich für jede Lösung von System (8.17) ein Zeitpunkt $\bar{t}_0 \geq t_1$ angeben, so daß für $t \geq \bar{t}_0$ die Ungleichung

$$\psi(t) < \gamma_1 + \delta \tag{8.19}$$

gilt.

Vollkommen analog erhält man für $t > t_1$ die Ungleichung

$$\psi(t) \geq e^{-\frac{t-t_1}{T}} \psi(t_1) + \frac{\gamma_2}{T} e^{-\frac{t}{T}} \int_{t_1}^{t} e^{\frac{\tau}{T}} d\tau = \gamma_2 + e^{\frac{t_1-t}{T}} (\psi(t_1) - \gamma_2).$$

Hieraus folgt, daß für jede Lösung von (8.17) ein Zeitpunkt $\bar{\bar{t}}_0 \geq t_1$ existiert, so daß für alle $t \geq \bar{\bar{t}}_0$

$$\psi(t) > \gamma_2 - \delta \tag{8.20}$$

gilt. Wir wählen den Zeitpunkt $t_0 = \max\{\bar{t}_0, \bar{\bar{t}}_0\}$, so daß (8.19) und (8.20) für $t \geq t_0$ gleichzeitig erfüllt sind. Aus dem Erfülltsein von (8.19) und (8.20) ergibt sich insbesondere auch, daß die Bedingung 6 des Satzes 2 aus [98'] erfüllt ist. Um nachzuweisen, daß auch die restlichen Bedingungen dieses Satzes erfüllt sind, ist es ausreichend zu vermerken, daß wegen (8.18) natürlich auch $\gamma_2 - \delta < T\dot{\psi}(t) + \psi(t) < \gamma_1 + \delta$ für $t \geq t_0$ gilt.

Damit ist gezeigt, daß für das System

$$\dot{y}_1 = P_1 y_1 + q_1(\varphi(\sigma) + \psi(t)),$$

$$\dot{\sigma} = r_1^* y_1 + \varrho_1(\varphi(\sigma) + \psi(t))$$

alle Bedingungen des Satzes 2 aus [98'] erfüllt sind und folglich jede Lösung $(y_1, \sigma, \psi, y_2)$ des Systems (8.17) bezüglich $y_1$ und $\sigma$ auf $(t_0, +\infty)$ beschränkt ist. Hieraus ergibt sich die Beschränktheit der Lösungen auf $(0, +\infty)$. ∎

## 4. Zur Existenz von Kreislösungen in kontinuierlich wirkenden Phasensystemen

Wir formulieren nun für das System (8.3) mit $\varrho = 0$ einen Satz, der die Existenz von Kreislösungen im folgenden Sinne garantiert.

Definition 8.1 [75]. Die Lösung $(x, \sigma)$ von System (8.3) heißt eine Kreislösung, wenn es solche Zahlen $\varepsilon > 0$ und $t_o > 0$ gibt, so daß die Ungleichung $\frac{d\sigma(t)}{dt} \geqq \varepsilon$ für $t \geqq t_o$ gilt.

Satz 8.4. Es seien folgende Bedingungen erfüllt:
1) Die Übertragungsfunktion von System (8.3) ist in der Form

$$K(p) = W_1(p)(1 + W_2(p)) \tag{8.21}$$

darstellbar. Dabei sind $W_1$ und $W_2$ echt gebrochene rationale Funktionen, deren Zählerpolynome und Nennerpolynome teilerfremd sind und deren Nennerpolynome den Grad $k - 1$ bzw. $n - k$ $(1 \leqq k \leqq n)$ haben. Die Funktion $W_2$ hat nur Pole mit negativem Realteil. Außerdem existiert der endliche Grenzwert

$$\varepsilon_1 = \lim_{p \to \infty} pW_1(p) > 0.$$

2) Es gilt die Ungleichung

$$\int_0^{2\pi} (\varphi(\sigma) - \gamma_2)d\sigma \leqq 0,$$

wobei $\gamma_2$ nach (8.6) bestimmt wird, indem die Funktion $W$ durch $-W_2$ aus der Darstellung (8.21) ersetzt wird.

Es existiert eine Zahl $\lambda > 0$, mit der folgende Beziehungen gelten:

3) $\operatorname{Re} W_1(i\omega - \lambda) < 0$ für alle $\omega \geqq 0$.

4) $\lim_{\omega \to \infty} \omega^2 \operatorname{Re} W_1(i\omega - \lambda) < 0$.

5) Die Funktion $W_1((\cdot) - \lambda)$ besitzt einen positiven Pol und $k - 2$ Pole mit negativem Realteil.

6) Die Differentialgleichung zweiter Ordnung

$$\ddot{\Theta} + \sqrt{\frac{1}{\varepsilon_1}}\,\lambda\dot{\Theta} + \varphi(\Theta) - \gamma_2 = 0$$

besitzt auf $(0, +\infty)$ eine Kreislösung.

Dann existiert für das System (8.3) auf $(0, +\infty)$ eine Kreislösung.

Beweis. Wir ersetzen das System (8.3) durch das äquivalente System

$$\dot{y}_1 = P_1 y_1 + q_1(\varphi(\sigma) - r_2^* y_2),$$

$$\dot{y}_2 = P_2 y_2 + q_2 \varphi(\sigma), \qquad \dot{\sigma} = r_1^* y_1. \tag{8.22}$$

Hierbei sind $P_1$ und $P_2$ konstante reelle Matrizen der Ordnungen

$(k-1) \times (k-1)$ bzw. $(n-k) \times (n-k)$. Weiter sind $r_1$, $q_1$, $r_2$ bzw. $q_2$ Vektoren der Länge $k - 1$, $k - 1$, $n - k$ bzw. $n - k$. Außerdem gilt

$$W_1(p) = r_1^*(P_1 - pI)^{-1}q_1 \quad \text{und} \quad W_2(p) = r_2^*(P_2 - pI)^{-1}q_2.$$

Es läßt sich wieder zeigen, daß für jede Lösung $(y_1, y_2, \sigma)$ von System (8.22) ein Zeitpunkt $t_o$ existiert, so daß für $t \geq t_o$ die Ungleichung

$$\gamma_2 - r_2^* y_2(t) < 0$$

gilt, wobei $\gamma_2$ nach (8.6) bestimmt wird (W ist dabei durch $-W_2$ aus (8.20) zu ersetzen). Damit sind für das System

$$\dot{y}_1 = P_1 y_1 + q_1(\varphi_1(\sigma) + g(t)),$$
$$\dot{\sigma} = r_1^* y_1, \tag{8.23}$$
$$\varphi_1(\sigma) = \varphi(\sigma) - \gamma_2 \ (\sigma \in \mathbb{R}), \quad g(t) = \gamma_2 - r_2^* y_2(t) \ (t > 0)$$

alle Bedingungen des Satzes 4 aus [97] erfüllt. Aus diesem Satz folgt die Existenz von Kreislösungen für das System (8.23) und damit auch für das System (8.3). ∎

<u>Beispiel 8.1.</u> Wir betrachten ein Phasensystem der Dimension 5 mit der Charakteristik des Phasendetektors $\varphi(\sigma) = \sin \sigma - \gamma$ $(\sigma \in \mathbb{R})$, wobei $\gamma \in (0,1)$ ein fester Parameter ist, und mit der Übertragungsfunktion

$$K(p) = \left(\frac{2}{p + 0.1} + \frac{1}{p + 0.2}\right)\left(1 + \frac{1}{10p + 1} \cdot \frac{1}{p + 1000}\right).$$

Zur Analyse dieses Systems wenden wir den Satz 8.3 an. Die Bedingungen 1) und 3) dieses Satzes sind mit

$$W_1(p) = \frac{2}{p + 0.1} + \frac{1}{p + 0.2}, \quad W_2(p) = \frac{-1}{p + 1000}, \quad T = 10$$

und $\varrho_1 = 0$ erfüllt.

Wir setzen $W = -W_2$ in (8.6) und berechnen

$$\gamma_1 = \frac{1 - \gamma}{1000}, \quad \gamma_2 = \frac{-1 - \gamma}{1000},$$
$$\varphi^- = -1 - \gamma, \quad \varphi^+ = 1 - \gamma,$$
$$\Omega(t) = e^{-1000t} \quad (t > 0).$$

Mit den ermittelten Größen ist auch die Bedingung 2) des Satzes 8.3 erfüllt. Wir überprüfen nun die Bedingung 4) des Satzes 8.3. Zunächst gilt für beliebiges $\omega \in \mathbb{R}$

$$W_1(i\omega - 0.05) = \frac{2}{i\omega + 0.05} + \frac{1}{i\omega + 0.15} = \frac{0.1 - 2i\omega}{0.0025 + \omega^2} + \frac{0.15 - i\omega}{0.0225 + \omega^2},$$

$$\text{Re } W_1(i\omega - 0.05) = \frac{0.1}{0.0025 + \omega^2} + \frac{0.15}{0.0225 + \omega^2} =$$

$$= \frac{0.25\omega^2 + 0.002625}{(0.0025 + \omega^2)(0.0225 + \omega^2)},$$

$$\text{Im } W_1(i\omega - 0.05) = -\frac{2\omega}{0.0025 + \omega^2} - \frac{\omega}{0.0225 + \omega^2},$$

$$|W_1(i\omega - 0.05)|^2 = (\text{Re } W_1)^2 + (\text{Im } W_1)^2 =$$

$$= \frac{9\omega^2 + 0.1225}{(0.0025 + \omega^2)(0.0225 + \omega^2)}.$$

Die Bedingung 4) des Satzes 8.3 ist demnach erfüllt, wenn für ein $\varepsilon > 0$ die Ungleichung

$$\varepsilon(9\omega^2 + 0.1225) - 0.25\omega^2 - 0.002625 \leq 0$$

für alle $\omega \geq 0$ erfüllt ist. Wir fordern deshalb die Richtigkeit der beiden Ungleichungen $9\varepsilon - 0.25 \leq 0$ und $0.1225\varepsilon - 0.002625 \leq 0$. Beide Ungleichungen sind erfüllt, wenn $0 < \varepsilon \leq 0.0214$ genommen wird. Um die Bedingung 5) des Satzes zu überprüfen, müssen wir zeigen, daß alle Lösungen der beiden Differentialgleichungen (wir wählen $\varepsilon = 0.0214$)

$$\ddot{\theta} + 0.0648\dot{\theta} + \sin\theta - \gamma + 0.001(1 - \gamma) = 0$$

und

$$\ddot{\theta} + 0.0648\dot{\theta} + \sin\theta - \gamma - 0.001(1 + \gamma) = 0$$

beschränkt auf $(0,+\infty)$ sind. Wegen $-1 - \gamma < 1 - \gamma$ genügt es, dieses Ergebnis für die zweite Differentialgleichung nachzuweisen. Wir benutzen dazu die Ergebnisse aus [70'] und erhalten damit, daß für $\gamma < 0.05$ die Lösungen der beiden Differentialgleichungen beschränkt sind. Auf Grund des Satzes 8.3 sind also für $\gamma < 0.05$ alle Lösungen des eingangs betrachteten Phasensystems der Dimension 5 auf $(0,+\infty)$ beschränkt.

## 8.2. Diskrete Systeme der Phasensynchronisation

In diesem Punkt wird gezeigt, wie ein Teil der bisher für kontinuierlich wirkende Systeme erhaltenen Ergebnisse prinzipiell auch auf diskret wirkende Phasensysteme übertragbar ist.

Gegeben sei ein diskretes System der Phasensynchronisation

$$y_{t+1} = Py_t + q\varphi(\sigma_t), \qquad \sigma_t = r\overset{*}{y}_t, \qquad t = 0,1,\ldots, \qquad (8.24)$$

wobei $P$ eine konstante $n \times n$-Matrix ist, die den Eigenwert 1 und $n - 1$ Eigenwerte innerhalb des Einheitskreises hat; $q$ und $r$ sind konstante n-Vektoren. Die Funktion $\varphi\colon \mathbb{R} \to \mathbb{R}$ ist $2\pi$-periodisch und stetig. Außerdem sei sie beschränkt mit $\varphi_- < \varphi(\sigma) < \varphi_+$ $(\sigma \in \mathbb{R})$. Wir bezeichnen mit $\chi(p) = r^*(P - pI)^{-1}q$ die Übertragungsfunktion des linearen Teils von System (8.24) vom Eingang $\varphi$ zum Ausgang $-\sigma$.

<u>Folgende Prozedur wird vereinbart:</u> Gegeben sei eine echt gebrochene rationale Funktion $W$. Das Zählerpolynom und das Nennerpolynom von $W$ mögen teilerfremd sein und die Pole von $W$ mögen innerhalb des Einheitskreises liegen. Dann ist es sinnvoll, das Original der z-Transformation $\Omega_t$ (d.h. die inverse z-Transformierte) von $W$ zu bestimmen:

$$\Omega_t = \frac{1}{2\pi i} \oint_{|z|=1} z^{t-1} W(z)\,dz \qquad (t = 1,2,\ldots).$$

Die Kreislinie $|z| = 1$ ist dabei positiv orientiert. Schließlich definieren wir die beiden Ausdrücke

$$\gamma_1 = \varphi_+ \sum_{t=1}^{\infty} |\Omega_t| \qquad \text{und} \qquad \gamma_2 = \varphi_- \sum_{t=1}^{\infty} |\Omega_t|. \qquad (8.25)$$

Bei den bezüglich $W$ gemachten Voraussetzungen sind diese Größen endlich.

<u>Satz 8.5.</u> Es seien folgende Bedingungen erfüllt:

1) Die Übertragungsfunktion $\chi$ des Systems (8.24) ist darstellbar als

$$\chi(p) = W_1(p)(1 + W_2(p)). \qquad (8.26)$$

Dabei sind $W_1$ und $W_2$ echt gebrochene rationale Funktionen, deren Zählerpolynome den Grad $k$ bzw. $n - k$ $(1 \le k \le n)$ haben. Die Funktion $W_1$ hat 1 als Pol, die Funktion $W_2$ hat nur Pole innerhalb des Einheitskreises.

2) Es existiert ein endlicher Grenzwert $\lim\limits_{p \to \infty} p^m W_1(p) > 0$, wobei $m$ eine ganze Zahl mit $1 \le m \le k$ ist.

3) Für alle $\sigma \in \mathbb{R}$ gelten die Ungleichungen

$$(\varphi(\sigma) - \gamma_1)(\sigma - \gamma_1) \le \mu(\sigma - \sigma_i)^2 \qquad (i = 1,2).$$

Dabei sind $\sigma_1$, $\sigma_2$ und $\mu > 0$ fixierte Zahlen. Die Größen $\gamma_1$ und $\gamma_2$ werden durch (8.25) festgelegt, wenn in der dort angegebenen Prozedur für $W$ die Funktion $-W_2$ aus der Darstellung (8.26) benutzt wird.

4) Es existiert eine Zahl $\lambda \in (0,1)$, so daß die Funktion $W_1(\lambda p)$
   einen Pol außerhalb und $k - 1$ Pole innerhalb des Einheitskreises besitzt.

5) Für alle komplexen p mit $|p| = 1$ ist die Ungleichung

$$\text{Re } W_1(\lambda p) + \mu |W_1(\lambda p)|^2 \leqq 0$$

erfüllt.

Dann sind alle Lösungen des Systems (8.24) für $t > 0$ beschränkt.

## 1. Hilfsaussagen

Bevor wir zum Beweis des Satzes 8.5 kommen, muß noch ein Ergebnis bereitgestellt werden, das man als diskretes Analogon zum
Satz 2.1 der Arbeit [108] betrachten kann. Wir nehmen an, daß
ein diskretes System der Phasensynchronisation in der Form

$$x_{t+1} = Ax_t + b(\varphi(\sigma_t,t) + f(\sigma_t,x_t,t)),$$
$$\sigma_t = c^*x_t, \quad t = 0,1,\ldots \tag{8.27}$$

gegeben ist, wobei A eine nichtsinguläre $n \times n$-Matrix ist, b und
c n-Vektoren sind und $\varphi(\sigma,t)$, $f(\sigma,x,t)$ skalare Funktionen der
Argumente $t \in \mathbb{N}_0, \sigma \in \mathbb{R}$ und $x \in \mathbb{R}^n$ sind, die stetig bezüglich $\sigma$
und x sind und für die bei beliebigen Argumenten aus dem Defi-
nitionsbereich gilt:

$$\alpha < f(\sigma,x,t) < \beta, \tag{8.28}$$

$$(\varphi(\sigma,t) + \alpha)(\sigma - \sigma_1) \leqq \mu(\sigma - \sigma_1)^2,$$
$$(\varphi(\sigma,t) + \beta)(\sigma - \sigma_2) \leqq \mu(\sigma - \sigma_2)^2,$$
$$\varphi(\sigma + 2\pi, t) = \varphi(\sigma,t), \tag{8.29}$$
$$f(\sigma + 2\pi, x,t) = f(\sigma,x,t).$$

Dabei sind $\alpha$, $\beta$, $\sigma_1$, $\sigma_2$ und $\mu$ bestimmte Zahlen. Wir setzen voraus, daß für jeden n-Vektor h, für den $Ah = h$ gilt, auch
$f(\sigma, x+h, t) = f(\sigma,x,t)$ für alle $\sigma,x,t$ aus dem Definitionsbereich ist. Wir bezeichnen $n(p) = \det(pI - A)$,
$\chi(p) = c^*(A - pI)^{-1}b$ und $m(p) = n(p)\chi(p)$. Wie in [38] gezeigt
wurde existieren für den Fall, daß $\chi$ nichtsingulär ist, n-Vektoren $x_1$ und $x_2$, die den Bedingungen $c^*x_1 = \sigma_1$, $c^*x_2 = \sigma_2$,
$Ax_1 = x_1$, $Ax_2 = x_2$ genügen.

<u>Satz 8.6.</u> Es seien folgende Bedingungen erfüllt:

1) Es gibt eine Zahl k, $1 \leq k \leq n$, so daß der endliche Grenzwert $\lim\limits_{p \to \infty} p^k \chi(p) > 0$ existiert.

2) Es gibt eine Zahl $\lambda \in (0,1)$, so daß das Polynom $n(\lambda p)$ eine
   Nullstelle außerhalb des Einheitskreises und $n - 1$ Null-

stellen innerhalb des Einheitskreises besitzt und für alle komplexen p mit $|p| = 1$ die Ungleichung

$$\text{Re } \chi(\lambda p) + \mu|\chi(\lambda p)|^2 \leqq 0$$

erfüllt ist.

Dann ist jede Lösung $\{x_t\}$ des Systems (8.27) beschränkt für $t > 0$.

Für den Beweis des Satzes 8.6 benötigen wir einige Lemmata.

**Lemma 8.1.** Gegeben seien die $n \times n$-Matrix $H = H^*$, die einen negativen und $n - 1$ positive Eigenwerte hat, und die $n \times n$-Matrix A. Es seien weiter $b \neq 0$ und c zwei n-Vektoren und $\lambda \neq 0$ bzw. $\mu > 0$ zwei Zahlen, mit denen die Ungleichung

$$\frac{1}{\lambda^2}(Ax + b\xi)^*H(Ax + b\xi) - x^*Hx + (\mu c^*x - \xi)c^*x \leqq 0 \qquad (8.30)$$

für alle $x \in \mathbb{R}^n$ und $\xi \in \mathbb{R}$ erfüllt ist. Dann gilt

$$\{x \mid x^*Hx < 0\} \cap \{x \mid c^*x = 0\} = \emptyset.$$

**Beweis.** Wegen der Eigenwertverteilung von H und der Ungleichung $b \neq 0$ existiert nach [75] ein Vektor $h \in \mathbb{R}^n$, so daß

$$\{x \mid x^*Hx \leqq 0\} \cap \{x \mid h^*x = \} = \{0\}, \qquad h^*b \neq 0 \qquad (8.31)$$

gilt. Wir nehmen an, daß die Aussage des Lemmas nicht stimmt. Dann existiert also ein $x_0 \in \mathbb{R}^n$ mit $c^*x_0 = 0$ und $x_0^*Hx_0 < 0$. Wird dieses $x_0$ für x in (8.30) eingesetzt, so erhält man die Ungleichung

$$(Ax_0 + b\xi)^*H(Ax_0 + b\xi) < 0 \qquad (\xi \in \mathbb{R}). \qquad (8.32)$$

Andererseits läßt sich wegen $h^*b \neq 0$ ein $\xi_0$ so bestimmen, daß

$$h^*[Ax_0 + b\xi_0] = 0 \qquad (8.33)$$

ist. Aus (8.31), (8.32) und (8.33) ergibt sich aber $Ax_0 + b\xi_0 = 0$, was einen Widerspruch zu (8.32) darstellt. ∎

**Lemma 8.2.** Gegeben seien eine $n \times n$-Matrix $H = H^*$, ein Vektor $h \in \mathbb{R}^n$ mit $\{x \mid x^*Hx \leqq 0\} \cap \{x \mid h^*x = 0\} = \{0\}$ und die Menge $K := \{x \mid x^*Hx \leqq 0\} \cap \{x \mid h^*x \geqq 0\}$. Es mögen eine nichtsinguläre $n \times n$-Matrix A, ein n-Vektor c und zwei Zahlen $\lambda \neq 0$ und $\mu > 0$ existieren, so daß

$$\frac{1}{\lambda^2} x^*A^*HAx - x^*Hx \leqq -\mu(c^*x)^2 \qquad (x \in \mathbb{R}^n) \qquad (8.34)$$

ist. Außerdem sei das Paar (A,c) vollkommen beobachtbar. Dann gilt:

(i)   Wenn A einen Eigenwert $\varrho$ mit $\frac{\varrho^2}{\lambda^2} - 1 > 0$ und $\varrho > 0$ hat, so
      haben wir

$$AK \subset K \quad \text{und} \quad A(-K) \subset (-K). \tag{8.35}$$

(ii) Wenn A einen Eigenwert $\varrho$ mit $\frac{\varrho^2}{\lambda^2} - 1 > 0$ und $\varrho < 0$ hat, so
     haben wir

$$AK \subset (-K) \quad \text{und} \quad A(-K) \subset K. \tag{8.36}$$

<u>Beweis (i).</u> Wir betrachten einen zu $\varrho$ gehörigen Eigenvektor r.
Wegen der Beobachtbarkeit von (A,c) gilt $c^*r \neq 0$. Wir setzen
in (8.34) x = r und erhalten

$$(\frac{\varrho^2}{\lambda^2} - 1)r^*Hr \leqq -\mu(c^*r)^2 < 0.$$

Hieraus folgt $r^*Hr < 0$. O.B.d.A. sei $h^*r > 0$. Wir zeigen die
erste der Inklusionen (8.35) indirekt: Es werde angenommen, daß
es ein $x_0 \in K$ ($x_0 \neq 0$!) mit $Ax_0 \notin K$ gibt. Aus (8.34) folgt
$Ax_0 \in \{x \mid x^*Hx \leqq 0\}$. Deshalb muß $h^*Ax_0 < 0$ sein ($h^*Ax_0 = 0$ würde
$Ax_0 = 0$ bzw. $x_0 = 0$ implizieren). Wie in [75] gezeigt wird, ist
die Menge K konvex. Wir können deshalb dort die Strecke
$tx_0 + (1 - t)r \in K$ betrachten und darauf die Funktion
$f(t) = h^*A[tx_0 + (1 - t)r]$ definieren. Offensichtlich ist
$f(0) > 0$ und $f(1) < 0$. Folglich existiert ein $t_0 \in (0,1)$ mit
$f(t_0) = 0$. Wegen

$$(A[t_0x_0 + (1 - t_0)r])^*H(A[t_0x_0 + (1 - t_0)r]) \leqq 0$$

gilt damit sofort

$$A[t_0x_0 + (1 - t_0)r] = 0.$$

Wegen der Nichtsingularität von A ergibt sich aus der letzten
Beziehung $t_0x_0 + (1 - t_0)r = 0$. Folglich ist

$$x_0 = -\frac{1 - t_0}{t_0} r \quad \text{und} \quad h^*x_0 = -\frac{1 - t_0}{t_0} h^*r < 0,$$

woraus sich $x_0 \notin K$ ergibt. Der erhaltene Widerspruch beweist
die erste Beziehung von (8.35). Die zweite Beziehung (8.35) sowie (8.36) insgesamt lassen sich analog beweisen. ∎

Wir formulieren nun das folgende Lemma, das leicht ein Ergebnis
aus [108] modifiziert.

<u>Lemma 8.3.</u> Gegeben seien eine $n \times n$-Matrix $H = H^*$, die einen
negativen und $n - 1$ positive Eigenwerte hat, und ein Vektor
$c \in R^n$, so daß

$$\{x \mid x^*Hx < 0\} \cap \{x \mid c^*x = 0\} = \emptyset$$

ist. Dann existiert ein Vektor $h \in \mathbb{R}^n$, $h \neq 0$, so daß gilt

$$\{x \mid x^*Hx \leqq 0\} \cap \{x \mid h^*x = 0\} = \{0\}, \tag{8.37}$$

$$\{x \mid x^*Hx < 0, \ c^*x < 0\} = \{x \mid x^*Hx < 0, \ h^*x < 0\}, \tag{8.38}$$

$$\{x \mid x^*Hx \leqq 0, \ h^*x \leqq 0\} \subset \{x \mid x^*Hx \leqq 0, \ c^*x \leqq 0\}, \tag{8.39}$$

$$\{x \mid x^*Hx \leqq 0, \ c^*x < 0\} \subset \{x \mid x^*Hx \leqq 0, \ h^*x \leqq 0\}. \tag{8.40}$$

**Lemma 8.4.** Es seien die Voraussetzungen von Lemma 8.1 erfüllt
und es existiere für ein ganzes m, $1 \leqq m \leqq n$, der endliche
Grenzwert

$$\lim_{p \to \infty} p^m c^*(A - pI)^{-1} b > 0. \tag{8.41}$$

Dann existiert ein Vektor $h \in \mathbb{R}^n$, $h \neq 0$, so daß die Beziehungen
(8.37) - (8.40) erfüllt sind und außerdem

$$b \in \{x \mid x^*Hx \leqq 0, \ h^*x \leqq 0\} \tag{8.42}$$

gilt.

**Beweis.** Die Bedingungen des Lemmas 8.3 sind erfüllt. Damit gibt
es ein $h \in \mathbb{R}^n$, so daß (8.37) - (8.40) gelten. Wir werden zeigen, daß mit diesem Vektor h auch (8.42) erfüllt ist. Wird
$x = 0$ in (8.30) eingesetzt, so erhält man die Beziehung

$$\frac{1}{\lambda^2} \xi^2 b^*Hb \leqq 0 \quad (\xi \in \mathbb{R}),$$

woraus sich

$$b^*Hb \leqq 0 \tag{8.42'}$$

ergibt. Aus (8.41) erhält man

$$\lim_{p \to \infty} p^m c^*(A - pI)^{-1} b = -c^*A^{m-1} b > 0. \tag{8.43}$$

Außerdem ergibt sich wegen (8.30) und (8.42') auch

$$(A^{m-1}b)^*H(A^{m-1}b) \leqq 0. \tag{8.44}$$

Wegen (8.43) und (8.44) folgt aus (8.40)

$$A^{m-1}b \in \{x \mid x^*Hx \leqq 0, \ h^*x < 0\}. \tag{8.45}$$

Im ersten Teil des Beweises von Lemma 8.2 wird gezeigt, daß bei
Zugehörigkeit von x zu einer der beiden Mengen

$$\{x \mid x^*Hx \leqq 0, \ h^*x < 0\} \quad \text{oder} \quad \{x \mid x^*Hx \leqq 0, \ h^*x > 0\}$$

auch Ax zu der jeweiligen Menge gehört. In einer der beiden
Mengen liegt wegen (8.42') und $b \neq 0$ der Vektor b. Damit (8.45)
erfüllt ist, muß wegen (8.38) auch (8.42) gelten.

**Beweis von Satz 8.6.** Wegen der Voraussetzung 2) des Satzes und
der Nichtsingularität von $\chi$ sind die Bedingungen des diskreten

Frequenzsatzes von Yakubovich-Kalman [134, 121] erfüllt. Auf
Grund dieses Satzes existiert eine $n \times n$-Matrix $H = H^*$, so daß

$$\frac{1}{\lambda^2}(Ax + b\xi)^*H(Ax + b\xi) - x^*Hx + (\mu c^*x - \xi)c^*x \leqq 0 \qquad (8.46)$$

$$(x \in \mathbb{R}^n, \; \xi \in \mathbb{R})$$

gilt. Wird in (8.46) $\xi = 0$ gesetzt, so erhält man die Beziehung

$$\frac{1}{\lambda^2} x^*A^*HAx - x^*Hx \leqq -\mu(c^*x)^2 \qquad (x \in \mathbb{R}^n). \qquad (8.47)$$

Da das Paar $(\frac{1}{\lambda} A, \; b)$ vollkommen beobachtbar ist (folgt aus der
Nichtsingularität von $\chi$) und die Matrix $\frac{1}{\lambda} A$ einen Eigenwert
außerhalb und $n - 1$ Eigenwerte innerhalb des Einheitskreises
besitzt, ist wegen (8.47) nach [129] det $H \neq 0$. Aus [129] folgt
weiter, daß $H$ einen negativen und $n - 1$ positive Eigenwerte besitzt. Mit dem Lemma 8.1 erhält man

$$\{x \mid x^*Hx < 0\} \cap \{x \mid c^*x = 0\} = \emptyset. \qquad (8.48)$$

Außerdem können wir das Lemma 8.4 anwenden, womit sich ein Vektor $h \neq 0$ bestimmen läßt, so daß die Beziehungen (8.37) - (8.40)
und (8.42) mit der Matrix $H$ aus (8.46) und den Größen $c$ und $b$
aus System (8.24) gelten. Wir definieren einen Vektor $r \in \mathbb{R}^n$
so, daß

$$Ar = r, \qquad c^*r = 2\pi, \qquad f(\sigma, \; x + r, \; t) = f(\sigma, x, t) \qquad (8.49)$$

für alle $t \in \mathbb{N}_0$, $\sigma \in \mathbb{R}$ und $x \in \mathbb{R}^n$ gilt. Um die Existenz eines
solchen Vektors zu zeigen, ist es ausreichend zu bemerken, daß
für jeden Vektor $r_1 \neq 0$ mit $Ar_1 = r_1$ (solche existieren laut
Voraussetzung) $c^*r_1 \neq 0$ ist. Andernfalls wäre nämlich auch
$c^*A^k r_1 = 0$ $(k = 0,1,\ldots,n-1)$, was einen Widerspruch zur voll-
kommenen Beobachtbarkeit von $(A,c)$ darstellt. Setzen wir den
Vektor $r$ aus (8.49) in (8.47) ein, so erhalten wir

$$(\frac{1}{\lambda^2} - 1)r^*Hr \leqq -\mu 4\pi^2 < 0. \qquad (8.50)$$

Wegen $\lambda \in (0,1)$ ergibt sich aus (8.50) sofort $r^*Hr < 0$, was im
weiteren gebraucht wird. Wir definieren zwei Zahlen $\varrho_1$ und $\varrho_2$
durch $\varrho_1 = \frac{\sigma_1}{2\pi}$ und $\varrho_2 = \frac{\sigma_2}{2\pi}$ und erklären die beiden Funktionen

$$V(x) = (x - \varrho_1 r)^*H(x - \varrho_1 r) \quad \text{und} \quad U(x) = (x - \varrho_2 r)^*H(x - \varrho_2 r)$$

für beliebige $x \in \mathbb{R}^n$. Weiter definieren wir die Menge

$$\Gamma_0 = \{x \mid V(x) \leqq 0, \; h^*(x - \varrho_1 r) \leqq 0\}$$

und zeigen deren Invarianz bezüglich System (8.27), wobei Invarianz wie im stetigen Fall verstanden wird. Wir betrachten

einen beliebigen Punkt $x_0 \in \text{Int } \Gamma_0$, einen beliebigen Zeitpunkt $t_0 \geqq 0$ und die Strecke $z(s) = (1 - s)(\varrho_1 - 1)r + sx_0$ ($s \in [0,1]$). Offensichtlich gilt $z(0) = (\varrho_1 - 1)r \in \text{Int } \Gamma_0$. Wegen (8.48) und (8.37) - (8.40) ist die Menge $\Gamma_0$ konvex ([36]). Damit erhält man zusammen mit (8.38)

$$z(s) \in \text{Int } \Gamma_0 \qquad (s \in [0,1]). \qquad (8.51)$$

Wir setzen in die Ungleichung (8.46)

$$x = z(s) - \varrho_1 r,$$

$$\xi = \varphi(c^*z(s),t_0) + f(c^*x_0,x_0,t_0)$$

sowie

$$y(s) = A(z(s) - \varrho_1 r) + b(\varphi(c^*z(s),t_0) + f(c^*x_0,x_0,t_0))$$

und erhalten

$$\frac{1}{\lambda^2}\, y(s)^*Hy(s) - (z(s) - \varrho_1 r)^*H(z(s) - \varrho_1 r) + [\mu c^*(z(s) - \varrho_1 r) -$$

$$- \varphi(c^*z(s),t_0) - f(c^*x_0,x_0,t_0)]c^*(z(s) - \varrho_1 r) \leqq \theta \qquad (8.52)$$

$$(s \in [0,1]).$$

Aus (8.51) und (8.29) folgt die Ungleichung

$$\varphi(c^*z(s),t_0) + \alpha \geqq \mu c^*(z(s) - \varrho_1 r) \qquad (s \in [0,1]).$$

Somit gilt wegen (8.28)

$$\mu c^*(z(s) - \varrho_1 r) - \varphi(c^*z(s),t_0) - f(c^*x_0,x_0,t_0) \leqq$$

$$\leqq \alpha - f(c^*x_0,x_0,t_0) < 0 \qquad (s \in [0,1]). \quad (8.53)$$

Auf Grund der Ungleichung (8.53) erhält man aus (8.51) und (8.52) die Beziehung

$$y^*(s)Hy(s) < 0 \qquad (s \in [0,1]). \qquad (8.54)$$

Die Ungleichung (8.54) zeigt, daß $y(s)$ ständig in einer Hälfte des Doppelkegels $\{x \mid x^*Hx \leq 0\}$ bleibt. Für $s = 0$ gilt aber wegen der Periodizität und Stetigkeit von $\varphi(\sigma,t)$ bezüglich $\sigma$ die Beziehung

$$y(0) = A(\varrho_1 - 1)r + b(\varphi(c^*(\varrho_1 - 1)r,\, t_0) + f(c^*x_0,x_0,t_0)) =$$

$$= (\varrho_1 - 1)r + b(\varphi(\sigma_1,t_0) + f(c^*x_0,x_0,t_0)) = (\varrho_1 - 1)r +$$

$$+ b(-\alpha + f(c^*x_0,x_0,t_0)).$$

Damit liegt aber wegen der Konvexität von $\text{Int } \Gamma_0$, (8.28) und (8.42) auch $y(0)$ in $\text{Int } \Gamma_0$. Folglich befindet sich $y(s)$ für $s \in [0,1]$ in $\text{Int } \Gamma_0$, insbesondere also auch

$$y(1) = Ax_0 + b(\varphi(c^*x_0,t_0) + f(c^*x_0,x_0,t_0)).$$

Auf Grund der Abgeschlossenheit von $\Gamma_0$ überträgt sich die Invarianz auch auf die Randpunkte.

Nun betrachten wir die Mengen

$$\Gamma_j = \{x \mid V(x - jr) \leqq 0,\ h^*(x - \varrho_1 r - jr) \leqq 0\},$$

wobei $j$ eine beliebige ganze Zahl ist. Es sei $x_0 \in \Gamma_j$. Damit ist $x_0 - jr \in \Gamma_0$ und wir erhalten mit dem schon Bewiesenen

$$x_t(t_0,\ x_0 - jr) \in \Gamma_0 \quad (t \geq t_0), \tag{8.55}$$

wobei mit $x_t(t_0,z_0)$ eine beliebige Lösung von (8.27) bezeichnet wird, für die $x_{t_0}(t_0,z_0) = z_0$ ist. Wegen der getroffenen Voraussetzungen handelt es sich bei (8.27) um ein Phasensystem und deshalb ist, wie aus [2] folgt, für beliebiges ganzes $j$

$$x_t(t_0,\ x_0 - jr) = x_t(t_0,x_0) - jr \quad (t \geq t_0).$$

Aus (8.55) folgt also $x_t(t_0,x_0) \in \Gamma_j$ $(t \geq t_0)$. Die bisherigen Invarianzaussagen bezüglich (8.27) lassen sich auch auf die Mengen

$$\Phi_j = \{x \mid U(x - jr) \leqq 0,\ h^*(x - \varrho_2 r - jr) \geqq 0\}$$

mit ganzzahligem $j$ übertragen. Analog zu [75] kann man zeigen, daß sich für beliebiges $x_0 \in \mathbb{R}^n$ solche $i_0$ und $j_0$ angeben lassen, daß $x_0 \in \Gamma_{i_0} \cap \Phi_{j_0}$ gilt. Damit erhält man aber $x_t(t_0,x_0) \in \Gamma_{i_0} \cap \Phi_{j_0}$ für alle ganzen $t \geq t_0$. Wie aus [75, 97] folgt, ist auf Grund der Beziehung (8.31) die Menge $\Gamma_{i_0} \cap \Phi_{j_0}$ beschränkt. ∎

## 2. Der Beweis von Satz 8.5

Wegen der Nichtsingularität der Funktionen $W_1$ und $W_2$ lassen sich Matrizen $P_1,P_2$ der Formate $k \times k$, $(n-k) \times (n-k)$ und Vektoren $r_1,q_1,r_2,q_2$ der entsprechenden Formate $k$, $k$, $n-k$ bzw. $n-k$ finden, so daß für alle zulässigen $p \in \mathbb{C}$

$$W_1(p) = r_1^*(P_1 - pI)^{-1}q_1 \quad \text{und} \quad W_2(p) = r_2^*(P_2 - pI)^{-1}q_2$$

gilt. Außerdem sind die Paare $(P_1,q_1)$ und $(P_2,q_2)$ vollkommen steuerbar und die Paare $(P_1,r_1)$ und $(P_2,r_2)$ sind vollkommen beobachtbar. Wir definieren damit das folgende System

$$\begin{aligned}
x_{t+1} &= P_1 x_t + q_1(\varphi(\sigma_t) - r_2^* z_t), \\
z_{t+1} &= P_2 z_t + q_2\varphi(\sigma_t), \\
\sigma_t &= r_1^* x_t, \qquad t = 0,1,\ldots
\end{aligned} \tag{8.56}$$

Wenn wir in (8.56) die z-Transformation mit Nullvektoren als
Anfangszustände durchführen, so erhalten wir, daß die Übertragungsfunktion von (8.56) vom Eingang $\varphi$ zum Ausgang $-\sigma$ mit
der Funktion $\chi$ übereinstimmt. Daraus folgt, daß es für den Beweis von Satz 8.5 ausreichend ist, die Beschränktheit der Lösungen von (8.56) zu zeigen. Die Beschränktheit von $(z_t)$ folgt aus
der Tatsache, daß $P_2$ eine Matrix ist, deren Spektrum innerhalb
des Einheitskreises liegt und $\varphi$ beschränkt ist. Es bleibt also
die Beschränktheit von $(x_t)$ zu zeigen. Dazu schreiben wir die
Lösung in der Form

$$r_2^* z_t = r_2^* P_2^{t-t_o} z_{t_o} + \sum_{\tau=t_o}^{t-1} r_2^* P_2^{t-1-\tau} q_2 \varphi(\sigma_\tau) =$$

$$= r_2^* P_2^{t-t_o} z_{t_o} + \sum_{\tau=t_o}^{t-1} \Omega_{t-\tau} \varphi(\sigma_\tau). \tag{8.57}$$

In der Gleichung (8.57) ist

$$\Omega_s = -\frac{1}{2\pi i} \oint_{|z|=1} z^{s-1} W_2(z) dz = r_2^* P_2^{s-1} q_2, \qquad s = 1,2,\ldots$$

Der Integrationsweg $|z| = 1$ kann genommen werden, da das Spek-
trum von $P_2$ innerhalb des offenen Einheitskreises liegt. Aus
demselben Grunde existieren Konstanten $\delta > 0$ und $\varepsilon > 0$, so daß

$$|r_2^* P_2^{t-t_o} z_{t_o}| \leq \delta e^{-\varepsilon(t-t_o)} \|z_{t_o}\| \qquad (t \geq t_o) \tag{8.58}$$

gilt. Aus (8.57) und (8.58) erhält man, daß es einen Zeitpunkt
$t_1 \geq t_o$ gibt, mit dem

$$\gamma_2 < r_2^* z_t < \gamma_1 \qquad (t \geq t_1) \tag{8.59}$$

ist, wobei $\gamma_1$ und $\gamma_2$ durch (8.25) definiert sind (für $W$ wird
$-W_2$ verwandt). Damit sind für das erste System (8.56) mit

$$f(\sigma,x,t) \equiv -r_2^* x$$

die Bedingungen des Satzes 8.6 erfüllt, woraus die Beschränktheit der Lösungen des ersten Systems von (8.56) folgt. ∎

## 9. Ein Frequenzkriterium der Stabilisierung nichtlinearer Systeme durch eine harmonische äußere Erregung

In diesem Abschnitt werden hinreichende Bedingungen für die Stabilisierbarkeit von autonomen nichtlinearen Systemen durch eine harmonische äußere Erregung angegeben. Die Problematik des Auffangens der Frequenz von Eigenschwingungen durch eine äußere harmonische Erregung in der nichtlinearen Schwingungstheorie und in der Steuerungstheorie von Autogeneratoren ist klassisch zu nennen [3, 4, 6, 26, 29, 53, 57, 115, 119, 126]. Eine der wichtigen Eigenschaften von erzwungenen periodischen Prozessen ist die Stabilität im ganzen. In diesem Falle wird die Erscheinung des Auffangens in jedem Arbeitsregime des Autogenerators beobachtet. Andererseits zeigen experimentelle Ergebnisse der letzten Zeit, daß auch nichtlineare Systeme mit chaotischem Lösungsverhalten durch eine äußere Erregung stabilisiert werden können [80, 91, 92].

Im vorliegenden Abschnitt, der sich auf die Arbeit [104] stützt, wird für eine Klasse von Systemen mit einem nichtlinearen Element ein Frequenzkriterium der harmonischen Stabilisierung erhalten, das sowohl zur Analyse des Auffangens von Eigenschwingungen als auch von chaotischen Lösungen benutzt werden kann. Der Beweis des Kriteriums basiert auf einer bestimmten Weiterentwicklung der direkten Methode von Ljapunow und der Anwendung des Frequenzsatzes von Yakubovich-Kalman [75].

Wir betrachten das System

$$\dot{x} = Px + q[\varphi(\sigma) + \alpha \sin \omega_0 t], \qquad \sigma = r^*x, \qquad (9.1)$$

wobei P eine konstante Hurwitz-Matrix der Ordnung $n \times n$ ist, q und r konstante n-Vektoren sind, $\varphi\colon \mathbb{R} \to \mathbb{R}$ eine differenzierbare Funktion ist und $\alpha, \omega_0$ positive Zahlen sind.

Bezüglich $\varphi$ setzen wir außerdem folgende Eigenschaften voraus:

$$0 \leq \varphi'(\sigma) \leq \mu \quad \text{für} \quad \sigma \notin [\sigma_1, \sigma_2], \qquad (9.2)$$

$$|\varphi'(\sigma)| \leq k \quad \text{für} \quad \sigma \in \mathbb{R}, \qquad (9.3)$$

$$|\varphi(\sigma)| \leq l \quad \text{für} \quad \sigma \in \mathbb{R}. \qquad (9.4)$$

Hierbei sind $\mu$, k, l, $\sigma_1$ und $\sigma_2$ gewisse Konstanten. Außerdem betrachten wir die Gewichtsfunktion $\gamma(t) = r^* e^{Pt} q$ für $t \in \mathbb{R}$, die Übertragungsfunktion $\chi(p) = r^*(P - pI)^{-1} q$ für $p \in \mathbb{C}$ mit $\det(pI - P) \neq 0$ und vereinbaren die folgenden Bezeichnungen:

$$\nu = \int_0^{+\infty} |\gamma(t)|\,dt, \qquad \varrho = \lim_{p \to \infty} p\chi\,p),$$

$$T = \frac{1}{\omega_e}\left[\arcsin \frac{\sigma_2 + \nu l}{\alpha|\chi(i\omega_e)|} - \arcsin \frac{\sigma_1 - \nu l}{\alpha|\chi(i\omega_e)|}\right].$$

Dabei setzen wir

$$|\sigma_1 - \nu l| < \alpha|\chi(i\omega_e)| \quad \text{und} \quad |\sigma_2 + \nu l| < \alpha|\chi(i\omega_e)| \qquad (9.5)$$

voraus. Aus dem weiteren wird klar, daß T eine Abschätzung von oben der maximalen Aufenthaltszeit einer beliebigen Lösung von System (9.1) während einer Halbperiode der äußeren Erregung im Streifen $\{x \mid r^*x \in (\sigma_1, \sigma_2)\}$ für hinreichend große t ist.

__Satz 9.1.__ Es mögen für gewisse positive Zahlen $\lambda, \delta_1, \delta_2$ folgende Bedingungen erfüllt sein:

1) Alle Pole der Übertragungsfunktion $\chi(p - \lambda)$ haben einen negativen Realteil.

2) Für alle $\omega \geqq 0$ gilt die Ungleichung

$$\frac{1}{\mu} + \operatorname{Re}\chi(i\omega - \lambda) - \delta_1|\chi(i\omega - \lambda)|^2 - \delta_2|\chi(i\omega - \lambda)(i\omega - \lambda) - \varrho|^2 \geqq 0.$$

3) $\lambda\,\dfrac{2\pi}{\omega_o} > T\,\dfrac{|k(1 + k\mu^{-1}) - \delta_1|}{\sqrt{\delta_1 \delta_2}}.$

Dann ist für beliebige zwei Lösungen $x_1$ und $x_2$ von System (9.1) die Beziehung

$$\lim_{t \to +\infty} \|x_1(t) - x_2(t)\| = 0 \qquad (9.6)$$

erfüllt, d.h. das System (9.1) ist stabilisiert.

__Bemerkung 9.1.__

1) Da P eine Hurwitzmatrix ist und $\varphi$ beschränkt ist, ergibt sich daraus die Dissipativität nach Levinson von System (9.1). Damit folgt mit dem Fixpunktsatz von Browder [88] die Existenz einer $\frac{2\pi}{\omega_o}$-periodischen Lösung des Systems (9.1). Auf Grund der Beziehung (9.6) streben alle anderen Lösungen von System (9.1) zu dieser $\frac{2\pi}{\omega_o}$-periodischen Lösung. Die letzte Eigenschaft entspricht dem Auffangen mit der Frequenz der äußeren Erregung.

2) Bei hinreichend kleinem $\mu$ und hinreichend großem $\alpha$ sind für gewisse $\lambda, \delta_1, \delta_2$ alle Bedingungen des Satzes 9.1 erfüllt. Folglich stabilisiert bei kleinem $\mu$ die betrachtete harmonische Erregung mit hinreichend großer Amplitude $\alpha$ das System (9.1).

3) Bei der Anwendung des Satzes 9.1 ist es oft günstig, für den
variierbaren Parameter $\lambda$ die Hälfte des Abstandes von der
imaginären Achse bis zum nächstliegenden Pol der Übertragungsfunktion $\chi$ zu wählen.

Wir formulieren nun eine Folgerung aus dem Satz 9.1 für den
Fall $\mu = 0$. (Siehe Abb. 9.1)

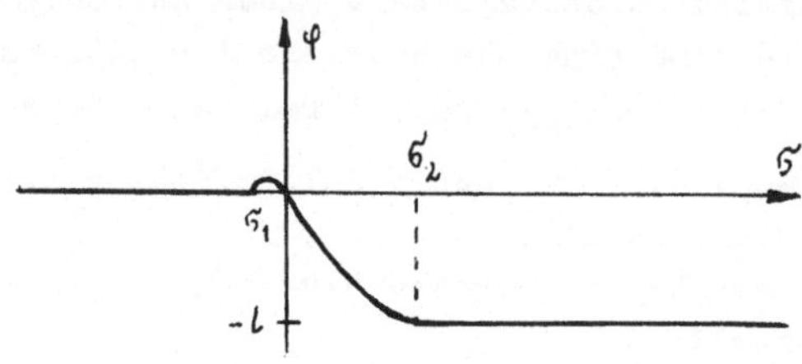


Abb. 9.1

Beispiel einer Nichtlinearität für System (9.1) mit $\mu = 0$

Zu diesem Zwecke führen wir folgende Bezeichnungen ein:

$$A(\lambda) = \max_{\omega \geq 0} \; |\chi(i\omega - \lambda)|^2,$$

$$B(\lambda) = \max_{\omega \geq 0} \; |(i\omega - \lambda)\chi(i\omega - \lambda) - \varrho|^2.$$

Wir lassen den positiven Parameter $\mu$ in den Bedingungen 2) und
3) des Satzes gegen Null gehen. Die Zahlen $\delta_1$ und $\delta_2$ werden dabei so ausgewählt, daß sie den Beziehungen

$$\mu^{-1} = \delta_1 \, A(\lambda) + \delta_2 \, B(\lambda) - \min_{\omega \geq 0} \; \mathrm{Re} \; \chi(i\omega - \lambda)$$

und

$$\delta_1 = \frac{k^2 \, B(\lambda)}{|k^2 \, A(\lambda) - 1|} \, \delta_2$$

genügen.

Offensichtlich wird in diesem Falle die Bedingung 2) des Satzes
erfüllt sein, während die Bedingung 3) die Gestalt

$$\lambda \, \frac{\pi}{\omega_0} > \mathrm{Tk} \, \sqrt{B(\lambda)|k^2 \, A(\lambda) - 1|} \tag{9.7}$$

annimmt. Deshalb kann man auf Grund des Satzes 9.1 folgendes
Ergebnis formulieren.

__Folgerung 9.1.__ Es sei $\mu = 0$ und es gelte

$$\lambda_o \frac{\pi}{\omega_o} > \pi k \sqrt{B(\lambda_o)|k^2 A(\lambda_o) - 1|},\qquad(9.8)$$

wobei $\lambda_o$ die Hälfte des Abstandes des der imaginären Achse nächstliegenden Pols von $\chi$ zu dieser Achse ist.

Dann ist für zwei beliebige Lösungen $x_1$ und $x_2$ von System (9.1) die Beziehung (9.6) erfüllt.

__Beispiel 9.1.__ Betrachten wir die klassische Gleichung eines Autogenerators, auf den eine äußere periodische Kraft wirkt [26, 57]:

$$\ddot{\sigma} + (a + \varphi'(\sigma))\dot{\sigma} + \sigma = \alpha \omega_o \sin \omega_o t.\qquad(9.9)$$

Hierbei ist die Zahl a proportional der Größe des Widerstandes; $\varphi$ ist eine differenzierbare Funktion, die proportional der Charakteristik der Röhre ist. Wir werden voraussetzen, daß $a < 2$, $\varphi'(0) < a$ und $|\varphi'(\sigma)| \leq k$ $(\sigma \in \mathbb{R})$ mit einer Konstanten $k > 0$ ist. Weiter ist $\omega_o$ eine positive Konstante. Den prinzipiellen Verlauf des Graphen von $\varphi$ zeigt die Abb. 9.1.

Die Gleichung (9.9) führt zu einem System (9.1) mit der Übertragungsfunktion

$$\chi(p) = \frac{p}{p^2 + ap + 1}.$$

Bei der Anwendung der Folgerung 9.1 ist es notwendig, die Größe $\lambda_o$ zu bestimmen und die Zahl $\nu$ nach oben abzuschätzen. Im betrachteten Fall ist

$$\lambda_o = \frac{a}{4} \quad\text{und}\quad \nu < \frac{4}{a\sqrt{4 - a^2}}.$$

Wenn also die Ungleichung

$$\frac{a\pi}{4} > [\arcsin \frac{\sigma_2 + 4(a\sqrt{4 - a^2})^{-1}1}{\alpha|\chi(i\omega_o)|} -$$

$$- \arcsin \frac{\sigma_1 - 4(a\sqrt{4 - a^2})^{-1}1}{\alpha|\chi(i\omega_o)|}]k \sqrt{B(\tfrac{a}{4})|k^2 A(\tfrac{a}{4}) - 1|}$$

mit den früher definierten Funktionen A und B gilt, so läßt sich in jedem Arbeitsregime vom System (9.9) ein Auffangen der Lösungen beobachten.

__Beispiel 9.2.__ Betrachtet wird das System

$$\ddot{\eta} - 2h\dot{\eta} + \eta + g\sigma = 0, \quad \varepsilon\dot{\sigma} = \dot{\eta} - f(\sigma) - \alpha \sin \omega_o t,\qquad(9.10)$$

das die Dynamik eines Autogenerators beschreibt, der in [83, 92] untersucht wurde. Hierbei sind h, g, $\alpha$ und $\omega_0$ positive Zahlen, $\varepsilon$ ist ein kleiner positiver Parameter, f wird definiert durch

$$f(\sigma) = m\sigma + \varphi(\sigma) \qquad (\sigma \in \mathbb{R}),$$

wobei m eine positive Zahl ist, für die $g > 2hm$ gilt, und $\varphi\colon \mathbb{R} \to \mathbb{R}$ eine differenzierbare Funktion ist, die den Bedingungen (9.2) - (9.4) mit $\mu = 0$ genügt. Die Übertragungsfunktion $\chi$ für das System (9.10) lautet

$$\chi(p) = \frac{\Delta(\cdot)}{\varepsilon p \Delta(p) + gp + m\Delta(p)}$$

mit $\Delta(p) = p^2 - 2hp + 1$.

Für hinreichend kleines $\varepsilon$ lauten die Nullstellen des Nennerpolynoms von $\chi$

$$p_1 \approx -\frac{g - 2hm}{2m} + \sqrt{\frac{(g - 2hm)^2}{4m^2} - 1}$$

$$p_2 \approx -\frac{g - 2hm}{2m} - \sqrt{\frac{(g - 2hm)^2}{4m^2} - 1},$$

$$p_3 \approx -\frac{m}{\varepsilon}.$$

Die Bedingung 1) des Satzes 9.1 ist erfüllt, wenn $\lambda = \lambda_0 = \frac{1}{2}|\operatorname{Re} p_1|$ gewählt wird. Wir definieren den Ausdruck

$$M = \max_{\omega \geq 0} \left| \frac{\Delta(i\omega - \lambda_0)}{g(i\omega - \lambda_0) + m\Delta(i\omega - \lambda_0)} \right|^2.$$

Da für kleine $\varepsilon$ die Beziehungen $A(\lambda_0) \approx M$ und $B(\lambda_0) \approx \frac{1}{\varepsilon^2}$ gelten, nimmt die Ungleichung (9.8) die Gestalt

$$\frac{\lambda_0 \pi}{\omega_0} > \frac{Tk}{\varepsilon} \sqrt{|Mk^2 - 1|} \tag{9.11}$$

an. Um die Bedingung (9.11) leicht überprüfbar zu machen, schätzen wir die Größe $\nu$ nach oben ab. Es läßt sich zeigen, daß

$$\nu \leq \nu_0 = m^{-1} + \left|\frac{\Delta(p_1)}{m(p_1 - p_2)}\right| |\operatorname{Re} p_1|^{-1} + \left|\frac{\Delta(p_2)}{m(p_1 - p_2)}\right| |\operatorname{Re} p_2|^{-1}$$

ist. Wir vermerken, daß für große $\alpha$ die Beziehung

$$T = \frac{1}{\omega_0}\left[\frac{\sigma_2 - \sigma_1 + 2\nu l}{\alpha |\chi(i\omega_0)|}\right]$$

gilt. Deshalb ist bei kleinem $\varepsilon$ die Bedingung (9.11) erfüllt, wenn

$$\alpha > \frac{(\sigma_2 - \sigma_1 + 2\nu l)k \sqrt{|Mk^2 - 1|}}{\lambda_0 \pi \varepsilon \, |\chi(i\omega_0)|} \tag{9.12}$$

ist. Die Bedingung (9.12) ist hinreichend für die Stabilisierung des Systems (9.10).

Der Beweis des Satzes 9.1. Er basiert darauf, daß bei einer Vergrößerung der Amplitude der äußeren Erregung jede Lösung des Systems (9.1) von einem bestimmten Zeitpunkt an sich in dem Teil des Phasenraumes befindet, in dem ein Zusammengehen der Trajektorien stattfindet. Es wird ein Mechanismus verwendet, der sowohl dieses Zusammengehen als auch das Auseinanderlaufen der Lösungen außerhalb dieses Gebietes abschätzt, und es erlaubt, Bedingungen zu erhalten, bei denen entlang einer beliebigen Lösung das Zusammengehen stärker ist als das Auseinanderlaufen.

Im weiteren findet die Funktion

$$y(t) = -\alpha |\chi(i\omega_0)| \sin[\omega_0 t + \arg \chi(i\omega_0)] \quad \text{für} \quad t > 0$$

Verwendung.

Lemma 9.1. Für eine beliebige Lösung x des Systems (9.1) gilt

$$\lim_{t \to \infty} \sup |y(t) - r^*x(t)| \leqq 1\nu. \tag{9.13}$$

Beweis. Bekanntlich existiert ein Vektor $z_0 \in \mathbb{R}^n$, so daß

$$y(t) = r^*e^{Pt}z_0 + \int_0^t \gamma(t - \tau)\alpha \sin \omega_0\tau \, d\tau \quad \text{für} \quad t > 0 \tag{9.14}$$

gilt. Andererseits ist

$$\sigma(t) = r^*e^{Pt}x(0) + \int_0^t \gamma(t - \tau)[\varphi(\sigma(\tau)) + \alpha \sin \omega_0\tau]d\tau. \tag{9.15}$$

Aus (9.14) und (9.15) folgt

$$\lim_{t \to +\infty} \sup |y(t) - r^*x(t)| \leqq 1 \int_0^\infty |\gamma(t)|dt,$$

woraus sich (9.13) ergibt. ∎

Lemma 9.2. Es seien die Bedingungen des Satzes 9.1 erfüllt. Dann existiert eine symmetrische Matrix $H > 0$, für die gilt:

$$2z^*H(Pz + q\xi) \leqq -2\lambda z^*Hz - \xi(r^*z - \frac{\xi}{\mu}) - \delta_1(r^*z)^2 - \delta_2(r^*Pz)^2$$

$$\text{für} \quad z \in \mathbb{R}^n, \ \xi \in \mathbb{R}, \tag{9.16}$$

$$H > \sqrt{\delta_1\delta_2} \, rr^*. \tag{9.17}$$

Beweis. Wegen der Bedingungen 1) und 2) des Satzes 9.1 existiert auf Grund des Frequenzsatzes von Yakubovich-Kalman [75] eine Matrix $H = H^* > 0$, so daß (9.16) gilt. Offensichtlich ergibt sich für $\xi = 0$ aus (9.16) die Ungleichung

$$2z^*[H - \sqrt{\delta_1\delta_2}\ rr^*]Pz \leqq -2\lambda z^*Hz - 2\sqrt{\delta_1\delta_2}\ r^*zr^*Pz -$$

$$- \delta_1(r^*z)^2 - \delta_2(r^*Pz)^2 \leqq -2\lambda z^*Hz \quad \text{für} \quad z \in \mathbb{R}^n. \qquad (9.18)$$

Da P eine Hurwitz-Matrix ist, liefert (9.18) die Beziehung (9.17). ∎

Aus (9.16) und den Ungleichungen (9.2) erhalten wir das

**Lemma 9.3.** Es seien die Bedingungen des Satzes 9.1 erfüllt. Dann ist für beliebige Lösungen $x_1$ und $x_2$ des Systems (9.1), die zum Zeitpunkt t den Beziehungen

$$r^*x_j(t) \notin [\sigma_1,\sigma_2] \quad (j = 1,2)$$

genügen, auch die Ungleichung

$$\dot{V}(x_1(t) - x_2(t)) \leqq -2\lambda V(x_1(t) - x_2(t))$$

erfüllt. Dabei ist

$$V(z) \stackrel{\text{def}}{=} z^*Hz \quad \text{für} \quad z \in \mathbb{R}^n$$

mit der Matrix H aus (9.16).

**Lemma 9.4.** Es seien die Bedingungen des Satzes 9.1 erfüllt. Dann gilt für zwei beliebige Lösungen $x_1$ und $x_2$ des Systems (9.1) die Abschätzung

$$\dot{V}(x_1(t) - x_2(t)) \leqq [\frac{|k(1 + k\mu^{-1}) - \delta_1|}{\sqrt{\delta_1\delta_2}} - 2\lambda]V(x_1(t) - x_2(t))$$

$$\text{für} \quad t > 0, \qquad (9.19)$$

wobei

$$V(z) \stackrel{\text{def}}{=} z^*Hz \quad \text{für} \quad z \in \mathbb{R}^n$$

mit der Matrix H aus (9.16) ist.

**Beweis.** Aus den Ungleichungen (9.16) und (9.3) erhalten wir

$$\dot{V}(x_1(t) - x_2(t)) \leqq [k(1 + k\mu^{-1}) - \delta_1][r^*(x_1(t) - x_2(t))]^2 -$$

$$- 2\lambda\ V(x_1(t) - x_2(t)).$$

Hieraus und aus (9.17) folgt die Abschätzung (9.19). ∎

**Beweis des Satzes 9.1.** Er folgt unmittelbar aus den Lemmata 9.1, 9.3 und 9.4. ∎

# 10. Ein verallgemeinerter Zugang zur Stabilisierung nicht-<br>linearer Systeme durch eine äußere Erregung

Im vorliegenden Abschnitt werden für eine Klasse von Systemen
mit einer skalaren Nichtlinearität weitere Kriterien für die
Stabilisierung durch eine äußere periodische Erregung bewiesen.
Dabei ist das erste Kriterium eine Verallgemeinerung des im Abschnitt 9 bewiesenen Frequenzkriteriums.

Die Darstellung im Abschnitt 10 folgt der Arbeit [16].

Betrachtet wird das System

$$\dot{x} = Px + q\xi, \qquad \sigma = r^*x, \qquad \xi = \varphi(\sigma) + s, \tag{10.1}$$

wobei P eine konstante $n \times n$-Hurwitz-Matrix ist und q und r konstante n-Vektoren sind. Die Nichtlinearität $\varphi: \mathbb{R} \to \mathbb{R}$ wird als
beschränkte, differenzierbare Funktion mit beschränkter Ablei-
tung vorausgesetzt. Von der äußeren Erregung $s: \mathbb{R} \to \mathbb{R}$ werden
die Stetigkeit und Periodizität mit der Periode $T = \dfrac{2\pi}{\omega_0}$ gefordert.

**Lemma 10.1.** Es sei $H = H^* > 0$ eine $n \times n$-Matrix und $V: \mathbb{R}^n \to \mathbb{R}$
mit $V(z) = z^*Hz$ für $z \in \mathbb{R}^n$ eine zugehörige Ljapunow-Funktion.
Existiert eine auf $[0,T]$ stückweise stetige, mit der Periode T
der äußeren Erregung s periodische Funktion $g: \mathbb{R} \to \mathbb{R}$ und für
beliebige Lösungen $x_1, x_2$ von (10.1) ein Zeitpunkt $t_0$, so daß

$$\dot{V}(x_1(t) - x_2(t)) := \frac{d}{dt} V(x_1(t) - x_2(t)) \leqq g(t) V(x_1(t) - x_2(t))$$

$$(t \geqq t_0) \tag{10.2}$$

gilt, dann folgt aus

$$\beta := \int_0^T g(t)dt < 0 \tag{10.3}$$

die Gültigkeit von (9.6) für beliebige Lösungen $x_1, x_2$ von (10.1).

**Beweis.** Es seien $x_1, x_2$ Lösungen von (10.1). Ohne Beschränkung
der Allgemeinheit sei $x_1 \neq x_2$. Mit der positiven Definitheit
von V erhält man aus (10.2)

$$V(x_1(t+T) - x_2(t+T)) \leqq \exp(\beta) V(x_1(t) - x_2(t)) \quad \text{für} \quad t \geqq t_0.$$

Wegen $H > 0$ gibt es ein $\lambda > 0$, so daß $\lambda|z|^2 \leqq z^*Hz$ $(z \in \mathbb{R}^n)$
gilt. Damit folgt aber unmittelbar die Gültigkeit von (9.6). ∎

Der Grundgedanke beim Beweis der angekündigten Kriterien besteht
nun darin, für die spezielle Ljapunow-Funktion $V(z) = z^*Hz$ mit
geeignet gewählter positiv definiter $n \times n$-Matrix $H = H^*$ eine
Funktion g mit der Eigenschaft (10.2) zu bestimmen.

Im weiteren seien

$$\chi(p) = r^*(P - pI)^{-1}q \quad \text{und} \quad \gamma(t) = r^* e^{Pt}q$$

Übertragungs- bzw. Gewichtsfunktion des linearen Teils von
(10.1) vom Eingang $\xi$ zum Ausgang $-\sigma$. Mit

$$y(t) = \int_0^{+\infty} \gamma(t - \tau)s(\tau)d\tau \qquad (10.4)$$

stellen wir die Eigenschwingung $r^*x$ von (10.1) für $\varphi \equiv 0$ dar.
Für die harmonische Erregung $s(t) = \alpha \sin \omega_e t$ gilt

$$y(t) = -\alpha|\chi(i\omega_e)|\sin[\omega_e t + \arg \chi(i\omega_0)].$$

## 10.1. Konstruktion von Hilfsintervallen $\Omega(t)$

Es sei $x$ eine beliebige Lösung von (10.1). Dann gilt für $\sigma = r^*x$
die Darstellung

$$\sigma(t) = r^* e^{Pt}x(0) + \int_0^t \gamma(t - \tau)[\varphi(\sigma(\tau)) + s(\tau)]d\tau \quad (t \geqq 0).$$

Nach Voraussetzung ist $|\varphi(\sigma)| \leq 1$ für alle $\sigma \in \mathbb{R}$. Da außerdem
$P$ eine Hurwitz-Matrix ist, können zu $\delta > 0$ positive Zahlen $\vartheta$
und $t^{(0)} > \vartheta$ gefunden werden, so daß mit (10.4)

$$\sigma(t) = y(t) + \int_0^\vartheta \gamma(\tau)\varphi(\sigma(t - \tau))d\tau + \varepsilon(t), \quad |\varepsilon(t)| \leq \delta,$$
$$t \geqq t^{(0)} \quad (10.5)$$

gilt. Es wird iterativ eine Folge von T-periodischen, stetigen
Funktionen $\underline{\sigma}^{(k)}$, $\overline{\sigma}^{(k)}$ : $\mathbb{R} \to \mathbb{R}$ für $k \in \mathbb{N}_0$ definiert:

$$\underline{\sigma}^{(0)}(t) = -\delta + y(t) - 1\nu, \quad \overline{\sigma}^{(0)}(t) = \delta + y(t) + 1\nu$$

mit einer Zahl

$$\nu \geqq \int_0^\infty |\gamma(\tau)|d\tau,$$

$$\underline{\sigma}^{(k+1)}(t) = -\delta + y(t) + \int_0^\vartheta \underline{\mu}(\tau)d\tau \quad (t \in \mathbb{R})$$

mit

$$\underline{\mu}(\tau) = \min\{\gamma(\tau)\varphi(\sigma) \mid \sigma \in [\underline{\sigma}^{(k)}(t - \tau), \overline{\sigma}^{(k)}(t - \tau)]\},$$

$$\overline{\sigma}^{(k+1)}(t) = \delta + y(t) + \int_0^\vartheta \overline{\mu}(\tau)d\tau \quad (t \in \mathbb{R})$$

mit

$$\overline{\mu}(\tau) = \max\{\gamma(\tau)\varphi(\sigma) \mid \sigma \in [\underline{\sigma}^{(k)}(t - \tau), \overline{\sigma}^{(k)}(t - \tau)]\}.$$

Es sei $t^{(k+1)} := t^{(k)} + \vartheta$. Wegen (10.5) gilt

$$\sigma(t) \in [\underline{\sigma}^{(0)}(t), \overline{\sigma}^{(0)}(t)] \quad \text{für alle} \quad t \geq t^{(0)} \quad \text{(Lemma 9.1)}.$$

Induktiv erhält man

$$\sigma(t) \in [\underline{\sigma}^{(k)}(t), \overline{\sigma}^{(k)}(t)] \quad \text{für alle} \quad t \geq t^{(k)} \quad \text{und} \quad k \in \mathbb{N}.$$

Es sei $m$ eine natürliche Zahl. Da $\underline{\sigma}^{(m)}$, $\overline{\sigma}^{(m)}$ T-periodisch und stetig sind, gibt es T-periodische und auf $[0,T]$ stückweise stetige Funktionen $\underline{\sigma}$, $\overline{\sigma} : \mathbb{R} \to \mathbb{R}$ mit $\underline{\sigma}(t) \leq \underline{\sigma}^{(m)}(t)$, $\overline{\sigma}(t) \geq \overline{\sigma}^{(m)}(t)$ für alle $t \in \mathbb{R}$. Es werde $\Omega(t) = [\underline{\sigma}(t), \overline{\sigma}(t)]$ und $t_0 = t^{(m)}$ gesetzt. Damit gilt das

**Lemma 10.2.** Für das System (10.1) mit beschränkter Nichtlinearität existiert eine Familie $\Omega = \{\Omega(t) \subset \mathbb{R} \mid t \in \mathbb{R}\}$ von Intervallen mit den Eigenschaften:

($\Omega$.1) $\Omega(t) = \Omega(t + T)$ für alle $t \in \mathbb{R}$.

($\Omega$.2) Für jede Lösung $x$ von (10.1) existiert ein Zeitpunkt
$t_0 \in \mathbb{R}$ mit $r^*x(t) \in \Omega(t)$ für alle $t \geq t_0$.

## 10.2. Verallgemeinerung des Frequenzkriteriums 9.1

Bei dem folgenden Satz wird durch den Frequenzsatz von Yakubovich-Kalman [75] die Existenz einer positiv definiten Matrix $H = H^*$ mit günstigen Eigenschaften gesichert. Nach Lemma 10.2 existiert für das betrachtete System eine Familie $\Omega$ von Intervallen und den Eigenschaften ($\Omega$.1) und ($\Omega$.2). Es sei $w : \mathbb{R} \to \mathbb{R}$ mit $w(t) \geq |\varphi'(\sigma)|$ für $\sigma \in \Omega(t)$ und $t \in \mathbb{R}$ und es seien $\mu$, $\delta_1$ und $\delta_2$ positive Zahlen, so daß die Funktion $\varkappa(\cdot\,;\mu,\delta_1,\delta_2) : \mathbb{R} \to \mathbb{R}$ mit

$$\varkappa(t;\mu,\delta_1,\delta_2) := \begin{cases} 0 & \text{für} \quad 0 \leq \varphi'(\sigma) \leq \mu \quad \text{bei} \quad \sigma \in \Omega(t) \quad \text{oder} \\ & \qquad w(t)(1 + w(t)\mu^{-1}) \leq \delta_1, \\[2ex] \dfrac{w(t)(1 + w(t)\mu^{-1}) - \delta_1}{\sqrt{\delta_1 \delta_2}} & \text{sonst} \end{cases}$$

auf $[0,T]$ bezüglich $t$ integrierbar ist.

**Satz 10.1.** Es seien für die positiven Parameter $\lambda,\mu,\delta_1,\delta_2$ die folgenden Bedingungen erfüllt:

(I)   Alle Pole der Funktion $\chi((\cdot) - \lambda)$ haben einen negativen Realteil.

(II)  Für alle $\omega \geq 0$ gilt

$$\mu^{-1} + \text{Re } \chi(i\omega - \lambda) - \delta_1|\chi(i\omega - \lambda)|^2 -$$

$$- \delta_2|(i\omega - \lambda)\chi(i\omega - \lambda) - \lim_{p \to \infty} p\chi(p)|^2 \geq 0.$$

(III) Es gilt

$$2\lambda T > \int_0^T \varkappa(t;\mu,\delta_1,\delta_2)\,dt.$$

Dann ist für beliebige Lösungen $x_1,x_2$ von (10.1) die Beziehung
(9.6) erfüllt.

<u>Folgerung 10.1.</u> Es sei $\lambda$ eine positive Zahl, für die $P + \lambda I$
eine Hurwitz-Matrix ist. Gilt für eine positive Zahl C die Ungleichung

$$2\lambda T > \int_0^T \left(\frac{w^2(t)(CA(\lambda) + B(\lambda) - C)}{\sqrt{C}}\right)_+ dt,$$

so ist für beliebige Lösungen $x_1,x_2$ von (10.1) die Beziehung
(9.6) erfüllt. Dabei sind die Funktionen A und B wie im Ab-
schnitt 9 erklärt und es ist $(z)_+ = \frac{1}{2}(z + |z|)$ für $z \in \mathbb{R}$.

<u>Beweis des Satzes 10.1.</u> Sind die Voraussetzungen (I) und (II)
des Satzes erfüllt, so existiert nach dem Frequenzsatz von
Yakubovich-Kalman [75] eine konstante symmetrische Matrix $H > 0$
mit

$$2z^*H(Pz + q\xi) \leqq -2\lambda z^*Hz - \xi\left(r^*z - \frac{\xi}{\mu}\right) - \delta_1(r^*z)^2 - \delta_2(r^*Pz)^2$$

$$\text{für alle} \quad z \in \mathbb{R}^n \quad \text{und} \quad \xi \in \mathbb{R}. \quad (10.6)$$

Mit $\xi = 0$ folgt daraus die Beziehung (9.18). Da P eine Hurwitz-
Matrix ist, gilt damit

$$H > \sqrt{\delta_1\delta_2}\; rr^*. \quad (10.7)$$

Es seien nun $x_1,x_2$ Lösungen von (10.1). Wegen $(\Omega.2)$ aus Lemma
10.2 existiert ein $t_o \in \mathbb{R}$ mit $r^*x_1(t)$, $r^*x_2(t) \in \Omega(t)$ für alle
$t \geqq t_o$. Sei $t \geqq t_o$ ein fester Zeitpunkt. Es gilt für
$V(z) = z^*Hz$ wegen (10.6)

$$\dot{V}(x_1(t) - x_2(t)) \leqq -2\lambda V(x_1(t) - x_2(t)) - (\varphi(\sigma_1(t)) - \varphi(\sigma_2(t))) \cdot$$

$$\cdot r^*(x_1(t) - x_2(t)) + \frac{[\varphi(\sigma_1(t)) - \varphi(\sigma_2(t))]^2}{\mu} -$$

$$- \delta_1[r^*(x_1(t) - x_2(t))]^2 - \delta_2[r^*P(x_1(t) - x_2(t))]^2.$$

Da $\varphi$ differenzierbar ist, existiert nach dem Mittelwertsatz zu
$x_1(t)$, $x_2(t)$ ein $\vartheta(t)$ mit

$$\varphi(r^*x_1(t)) - \varphi(r^*x_2(t)) = \varphi'(\vartheta(t)) \cdot r^*(x_1(t) - x_2(t)).$$

Da $r^*x_1(t) \in \Omega(t)$, $r^*x_2(t) \in \Omega(t)$ ist, gilt auch $\vartheta(t) \in \Omega(t)$. Somit gilt

$$\dot{V}(x_1(t) - x_2(t)) \leqq -2\lambda V(x_1(t) - x_2(t)) +$$

$$+ \frac{-\varphi'(\vartheta(t)) + \varphi'(\vartheta(t))^2 \mu^{-1} - \delta_1}{\sqrt{\delta_1 \delta_2}} \cdot$$

$$\cdot (x_1(t) - x_2(t))^* \sqrt{\delta_1 \delta_2}\, rr^*(x_1(t) - x_2(t)).$$

Mit (10.7) folgt

$$\dot{V}(x_1(t) - x_2(t)) \leqq (\varkappa(t;\mu,\delta_1,\delta_2) - 2\lambda)\, V(x_1(t) - x_2(t)).$$

Wegen Lemma 10.1 ist damit der Satz 10.1 bewiesen. ∎

### 10. . Ein weiteres Kriterium

**Satz 10.2.** Es sei $H = H^* > 0$ eine $n \times n$-Matrix und es sei

$$g(t) = \inf\{g \in \mathbb{R} \mid H[P + wqr^* - \tfrac{g}{2} I] + [P + wqr^* - \tfrac{g}{2} I]^*H < 0$$

$$\text{für alle}\quad w \in \{\varphi'(\sigma) \mid \sigma \in \Omega(t)\}\}. \qquad (10.8)$$

Ist $\int\limits_0^T g(t)dt < 0$, so gilt für beliebige Lösungen $x_1, x_2$ von (10.1) die Beziehung (9.6).

**Bemerkung 10.1.**

1. Analog zu Satz 10.2 kann auch ein Kriterium formuliert werden, welches die exponentielle Instabilität aller Lösungen von (10.1) garantiert.

2. Für die Funktion g gemäß (10.8) gilt

$$g(t) \geqq 2 \max\{\mathrm{Re}\,\lambda \mid \lambda\ \text{Eigenwert von}\ P + wqr^*,$$

$$w \in \{\varphi'(\sigma) \mid \sigma \in \Omega(t)\}\}. \qquad (10.9)$$

Dies ergibt sich aus dem Lemma von Ljapunow [75], nach dem aus der Gültigkeit von $HR + R^*H < 0$ für die $n \times n$-Matrizen R und $H = H^*$ folgt, daß R genau dann eine Hurwitz-Matrix ist, wenn H positiv definit ist.

3. Es gelte für ein $\tilde{t} \in \mathbb{R}$ $\varphi'(\sigma) = w_0 \in \mathbb{R}$ für alle $\sigma \in \Omega(\tilde{t})$. Es seien $g_0 = 2 \max\{\mathrm{Re}\,\lambda \mid \lambda\ \text{Eigenwert von}\ P + w_0qr^*\}$, $G = G^* > 0$ eine $n \times n$-Matrix und $\varepsilon$ eine beliebig kleine positive Zahl. Dann ist die Matrix

$$H = - \int\limits_0^\infty e^{-(g_0+\varepsilon)t}\, e^{(P+w_0qr^*)^*t}\, Ge^{(P+w_0qr^*)t}\, dt$$

symmetrisch und positiv definit und es gilt

$$H(P + w_0qr^* - \frac{g_0 + \varepsilon}{2} I) + (P + w_0qr^* - \frac{g_0 + \varepsilon}{2} I)^*H < 0.$$

Dies folgt aus dem Lemma über die Ljapunowgleichung [75].
Wegen (10.9) gilt dann mit der so bestimmten Matrix H für
den Zeitpunkt $\tilde{t}$: $g_0 \leq g(\tilde{t}) \leq g_0 + \varepsilon$.

Diese Matrizen H kann man aber in gewissen Sinne als optimal
für das System 10.1 bezeichnen.

4. Für $n = 2$ und $P + w_0 q r^* = \begin{bmatrix} a & b \\ c & d \end{bmatrix}$, wobei a, b, c und d reelle

Zahlen mit $(a - d)^2 + 4bc < 0$ sind, kann

$$H = \begin{bmatrix} 1 & \dfrac{d-a}{2c} \\[2ex] \dfrac{d-a}{2c} & -\dfrac{b}{c} \end{bmatrix}$$

gewählt werden. Diese Matrix ist symmetrisch und positiv
definit und für den Zeitpunkt $\tilde{t}$ gilt $g_0 = g(\tilde{t}) = a + d$.

<u>Beweis des Satzes 10.2.</u> Es seien $x_1, x_2$ Lösungen von (10.1) und
ohne Beschränkung der Allgemeinheit sei $x_1 \neq x_2$. Es existiert
nach Lemma 10.2 ein $t_0 \in \mathbb{R}$ mit $r^* x_1(t)$, $r^* x_2(t) \in \Omega(t)$ für alle
$t \geq t_0$. Für $V(z) = z^* H z$ gilt

$$\dot{V}(x_1(t) - x_2(t)) \leq A(t) \, V(x_1(t) - x_2(t)) \qquad (10.10)$$

mit

$$A(t) =$$
$$= \frac{2(x_1(t) - x_2(t))^* H[P(x_1(t) - x_2(t)) + q(\varphi(r^* x_1(t)) - \varphi(r^* x_2(t)))]}{(x_1(t) - x_2(t))^* H(x_1(t) - x_2(t))}.$$

Es sei $t \geq t_0$ ein beliebiger Zeitpunkt. Nach dem Mittelwertsatz
existiert zu $x_1(t)$, $x_2(t)$ ein $\vartheta(t) \in \Omega(t)$ mit

$$\varphi(r^* x_1(t)) - \varphi(r^* x_2(t)) = \varphi'(\vartheta(t)) r^*(x_1(t) - x_2(t)).$$

Damit gilt

$$A(t) \leq \sup_{\substack{x_1, x_2 \in \Omega(t) \\ x_1 \neq x_2}} \frac{2(x_1 - x_2)^* H[P + \varphi'(\vartheta(t)) q r^*](x_1 - x_2)}{(x_1 - x_2)^* H(x_1 - x_2)}$$

$$\leq \sup_{\substack{z \neq 0 \\ w \in \{\varphi'(\sigma) \,|\, \sigma \in \Omega(t)\}}} \frac{2 z^* H[P + w q r^*] z}{z^* H z}.$$

Nun ist

$$g > \frac{2 z^* H[P + w q r^*] z}{z^* H z} \qquad \text{für alle} \quad z \neq 0, \; w \in \{\varphi'(\sigma) \,|\, \sigma \in \Omega(t)\}$$

äquivalent zu

$$H[P + wqr^* - \tfrac{g}{2} I] + [P + wqr^* - \tfrac{g}{2} I]^*H < 0$$

$$\text{für alle } w \in \{\varphi'(\sigma) \mid \sigma \in \Omega(t)\}.$$

Somit gilt für $g(t)$ gemäß (10.8) $A(t) \leq g(t)$ und mit (10.10) und Lemma 10.1 folgt die Behauptung. ∎

Beispiel 10.1. Wir betrachten die klassische Gleichung eines Autogenerators, auf den eine äußere periodische Kraft wirkt [26, 104]

$$\ddot{\sigma}(t) + (a + \varphi'(\sigma(t)))\dot{\sigma}(t) + \sigma(t) = -\alpha\, \omega_0 \cos \omega_0 t. \qquad (10.11)$$

Hierbei ist die Konstante a proportional dem Widerstand, $\varphi$ ist eine differenzierbare Funktion, welche proportional der Charakteristik der Röhre ist, und $\alpha$ und $\omega_e$ sind positive Parameter. Es werde angenommen, daß $0 < a < 2$ gilt. Das System (10.11) läßt sich in die Form (10.1) überführen mit

$$P = \begin{bmatrix} 0 & -1 \\ 1 & -a \end{bmatrix}, \qquad q = \begin{bmatrix} 0 \\ 1 \end{bmatrix}, \qquad r = \begin{bmatrix} 0 \\ -1 \end{bmatrix}, \qquad \chi(p) = \frac{p}{p^2 + ap + 1}.$$

Bezüglich der Nichtlinearität $\varphi$ setzen wir voraus, daß mit den Konstanten $\sigma_1 \leq \sigma_2 < 0 < \sigma_3$, $k < 0 < K$, $l < 0 < L$ gilt:

$$\begin{aligned}
\varphi'(\sigma) &= 0 && \text{auf} && (-\infty,\sigma_1) \cup (\sigma_3,\infty), \\
0 \leq \varphi'(\sigma) &\leq K && \text{auf} && [\sigma_1,\sigma_2], \\
k \leq \varphi'(\sigma) &\leq 0 && \text{auf} && [\sigma_2,\sigma_3], \\
l \leq \varphi(\sigma) &\leq L && \text{auf} && (-\infty,\infty).
\end{aligned}$$

Zuerst wird eine Familie $\Omega$ von Intervallen $\Omega(t)$ mit den Eigenschaften $(\Omega.1)$ und $(\Omega.2)$ konstruiert. Es seien hierzu $t_{n_1}, t_{n_2}, \ldots$ die Nullstellen von $\gamma(t) = r^* e^{Pt} q$ für $t > 0$ und es werde $t_{n_0} = 0$ gesetzt. Mit

$$I_j = \int_{t_{n_{j-1}}}^{t_{n_j}} \gamma(t)dt \qquad \text{werden für} \qquad j = 1,2,\ldots$$

$$\underline{I}_j = \begin{cases} LI_j & \text{für } I_j \leq 0, \\ lI_j & \text{sonst} \end{cases} \qquad \text{und} \qquad \overline{I}_j = \begin{cases} LI_j & \text{für } I_j \geq 0, \\ lI_j & \text{sonst} \end{cases}$$

definiert. Damit kann $\Omega$ mit

$$\Omega(t) = [y(t) - \delta + \sum_{j=1}^{\infty} \underline{I}_j,\ y(t) + \delta + \sum_{j=1}^{\infty} \overline{I}_j]$$

gewählt werden.

Nach der Bemerkung 10.1 wird nun

$$H = \begin{bmatrix} 1 & -\dfrac{a}{2} \\ -\dfrac{a}{2} & 1 \end{bmatrix}$$

gewählt. Damit gilt hier

$$g(t) = \max\{-a - w + \frac{2|w|}{\sqrt{4 - a^2}} \mid w \in \{\varphi'(\sigma) \mid \sigma \in \Omega(t)\}\}.$$

Setzt man

$$T_\mu := \operatorname{mes}\{t \in [0,T] \mid \Omega(t) \subset (-\infty,\sigma_1] \cup [\sigma_3,+\infty)\},$$

$$T_0 := \operatorname{mes}\{t \in [0,T] \mid \Omega(t) \subset (-\infty,\sigma_2] \cup [\sigma_3,+\infty)\} - T_\mu$$

und

$$T_1 := T - T_\mu - T_0,$$

so gilt

$$\int_0^T g(t)dt \leq - Ta + T_0 K(\frac{2}{\sqrt{4 - a^2}} - 1) + T_1 k(\frac{2}{\sqrt{4 - a^2}} + 1).$$

Fordert man nun

$$T_0 K(\frac{2}{\sqrt{4 - a^2}} - 1) + T_1 k(\frac{2}{\sqrt{4 - a^2}} + 1) < aT,$$

so ist wegen Satz 10.2 für beliebige Lösungen $\sigma_1$ und $\sigma_2$ von (10.11) $\lim\limits_{t \to \infty} |\sigma_1(t) - \sigma_2(t)| = 0$ erfüllt, das System ist also stabilisiert.

## 11. Untere Abschätzungen der Bifurkationsparameter der Separatrixschlingen des Lorenz-Systems mit der nichtlokalen Reduktionsmethode

In den folgenden vier Abschnitten wird erneut das Lorenz-System (1.1) untersucht. Wir beschreiben deshalb dieses System noch einmal an dieser Stelle. Gegeben sind die drei Differentialgleichungen

$$\begin{aligned}
\dot{x}_1 &= -\sigma_1(x_1 - y_1), \\
\dot{y}_1 &= -x_1 z_1 + r_1 x_1 - y_1, \\
\dot{z}_1 &= x_1 y_1 - b_1 z_1,
\end{aligned} \tag{11.1}$$

wobei $\sigma_1$, $r_1$ und $b_1$ positive Parameter sind.

In den ersten beiden Abschnitten wurde gezeigt, daß für das System (11.1) im Phasenraum eine kompakte Menge existiert, in die alle Trajektorien des Systems gelangen und dort verbleiben.

Da außerdem für die rechte Seite f von (11.1)
div f $= -(\sigma_1 + 1 + b_1) < 0$, gilt, folgt mit dem Satz von
Liouville, daß das System (11.1) einen Attraktor mit dem
Lebesgue-Maß Null hat.

Für $r_1 \in (0,1)$ besitzt (11.1) nur den Gleichgewichtszustand
$C_0(0,0,0)$, der ein stabiler Knotenpunkt ist. Wie auch im Abschnitt 1 gezeigt wurde, ist das System in diesem Falle global
asymptotisch stabil.

Für $r_1 > 1$ verliert $C_0$ seine Stabilität und wird zu einem Sattel. Außerdem existieren für alle $r_1 > 1$ neben $C_0$ zwei weitere
Gleichgewichtszustände

$$C_{1,2} = (\pm \sqrt{b_1(r_1 - 1)}, \ \pm \sqrt{b_1(r_1 - 1)}, \ r_1 - 1).$$

Die beiden Gleichgewichtszustände $C_{1,2}$ sind stabil nach Ljapunow
für

$$r_1 < r^* = \begin{cases} \dfrac{\sigma_1(\sigma_1 + b_1 + 3)}{\sigma_1 - b_1 - 1}, & \sigma_1 \neq b_1 + 1, \\[2ex] + \infty, & \sigma_1 = b_1 + 1. \end{cases}$$

Für $r_1 > r^*$ sind alle Gleichgewichtszustände instabil, wobei
$C_{1,2}$ zu Sattel-Strudel-Punkten werden. Letztere sind durch eine
eindimensionale stabile Mannigfaltigkeit und eine zweidimensionale instabile Mannigfaltigkeit charakterisiert.

Zu Vergleichszwecken betrachten wir das Lorenz-System bei festen
Parametern $\sigma_1 = 10$, $b_1 = \frac{8}{3}$ und veränderlichem $r_1$. Folgendes
qualitatives Bild ergibt sich nach [81, 130] bei einer numeri-
schen Analyse, wobei unsere Darstellung aus [118] stammt.

1. Für $1 < r_1 < r_{1a} = 13.926$ ist $C_0$ ein Sattel, charakterisiert
   durch eine zweidimensionale stabile Mannigfaltigkeit und eine
   eindimensionale Mannigfaltigkeit, entlang der sich zwei Separatrizen $\Gamma^+$ und $\Gamma^-$ zu den Gleichgewichtszuständen $C_1$ und $C_2$
   bewegen.
2. Für $r_1 = r_{1a}$ entstehen zwei Separatrixschlingen bezüglich
   des Sattels $C_0$ und zwei instabile Grenzzyklen $L_1$ und $L_2$.
   Gleichzeitig wird eine $\omega$-Grenzmenge gebildet, die aber nicht
   anziehend ist. Für $r_{1a} < r_1 < r_{2a}$ wobei $r_{2a} \approx 24.06$ ist,
   streben alle Trajektorien nach wie vor zu $C_{1,2}$. Neu ist dabei, daß die Separatrizen $\Gamma^+$ und $\Gamma^-$ zu dem jeweils „anderen"
   Gleichgewichtszustand $C_2$ bzw. $C_1$ streben.

3. Für $r_{2a} < r_1 < r^*$, wobei $r^* = 24.74$ ist, existiert neben den
   stabilen Gleichgewichtszuständen $C_{1,2}$ eine anziehende Grenzmenge mit komplizierter Struktur („Lorenz-Attraktor").

4. Für $r_1 \to r^*$ (von unten) gehen die beiden Zyklen $L_1$ und $L_2$ in
   die Gleichgewichtszustände $C_{1,2}$ über, die ihrerseits ihre
   Stabilität für $r_1 \geq r^*$ verlieren. Dann ist der Lorenz-Attraktor die einzige anziehende Menge.

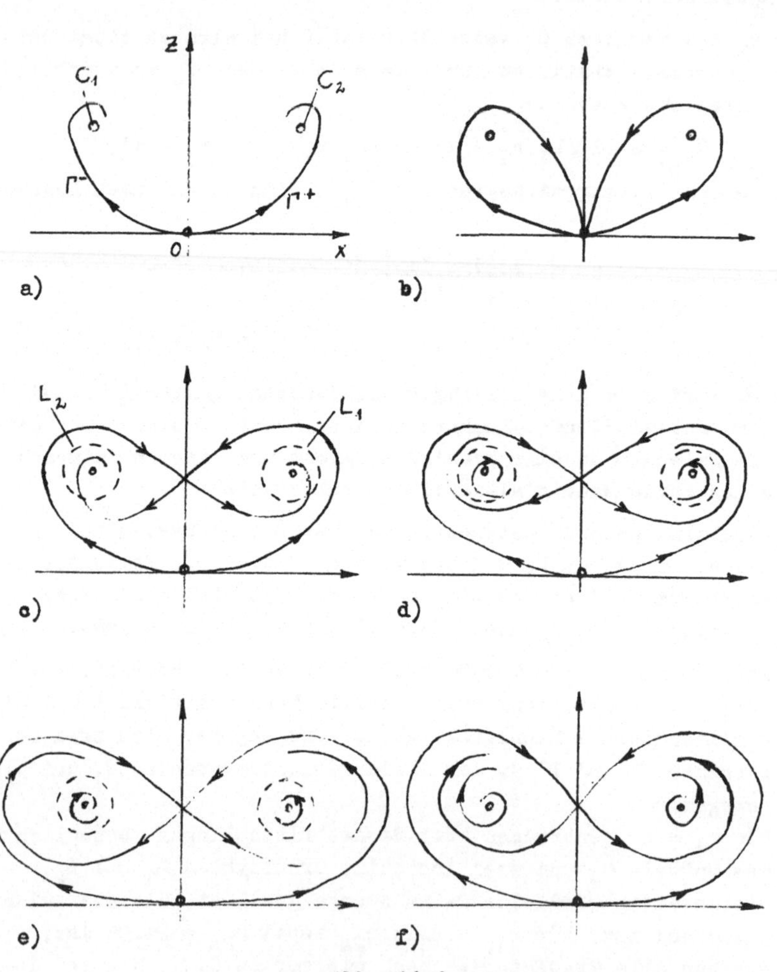

Abb. 11.1

Bifurkationen im Lorenz-System

a) $1 < r_1 < r_{1a}$;  b) $r_1 = r_{1a}$;      c) $r_{1a} < r_1 < r_{2a}$;
d) $r_1 = r_{2a}$;      e) $r_{2a} < r_1 < r^*$;  f) $r^* \leq r_1$
(nach [81, 130, 118]).

Wie im Abschnitt 1 gezeigt wurde, läßt sich das System (11.1)
bei Vorhandensein von drei Gleichgewichtszuständen, d.h. bei
$r_1 > 1$ immer in der Form

$$\dot{\sigma} = \eta, \quad \dot{\eta} = -\mu\eta - z\sigma - \varphi(\sigma), \quad \dot{z} = -Az - B\sigma\eta \qquad (11.2)$$

darstellen. Dabei ist $\varphi(\sigma) = -\sigma + \gamma\sigma^3$ ($\sigma \in \mathbb{R}$). Die weiteren
Größen lauten

$$\mu = \varepsilon\,\frac{\sigma_1 + 1}{\sqrt{\sigma_1}}, \qquad \gamma = \frac{2\sigma_1}{b_1}, \qquad A = \varepsilon\,\frac{b_1}{\sqrt{\sigma_1}},$$

$$B = 2\,\frac{2\sigma_1 - b_1}{b_1} \qquad \text{und} \qquad \varepsilon = (r_1 - 1)^{-\frac{1}{2}}.$$

Die Zahlen $\mu$, $\gamma$, $A$ sind also immer positiv; B ist reell. Alle
folgenden Aussagen in den Abschnitten 11 - 14 werden in erster
Linie für das System (11.2) bei diesen Voraussetzungen und weiteren Einschränkungen bewiesen.

Hauptgegenstand der nächsten Abschnitte sind Abschätzungen der
Bifurkationsparameter der Separatrixschlingen des Systems
(11.2), die vom Koordinatenursprung ausgehen. Im vorliegenden
Buch werden dazu einige Methoden entwickelt, die vor allem auf
der Konstruktion von Flächen beruhen, die keinen Kontakt mit
dem Vektorfeld von (11.2) haben. Mit ihrer Hilfe gelingen Einschließungen des Attraktors von (11.2) im Phasenraum. Im Abschnitt 11 werden dabei in erster Linie kontaktlose Flächen betrachtet, die auf quadratische Formen und die Anwendung von
Ideen der nichtlokalen Reduktionsmethode [75] zurückgehen. Diesen Zugang kann man als eine Art Verdichtung und Weiterentwicklung der Ljapunow-Technik aus Abschnitt 1 betrachten. Im Unterschied zum Abschnitt 1 werden anstelle des Integrals von der
Nichtlinearität Lösungen von gewissen Differentialgleichungen
erster Ordnung benutzt, wie das in der nichtlokalen Reduktionsmethode üblich ist.

Ein weiterer Zugang, der im Abschnitt 12 dargestellt wird, besteht in einer rekurrenten Konstruktion kontaktloser Flächen,
die auf einer gewissen mehrdimensionalen Verallgemeinerung der
Vergleichsmethode von Tschaplygin beruht. Wie es den Autoren
scheint, sind die hier angeführten Ergebnisse nur erste Schritte bei der Verallgemeinerung der Tschaplygin-Methode zur qualitativen Analyse mehrdimensionaler Differentialgleichungssysteme.

Eine dritte Methode zur Abschätzung der Bifurkationsparameter
der Separatrixschlingen des Lorenz-Systems ist im Abschnitt 13

dargestellt. Sie beruht auf einer Synthese und gegenseitigen
Durchdringung der eben diskutierten Methoden. Es muß unterstrichen werden, daß bei der Darstellung des Inhalts der folgenden Abschnitte mitunter Wiederholungen auftreten. Die Autoren haben jedoch bewußt am Anfang Ergebnisse formuliert und bewiesen, die teilweise später als Folgerung aus allgemeineren
Sätzen gewonnen werden können. Dies wurde mit dem Ziel getan,
die Verständlichkeit der Darstellung zu erhöhen.

Im vorliegenden Abschnitt 11 wird, wie bereits angedeutet, die
nichtlokale Reduktionsmethode zum Nachweis invarianter Mengen
für das Lorenz-System (11.2), die auch die Separatrizen enthalten, angewandt. Die Ergebnisse des Abschnittes gehen auf die
Arbeiten [104', 104"] zurück.

Im weiteren betrachten wir bezüglich System (11.2) die Parameter
$B \geq 0$ und $\mu > A$. Die folgende Funktion wird eingeführt:

$$\lambda(\sigma) = \max_{\varkappa \in (0,1]} \left[ -\frac{A}{\varkappa} - (\mu - A)\varkappa + 2\sqrt{B(1 - \varkappa^2)\sigma} \right] \qquad (11.3)$$

$$(\sigma \in \mathbb{R}).$$

Wir bezeichnen mit F und G Lösungen der Gleichungen

$$\frac{dF}{d\sigma} F + \lambda(\sigma)F + \varphi(\sigma) = 0, \qquad (11.4)$$

$$\frac{dG}{d\sigma} G - \lambda(\sigma)G + \varphi(\sigma) = 0, \qquad (11.5)$$

die den Bedingungen

$$F(0) = G(0) = 0, \quad F'(0) > 0, \quad G'(0) > 0 \qquad (11.6)$$

genügen. Es seien $[-d_1, d_1]$ und $[-d_2, d_2]$ die größten Intervalle,
auf denen entsprechend F und G definiert sind.

Satz 11.1. Es sei $d_1 > d_2$ und es gelte

$$2\sqrt{A(\mu - A)} > |\lambda(d_2)|. \qquad (11.7)$$

Dann streben die Separatrizen von System (11.2), die aus dem
Sattel $\sigma = 0$, $\eta = 0$, $z = 0$ hervorgehen, für $t \to +\infty$ nicht gegen
Null.

Beweis. Wir führen hier den Beweis des Satzes für die Separatrix
an, die sich für $t \to -\infty$ an den Sattel $\sigma = 0$, $\eta = 0$, $z = 0$ im
Halbraum $\{\sigma \geq 0\}$ anschmiegt. Der Beweis für die andere Separatrix wird analog geführt.

Wir bemerken zunächst, daß eine hinreichend kleine positive
Zahl $\varepsilon$ und eine Funktion $\lambda_1(\sigma)$ existieren, die den Ungleichungen

$$|\lambda(\sigma) + \varepsilon| \geq \lambda_1(\sigma) + \varepsilon \geq \lambda(\sigma) + \varepsilon \qquad (\sigma \in \mathbb{R})$$

genügen und die so sein sollen, daß für die Lösungen der Gleichungen

$$\frac{dF}{d\sigma}\, F + (\lambda_1(\sigma) + \varepsilon)F + \varphi(\sigma) = 0, \tag{11.8}$$

$$\frac{dG}{d\sigma}\, G + (-\lambda(\sigma) - \varepsilon)G + \varphi(\sigma) = 0 \tag{11.9}$$

mit den Anfangsbedingungen (11.6) die Beziehungen

$$2\sqrt{A(\mu - A)} > |\lambda(d_2)| + \varepsilon \quad \text{und} \quad d_1 = d_2$$

gelten. Im weiteren werden wir solche Lösungen F und G betrachten. Auf Grund ihrer Konstruktion gilt für diese Lösungen die Ungleichung $F(\sigma) \geq G(\sigma)$ für $\sigma \in [0,d_2]$. Wir führen die Bezeichnung $x = [\sigma, \eta, z]^*$ ein und definieren die Funktionen

$$V(x) = \frac{1}{2}[\frac{z^2}{B} + \eta^2 - F(\sigma)^2],$$

$$U(x) = \frac{1}{2}[\frac{z^2}{B} + \eta^2 - G(\sigma)^2],$$

$$W(x) = \frac{1}{2}[-\frac{z^2}{B} + \eta^2 - G(\sigma)^2].$$

Wir zeigen, daß die Menge

$$\Omega = \{x \mid V(x) \leq 0,\ z \geq 0,\ \sigma \in [0,d_2]\} \cup$$
$$\cup\ \{x \mid U(x) \leq 0,\ z \leq 0,\ \sigma \in [0,d_2]\} \cap$$
$$\cap\ \{x \mid W(x) \leq 0,\ \sigma \in [0,d_2]\}$$

für das System (11.2) positiv invariant ist. Dafür ist es hinreichend, folgende Ungleichungen zu überprüfen:

$$\dot{V} < 0 \quad \text{für} \quad x \in \{x \mid V(x) = 0,\ z \geq 0,\ \sigma \in (0,d_2)\}, \tag{11.10}$$

$$\dot{U} < 0 \quad \text{für} \quad x \in \{x \mid U(x) = 0,\ z \leq 0,\ \sigma \in (0,d_2)\}, \tag{11.11}$$

$$\dot{W} < 0 \quad \text{für} \quad x \in \{x \mid W(x) = 0,\ \sigma \in (0,d_2)\}. \tag{11.12}$$

Wir beweisen zunächst die Ungleichung (11.10). Für die Ableitung der Funktion V bezüglich des Systems (11.2) auf der Menge $\{x \mid V(x) = 0,\ z \geq 0,\ \sigma \in (0,d_2)\}$ gilt die Gleichung

$$\dot{V} = -AF^2 - (\mu - A)\eta^2 - 2\sigma\eta z - \eta(F'F + \varphi). \tag{11.13}$$

Unter Benutzung der Gleichung (11.8) erhält man die Beziehung

$$\dot{V} \leq -[A - \frac{(\lambda_1(\sigma) + \varepsilon)^2}{4(\mu - A)}]F^2 < 0 \tag{11.14}$$

für $x \in \{x \mid V(x) = 0,\ z \geq 0,\ \eta \geq 0,\ \sigma \in (0,d_2)\}$.

Aus der Gleichung (11.3) folgt für $\sigma \in [-d_1, d_1]$

$$\lambda(\sigma)F(\sigma) = \max_{\substack{\varkappa^2 F^2 + \tau^2 F^2 = F^2 \\ \varkappa > 0,\ \tau \geqq 0}} [-\frac{AF}{\varkappa} - (\mu - A)\varkappa F + 2\tau \sqrt{B}\, F\sigma] =$$

$$(11.15)$$

$$= \max_{\substack{\eta^2 + \frac{z^2}{B} = F^2 \\ \eta < 0,\ z \geqq 0}} [\frac{1}{\eta}(\frac{Az^2}{B} + \mu\eta^2 + 2z\eta\sigma)].$$

Deshalb ist

$$\dot{V} \leqq -\lambda F\eta + (\lambda_1 + \varepsilon)F\eta \leqq \varepsilon F\eta < 0 \qquad (11.16)$$

für $x \in \{x \mid V(x) = 0,\ z \geqq 0,\ \eta < 0,\ \sigma \in (0,d_2)\}$.

Aus (11.14) und (11.16) folgt die Beziehung (11.10).

Wir gehen nun zum Beweis der Ungleichung (11.11) über. Analog zur Gleichung (11.13) erhalten wir

$$\dot{U} = -AG^2 - (\mu - A)\eta^2 - 2\sigma\eta z - \eta(G'G + \varphi) \qquad (11.17)$$

für $x \in \{x \mid U(x) = 0,\ z \leqq 0,\ \sigma \in (0,d_2)\}$.

Unter Benutzung der Gleichung (11.9) erhält man hieraus die Abschätzung

$$\dot{U} \leqq -[A - \frac{(\lambda(\sigma) + \varepsilon)^2}{4(\mu - A)}]G^2 < 0 \qquad (11.18)$$

für $x \in \{x \mid U(x) = 0,\ z \leqq 0,\ \eta \leqq 0,\ \sigma \in (0,d_2)\}$.

Aus der Gleichung (11.3) folgt für $\sigma \in [-d_2, d_2]$ die Beziehung

$$\lambda(\sigma)G(\sigma) = \max_{\substack{\varkappa^2 G^2 + \tau^2 G^2 = G^2 \\ \varkappa > 0,\ \tau \geqq 0}} [-\frac{AG}{\varkappa} - (\mu - A)\varkappa G + 2\tau \sqrt{B}\, G\sigma] =$$

$$(11.19)$$

$$= \max_{\substack{\eta^2 + \frac{z^2}{B} = G^2 \\ \eta > 0,\ z \leqq 0}} [-\frac{1}{\eta}(\frac{Az^2}{B} + \mu\eta^2 + 2z\eta\sigma)].$$

Deshalb gilt

$$\dot{U} \leqq \lambda G\eta + (-\lambda - \varepsilon)G\eta = -\varepsilon G\eta < 0 \qquad (11.20)$$

für $x \in \{x \mid U(x) = 0,\ z \leqq 0,\ \eta > 0,\ \sigma \in (0,d_2)\}$.

Aus (11.18) und (11.20) folgt die Ungleichung (11.11).

Für die Ableitung der Funktion $W(x)$ bezüglich des Systems (11.2) gilt

$$\dot{W} = \frac{Az^2}{B} - \mu\eta^2 - (G'G + \varphi)\eta = -AG^2 - (\mu - A)\eta^2 - (G'G + \varphi)\eta \leq$$

$$\leq -[A - \frac{(\lambda + \varepsilon)^2}{4(\mu - A)}]G^2 < 0 \qquad\qquad (11.21)$$

für $x \in \{x \mid W(x) = 0, \sigma \in (0, d_2)\}$.

Damit sind die Ungleichungen (11.10) bis (11.12) bewiesen und folglich ist die Menge $\Omega$ positiv invariant für das System (11.2).

Es ist leicht zu sehen, daß die Richtung, über die eine aus dem Sattel $x = 0$ kommende Separatrix heraustritt, in einer Umgebung von $x = 0$ der Menge $\Omega$ angehört. Andererseits gehören die Richtungen, über die zum Sattel $x = 0$ strebende Trajektorien sich bewegen, in einer Umgebung von $x = 0$ nicht der Menge $\Omega$ an. Hieraus und aus der positiven Invarianz der Menge $\Omega$ bezüglich des Systems (11.2) folgt die Behauptung des Satzes 11.1. ∎

Bei der Überprüfung der Bedingungen des Satzes 11.1 ist es mitunter günstig, folgende einfache Aussage zu benutzen.

<u>Lemma 11.1.</u> Es gilt die Ungleichung

$$\lambda(\sigma) \leq -2\sqrt{A(\mu - A)} + 2\sqrt{B(1 - \varkappa^2)}\sigma \qquad (\sigma \in \mathbb{R})$$

mit

$$\varkappa^2 = A(\mu - A + 2\sqrt{\frac{AB}{\mu - 2A}}\,\sigma)^{-1}.$$

<u>Folgerung 11.1.</u> Die Aussage des Satzes 11.1 bleibt erhalten, wenn die Funktion $\lambda(\sigma)$ nicht durch (11.3), sondern durch die Gleichung

$$\lambda(\sigma) = -2\sqrt{A(\mu - A)} + 2\sqrt{B(1 - \varkappa^2)}\sigma$$

mit

$$\varkappa^2 = A(\mu - A + 2\sqrt{\frac{AB}{\mu - 2A}}\,\sigma)^{-1}$$

definiert wird.

Aus den Ergebnissen der numerischen Analyse des Systems (11.2) (siehe [64]) und dem Satz 11.1 ergibt sich die

<u>Folgerung 11.2.</u> Wenn die Bedingungen des Satzes 11.1 erfüllt sind, so ist das System (11.2) global asymptotisch stabil.

<u>Beispiel 11.1.</u> Im Lorenz-System (11.1) setzen wir $\sigma_1 = 10$, $b_1 = \frac{8}{3}$. Der Satz 11.1 garantiert dann, daß das System (11.1) für $r_1 < 3$ global asymptotisch stabil ist.

Es bezeichne nun $L_1$ eine Lösung der Gleichung

$$\frac{dL_1}{d\sigma} L_1 + 2\sqrt{A(\mu - A)}L_1 + \varphi(\sigma) = 0 \qquad (11.22)$$

mit den Anfangsbedingungen $L_1(0) = 0$, $L_1'(0) > 0$.

Es sei $[-d_3, d_3]$ das maximale Existenzintervall der Lösung $L_1$. Für die weitere Darlegung definieren wir folgende Funktionen:

$$L(\sigma) = \begin{cases} L_1(\sigma), & \sigma \in [0, d_3], \\ 0, & \sigma \geq d_3, \end{cases}$$

$$\nu_1(\sigma) = \max_{\varkappa \in (0,1]} [-\frac{A}{\varkappa} - (\mu - A)\varkappa - 2\sqrt{B(1 - \varkappa^2)}\sigma],$$

$$\nu_2(\sigma) = \max_{\varkappa \in (0,\frac{1}{\sqrt{2}}]} [-\frac{A}{\varkappa} - (\mu - A)\varkappa - 2\sqrt{B(1 - \varkappa^2)}\sigma],$$

$$\varrho_1(\sigma) = \max_{\varkappa \in (0,\frac{1}{\sqrt{2}}]} [-\frac{A}{\varkappa} - (\mu - A)\varkappa + 2\sqrt{B(1 - \varkappa^2)}\sigma],$$

$$\nu(\sigma) = \begin{cases} \nu_1(\sigma), & \sigma \in [0, d_3], \\ \nu_2(\sigma), & \sigma \geq d_3, \end{cases}$$

$$\varrho(\sigma) = \begin{cases} \lambda(\sigma), & \sigma \in [0, d_3], \\ \varrho_1(\sigma), & \sigma \geq d_3. \end{cases}$$

Wir betrachten außerdem die auf bestimmten Intervallen $[0, d_4]$ und $[0, d_5]$ definierten Lösungen E und H der Gleichungen

$$\frac{dE}{d\sigma} E + \lambda(\sigma)E + \varphi(\sigma) = 0, \qquad (11.23)$$

$$\frac{dH}{d\sigma} H - \varrho(\sigma)H + \varphi(\sigma) = 0, \qquad (11.24)$$

die den Bedingungen $E(d_4) = 0$, $H(0) = H(d_5) = 0$ genügen.

Es sei K eine Lösung der Gleichung

$$\frac{dK}{d\sigma} K - \mu K + \varphi(\sigma) + \sigma\sqrt{B}\sqrt{E^2 - K^2} = 0 \qquad (11.25)$$

mit den Anfangsbedingungen $K(0) = 0$, $K'(0) > 0$. Es sei $[-d_6, d_6]$ das maximale Existenzintervall von K, das im Intervall $[-d_4, d_4]$ enthalten ist.

Im weiteren werden wir die Ungleichungen

$$d_5 \geq d_4 \quad \text{und} \quad \varphi(d_4) > H(d_4)\sqrt{B}\,d_4 \qquad (11.26)$$

voraussetzen.

Es sei $D(\sigma)$ eine Lösung der Gleichung

$$\frac{dD}{d\sigma}\, D + \mu D + \varphi(\sigma) - \sigma\sqrt{B}\sqrt{H^2 - D^2} = 0 \qquad (11.27)$$

mit der Anfangsbedingung $D(d_4) = 0$ und es sei $[d_7, d_4]$ das in $[0, d_4]$ enthaltene maximale Existenzintervall von $D$.

Wir bezeichnen mit $d_8 \in [0, d_5]$ eine Lösung der Gleichung

$$H(\sigma) = \frac{\sqrt{B}}{2}\, \sigma^2. \qquad (11.28)$$

<u>Satz 11.2.</u> Es seien folgende Bedingungen erfüllt:

1) $d_8 \leqq d_4;$ $\qquad H(\sigma) \neq \frac{\sqrt{B}}{2}\, \sigma^2$ $\quad (\sigma \neq d_8)$.

2) $\dfrac{dH(\sigma)}{d\sigma} + \sqrt{B}\,\sigma > 0$ $\qquad (\sigma \in [d_8, d_4])$.

3) $\lambda(\sigma) + \nu(\sigma) < 0$ $\qquad (\sigma \in [0, d_4])$.

4) Es existieren Zahlen $\beta_1 \in [0, d_6]$ und $\beta_2 \in [d_7, d_4]$, für die folgende Ungleichungen erfüllt sind:

$$H(\sigma) \leqq K(\sigma) \quad (\sigma \in [0, \beta_1]), \quad K(\beta_1) \geqq E(\beta_1). \qquad (11.29)$$

$$D(\sigma) \geqq L(\sigma) \quad (\sigma \in [\beta_2, d_4]), \quad D(\beta_2)^2 \geqq \tfrac{1}{2}(H(\beta_2)^2 + L(\beta_2)^2). \;(11.30)$$

Dann streben die Separatrizen von System (11.2), die aus dem Sattel $\sigma = 0$, $\eta = 0$, $z = 0$ kommen, für $t \to +\infty$ nicht gegen Null.

<u>Beweis.</u> Wir bemerken zunächst, daß eine hinreichend kleine positive Zahl $\varepsilon$ existiert, so daß die Ungleichung

$$\lambda(\sigma) + \nu(\sigma) < -\varepsilon \quad (\sigma \in [0, d_4]) \qquad (11.31)$$

erfüllt ist und folgende Aussage gilt: Die Bedingungen 1), 2) und 4) des Satzes sind auch für Funktionen $E$ und $H$ erfüllt, die anstelle von (11.23) und (11.24) den beiden nächsten Beziehungen genügen:

$$\frac{dE}{d\sigma}\, E + (\lambda(\sigma) + \varepsilon)E + \varphi(\sigma) = 0, \qquad (11.32)$$

$$\frac{dH}{d\sigma}\, H - (\varrho(\sigma) + \varepsilon)H + \varphi(\sigma) = 0. \qquad (11.33)$$

Im weiteren werden wir gerade solche Funktionen $E$ und $H$ betrachten, die (11.32) und (11.33) genügen.

Wir definieren die folgenden Funktionen (dabei bezeichnet $x = [\sigma, \eta, z]^*$):

$$V_1(x) = \tfrac{1}{2}\left[\tfrac{z^2}{B} + \eta^2 - E(\sigma)^2\right],$$

$$U_1(x) = \tfrac{1}{2}\left[\tfrac{z^2}{B} + \eta^2 - H(\sigma)^2\right],$$

$$W_1(x) = \tfrac{1}{2}\left[-\tfrac{z^2}{B} + \eta^2 - L(\sigma)^2\right],$$

$$v(x) = \eta + K(\sigma),$$

$$u(x) = \eta - D(\sigma),$$

$$w(x) = \tfrac{1}{2}\left[-\tfrac{z^2}{B} + \eta^2 - Q(\sigma)^2\right],$$

$$l(x) = z + \sqrt{B}\,H(\sigma),$$

$$m(x) = z + \tfrac{B}{2}\,\sigma^2.$$

Hierbei ist $Q$ eine auf $[0,d_4]$ stetige Funktion, die folgenden Bedingungen genügt:

1) $Q(\sigma) = E(\sigma)$ für $\sigma \in [0,d_4]$, wenn $\lambda(d_4) \leqq 2\sqrt{A(\mu - A)}$ ist.

2) Falls $\lambda(d_4) > 2\sqrt{A(\mu - A)}$ ist, so ist $Q(d_4) = 0$,

$$\tfrac{dQ}{d\sigma}\,Q + 2\sqrt{A(\mu - A)}\,Q + \varphi(\sigma) = 0 \quad \text{für } \sigma \in [d_9,d_4],$$

$$Q(\sigma) = E(\sigma) \quad \text{für } \sigma \in (0,d_9).$$

Wir werden nun zeigen, daß die folgende Menge $\Omega_1$ positiv invariant für das System (11.2) ist:

$$\Omega_1 = \{x \mid V_1(x) \leqq 0,\ z \geqq 0,\ \sigma \in [0,d_4]\} \cup$$

$$\{x \mid U_1(x) \leqq 0,\ z \leqq 0,\ \eta \geqq 0,\ \sigma \in [0,d_4]\} \cup$$

$$\{x \mid \eta \leqq 0,\ z \geqq -\sqrt{B}\,H(\sigma),\ \sigma \in [0,d_4]\} \cap$$

$$\{x \mid -\sqrt{\tfrac{z^2}{B} + Q(\sigma)^2} \leqq \eta \leqq \sqrt{\tfrac{z^2}{B} + L(\sigma)^2},\ \sigma \in [0,d_4]\} \cap$$

$$\{x \mid z \geqq -\tfrac{B}{2}\,\sigma^2\} \setminus (\{x \mid u(x) \geqq 0,\ z \leqq 0,\ \sigma \in [\beta_2,d_4]\} \cup$$

$$\{x \mid v(x) \leqq 0,\ z \geqq 0,\ \sigma \in [0,\beta_1]\}).$$

Mit dieser Zielstellung zeigen wir die Richtigkeit der folgenden Beziehungen:

$$\Omega_1 \cap \{x \mid z \geqq 0,\ \eta \leqq 0,\ \sigma = \beta_1\} \subset \{x \mid V_1(x) \leqq 0,\ z \geqq 0,\ \sigma = \beta_1\},$$

$$(11.34)$$

$$\Omega_1 \cap \{x \mid z \leqq 0,\ \eta \geqq 0,\ \sigma = \beta_2\} = \{x \mid U_1(x) \leqq 0,\ z \leqq 0,\ \sigma = \beta_2\} \cap$$

$$\{x \mid W_1(x) \leqq 0,\ \eta \geqq 0,\ \sigma = \beta_2\},$$

$$(11.35)$$

$$\dot{V}_1 < 0 \text{ für } x \in \{x \mid V_1(x) = 0, \ z \geqq 0, \ \eta \leqq \sqrt{\tfrac{z^2}{B} + L(\sigma)^2}, \\ \sigma \in (0, d_4)\}, \qquad (11.36)$$

$$\dot{U}_1 < 0 \text{ für } x \in \{x \mid U_1(x) = 0, \ z \leqq 0, \ 0 \leqq \eta \leqq \sqrt{\tfrac{z^2}{B} + L(\sigma)^2}, \\ \sigma \in (0, d_4)\}, \qquad (11.37)$$

$$\dot{W}_1 + 2AW_1 \leqq 0 \text{ für } x \in \{x \mid \eta \geqq 0, \ \sigma \in (0, d_4)\}, \qquad (11.38)$$

$$\dot{u} < 0 \text{ für } x \in \{x \mid u(x) = 0, \ z \leqq 0, \ U_1(x) < 0, \\ \sigma \in (\beta_2, d_4)\}, \qquad (11.39)$$

$$\dot{v} > 0 \text{ für } x \in \{x \mid v(x) = 0, \ z \geqq 0, \ V_1(x) < 0, \\ \sigma \in (0, \beta_1)\}, \qquad (11.40)$$

$$\dot{w} + 2Aw \leqq 0 \text{ für } x \in \{x \mid \sigma \in [0, d_4]\}, \qquad (11.41)$$

$$\dot{l} > 0 \text{ für } x \in \{x \mid l(x) = 0, \ \eta \leqq 0, \ \sigma \in (d_8, d_4)\}, \qquad (11.42)$$

$$\dot{m} \geqq 0 \text{ für } x \in \{x \mid m(x) \leqq 0\}, \qquad (11.43)$$

$$\dot{\sigma} < 0 \text{ für } x \in \{x \mid \eta < 0, \ \sigma = d_4, \ U_1(x) \leqq 0, \ z \leqq 0\}, \qquad (11.44)$$

$$\dot{\sigma} > 0 \text{ für } x \in \{x \mid \eta > 0, \ \sigma = 0, \ V_1(x) \leqq 0, \ z \geqq 0\}. \qquad (11.45)$$

Die Einschließung (11.34) folgt aus der Bedingung (11.29), die Beziehung (11.35) folgt aus der Ungleichung (11.30). Wir zeigen nun die Ungleichung (11.36). Für die Ableitung der Funktion $V_1$ auf Grund des Systems (11.2) auf der Menge

$$\{x \mid V_1(x) = 0, \ z \geqq 0, \ \sigma \in (0, d_4)\}$$

gilt die Beziehung

$$\dot{V}_1 = -AE^2 - (\mu - A)\eta^2 - 2\sigma\eta z - \eta(E'E + \varphi). \qquad (11.46)$$

Aus der Definition der Funktionen $\lambda$ und $\nu_j$ ($j = 1,2$) erhalten wir:

$$\lambda(\sigma)E(\sigma) = \max_{\substack{\varkappa^2 E^2 + \tau^2 E^2 = E^2 \\ \varkappa > 0, \ \tau \geqq 0}} \left[ -\tfrac{AE}{\varkappa} - (\mu - A)E\varkappa + 2\tau\sqrt{B}\,E\sigma \right] =$$

$$= \max_{\substack{\eta^2 + \tfrac{z^2}{B} = E^2 \\ \eta < 0, \ z \geqq 0}} \left[ \tfrac{1}{\eta}\left(\tfrac{Az^2}{B} + \mu\eta^2 + 2z\eta\sigma\right) \right], \qquad (11.47)$$

$$v_1(\sigma)E(\sigma) = \max_{\substack{\varkappa^2 E^2 + \tau^2 E^2 = E^2 \\ \varkappa > 0,\ \tau \geqq 0}} [-\frac{AE}{\varkappa} - (\mu - A)E\varkappa - 2\tau \sqrt{B}\, E\sigma] =$$

$$= \max_{\substack{\eta^2 + \frac{z^2}{B} = E^2 \\ \eta > 0,\ z \geqq 0}} [-\frac{1}{\eta}(\frac{Az^2}{B} + \mu\eta^2 + 2z\eta\sigma)], \qquad (11.48)$$

$$v_2(\sigma)E(\sigma) = \max_{\substack{\varkappa^2 E^2 + \tau^2 E^2 = E^2 \\ \varkappa \in (0,\frac{1}{\sqrt{2}}),\ \tau \geqq 0}} [-\frac{AE}{\varkappa} - (\mu - A)E\varkappa - 2\tau \sqrt{B}\, E\sigma] =$$

$$= \max_{\substack{\eta^2 + \frac{z^2}{B} = E^2 \\ \frac{|z|}{\sqrt{B}} \geqq \eta > 0,\ z \geqq 0}} [-\frac{1}{\eta}(\frac{Az^2}{B} + \mu\eta^2 + 2z\eta\sigma)]. \qquad (11.49)$$

Hieraus und aus (11.46) folgen die Beziehungen

$$\dot{V}_1 \leqq -\lambda E\eta + (\lambda + \varepsilon)E\eta = \varepsilon E\eta < 0 \qquad (11.50)$$

für $x \in \{x \mid V_1(x) = 0,\ z \geqq 0,\ \eta < 0,\ \sigma \in (0,d_4)\}$ und

$$\dot{V}_1 \leqq \nu E\eta + (\lambda + \varepsilon)E\eta = (\nu + \lambda + \varepsilon)E\eta < 0 \qquad (11.51)$$

für $x \in \{x \mid V_1(x) = 0,\ z \geqq 0,\ \eta > 0,\ \sigma \in (0,d_4)\}$.

Offensichtlich gilt auch

$$\dot{V}_1 < 0 \quad \text{für} \quad x \in \{x \mid \eta = 0,\ \sigma \in (0,d_4)\}. \qquad (11.52)$$

Aus den Ungleichungen (11.50) – (11.52) folgt die Beziehung (11.36). Wir beweisen nun die Ungleichung (11.37). Für die Ableitung der Funktion $U_1$ bezüglich des Systems (11.2) auf der Menge

$$\{x \mid U_1(x) = 0,\ z \leqq 0,\ \sigma \in (0,d_4)\}$$

gilt die Gleichung

$$\dot{U}_1 = -AH^2 - (\mu - A)\eta^2 - 2\sigma\eta z - \eta(H'H + \varphi). \qquad (11.53)$$

Aus der Definition der Funktionen $\lambda(\sigma)$ und $\varrho_1(\sigma)$ erhalten wir

$$\lambda(\sigma)H(\sigma) = \max_{\substack{\varkappa^2 H^2 + \tau^2 H^2 = H^2 \\ \varkappa > 0,\ \tau \geqq 0}} [-\frac{AH}{\varkappa} - (\mu - A)H\varkappa + 2\tau \sqrt{B}\, H\sigma] =$$

$$= \max_{\substack{\eta^2 + \frac{z^2}{B} = H^2 \\ \eta > 0,\ z \leqq 0}} [-\frac{1}{\eta}(\frac{Az^2}{B} + \mu\eta^2 + 2z\sigma\eta)] \qquad (11.54)$$

und

$$\varrho_1(\sigma)H(\sigma) = \max_{\substack{\varkappa^2 H^2 + \tau^2 H^2 = H^2 \\ \varkappa \in (0, \frac{1}{\sqrt{2}}], \ \tau \geqq 0}} [-\frac{AH}{\varkappa} - (\mu - A)H\varkappa + 2\tau\sqrt{B}\,H\sigma] =$$

$$= \max_{\substack{\eta^2 + \frac{z^2}{B} = H^2 \\ \frac{|z|}{B} \geqq \eta > 0, \ z \leqq 0}} [-\frac{1}{\eta}(\frac{Az^2}{B} + \mu\eta^2 + 2z\sigma\eta)]. \qquad (11.55)$$

Hieraus und aus (11.53) folgt

$$\dot{U}_1 \leqq \varrho H\eta + (-\varrho - \varepsilon)H\eta = -\varepsilon H\eta < 0 \qquad (11.56)$$

für $x \in \{x \mid U_1(x) = 0, \ z \leqq 0, \ \eta > 0, \ \sigma \in (0,d_4)\}$.

Offensichtlich gilt außerdem

$$\dot{U}_1 < 0 \quad \text{für} \quad x \in \{x \mid \eta = 0, \ \sigma \in (0,d_4)\}. \qquad (11.57)$$

Aus den Ungleichungen (11.56) und (11.57) folgt die Beziehung (11.37). Wir beweisen nun die Ungleichung (11.38). Für die Ableitung der Funktion $W_1$ bezüglich des Systems (11.2) auf der Menge

$$\{x \mid \eta \geqq 0, \ \sigma \in (0,d_4)\}$$

gelten die Beziehungen

$$\dot{W}_1 + 2AW_1 = -(\mu - A)\eta^2 - AL^2 - [(\frac{1}{2}L^2)' + \varphi]\eta =$$

$$= \begin{cases} -(\mu - A)\eta^2 - AL_1^2 + 2\sqrt{A(\mu - A)}L_1\eta & \text{für} \quad \sigma \in [0,d_3], \\ -(\mu - A)\eta^2 - \varphi\eta & \text{für} \quad \sigma \geqq d_3. \end{cases}$$

Hieraus und aus der Ungleichung $\varphi(\sigma) \geqq 0$ $(\sigma \geqq d_3)$ folgt die Ungleichung (11.38).

Wir beweisen nun die Ungleichung (11.39). Für die Ableitung der Funktion $u$ bezüglich des Systems (11.2) auf der Menge

$$\{x \mid u(x) = 0, \ z \leqq 0, \ U_1(x) < 0, \ \sigma \in (\beta_2,d_4)\}$$

gilt

$$\dot{u} = \dot{\eta} - D'\eta = -\mu\eta - z\sigma - \varphi - D'D = -\sigma\sqrt{B}\sqrt{H^2 - D^2} - z\sigma < 0.$$

Die Ungleichung (11.40) folgt aus den Beziehungen

$$\dot{v} = \dot{\eta} + K'\eta = -\mu\eta - z\sigma - \varphi - K'K = \sigma\sqrt{B}\sqrt{E^2 - K^2} - z\sigma > 0$$

für $x \in \{x \mid v(x) = 0, \ z \geqq 0, \ V_1(x) < 0, \ \sigma \in (0,\beta_1)\}$.

Die Ungleichung (11.41) ergibt sich aus der Beziehung

$$\dot{w} + 2Aw = -(\mu - A)\eta^2 - AQ^2 - [(\tfrac{1}{2}Q^2)' + \varphi] \leqq$$

$$\leqq -(\mu - A)\eta^2 - AQ^2 + |\eta|\, 2\sqrt{A(\mu - A)}Q \leqq 0.$$

Aus der Bedingung 2) des Satzes folgt

$$\dot{1} = -Az - \sqrt{B}\,\eta(H' + \sqrt{B}\,\sigma) > 0$$

für $x \in \{x \mid \eta < 0, \; 1(x) = 0, \; \sigma \in (d_8, d_4)\}$.

Damit ist die Richtigkeit der Ungleichung (11.42) gezeigt. Die
Ungleichungen (11.43) – (11.45) sind offensichtlich. Aus den
Beziehungen (11.34) – (11.45) folgt die positive Invarianz der
Menge $\Omega_1$ bezüglich des Systems (11.2).

Wir bemerken nun wieder, daß die Richtung, über die eine aus
dem Sattel $x = 0$ kommende Separatrix heraustritt, in einer Umgebung von $x = 0$ der Menge $\Omega_1$ angehört. Andererseits gehören
die Richtungen, über die sich zum Sattel $x = 0$ für $t \to +\infty$
strebende Trajektorien bewegen, in einer Umgebung von $x = 0$
nicht der Menge $\Omega_1$ an. Aus dieser Tatsache und aus der positiven
Invarianz der Menge $\Omega_1$ folgt die Behauptung des Satzes 11.2. ∎

Aus den Ergebnissen der numerischen Analyse des Systems (11.2)
die in [64] angeführt sind, und aus dem Satz 11.2 ergibt sich
die

Folgerung 11.3. Falls die Bedingungen des Satzes 11.2 erfüllt
sind, so ist das System (11.2) global asymptotisch stabil.

Beispiel 11.2. Wir betrachten das Lorenz-System in der Schreib-
weise (11.1) und setzen $\sigma_1 = 10$ und $b_1 = \tfrac{8}{3}$. Die Anwendung von
Satz 11.2 liefert folgendes Ergebnis: Für $r_1 \leqq 4.5$ ist das
System (11.1) global asymptotisch stabil.

## 12. Anwendung einer Verallgemeinerung der Tschaplygin-Methode auf das Lorenz-System

Für das Lorenz-System (11.2) wird wieder eine invariante Menge konstruiert, die vollkommen die Separatrizen enthält, die vom Sattelpunkt im Koordinatenursprung ausgehen. Dabei stützt sich die folgende Darstellung auf die Arbeiten [18, 103], wobei außerdem Ideen aus [24, 62, 64, 68, 101] verwendet werden. Bezüglich des Systems (11.2) setzen wir zusätzlich $B \geq 0$ voraus.

Wir betrachten nun die stetigen Funktionen $P_0$ mit $P_0(\sigma) = \frac{B}{2}\sigma^2$ ($\sigma \in \mathbb{R}$), $Q_k$, $P_k$ ($k = 1,\ldots,N$), die für $k = 1,\ldots,N$ folgenden Beziehungen genügen:

$$P_k(0) = 0, \tag{12.1}$$

$$Q_k(0) = \varrho; \quad Q_k'(0) > 0 \quad \text{bei} \quad \varrho = 0, \tag{12.2}$$

$$\frac{dQ_k}{d\sigma}\, Q_k + \mu Q_k + \varphi(\sigma) - P_{k-1}(\sigma)\sigma = 0 \quad (\sigma \in (0,a_k)), \tag{12.3}$$

$$\frac{dP_k}{d\sigma} = B\sigma - \frac{AP_k}{Q_k(\sigma)} \quad (\sigma \in (0,a_k)). \tag{12.4}$$

Hierbei ist $\varrho$ eine nichtnegative Zahl, $[-a_k, a_k]$ ist das maximale Existenzintervall der Lösung $Q_k$ der Gleichung (12.3) mit den Anfangsbedingungen (12.2). Es ist klar, daß auf diesem Intervall auch die jeweilige Lösung $P_k$ der Gleichung (12.4) definiert ist. In einigen Fällen kann für bestimmte $k$ auch $a_k = +\infty$ sein. Es ist allerdings unschwer zu zeigen, daß für hinreichend großes $k$ die Ungleichung $a_k < +\infty$ gilt.

Wir betrachten weiter die stetige Funktion $p_0(\sigma) = \frac{B}{2}(a_N^2 - \sigma^2)$ ($\sigma \in \mathbb{R}$) und die stetigen Funktionen $q_k$, $p_k$ ($k = 1,2,\ldots,M$), die für alle angegebenen $k$ den folgenden Beziehungen genügen:

$$p_k(a_N) = 0, \tag{12.5}$$

$$q_k(a_N) = 0; \quad q_k'(a_N) = -\infty, \tag{12.6}$$

$$\frac{dq_k}{d\sigma}\, q_k + \mu q_k + \varphi(\sigma) + p_{k-1}(\sigma)\sigma = 0 \quad (\sigma \in (\alpha_k, a_N)), \tag{12.7}$$

$$\frac{dp_k}{d\sigma} = -B\sigma - \frac{Ap_k}{q_k(\sigma)} \quad (\sigma \in (\alpha_k, a_N)). \tag{12.8}$$

Hierbei ist $[\alpha_k, a_N]$ das maximale Existenzintervall der Lösung $q_k$ von Gleichung (12.7) mit den Anfangsbedingungen (12.6). Wenn $\alpha_k > 0$ ist, so definieren wir die Funktionen $p_k$ und $q_k$ auf $[0, \alpha_k]$ folgendermaßen:

$$p_k(\sigma) = p_k(\alpha_k) \qquad (\sigma \in [0,\alpha_k]),$$
$$q_k(\sigma) = 0 \qquad\qquad (\sigma \in [0,\alpha_k]). \qquad\qquad (12.9)$$

Die folgenden Mengen werden im weiteren benötigt:

$$\Phi_0 = \{x = [\sigma,\eta,z]^* \mid z \geqq -\tfrac{B}{2}\,\sigma^2\},$$

$$\Phi_k = \{x \mid z \geqq -P_k(\sigma),\ \eta \leqq Q_k(\sigma),\ \sigma \in [0,a_k]\},$$

$$\Phi_k^- = \{x \mid z \geqq -P_k(|\sigma|),\ \eta \geqq -Q_k(|\sigma|),\ \sigma \in [-a_k,0]\},$$

$$\Psi_k = \{x \mid z \leqq P_k(\sigma),\ \eta \geqq q_k(\sigma),\ \sigma \in [0,a_N]\},$$

$$\Psi_k^- = \{x \mid z \leqq P_k(|\sigma|),\ \eta \leqq -q_k(|\sigma|),\ \sigma \in [-a_N,0]\},$$

$$\Omega = (\Phi_N \cap \Psi_M) \cup (\Phi_N^- \cap \Psi_N^-).$$

<u>Satz 12.1.</u> Es sei $|q_M(0)| \leqq \varrho$. Dann ist die Menge $\Omega$ positiv invariant für das System (11.2).

Als Folgerung aus dem Satz 12.1 ergibt sich der

<u>Satz 12.2.</u> Es sei $\varrho = 0$, $\alpha_M > 0$. Dann konvergieren die Separatrizen des Systems (11.2), die vom Sattel $\sigma = \eta = z = 0$ ausgehen, nicht gegen Null für $t \to +\infty$.

Für den Beweis von Satz 12.1 werden folgende Lemmata benötigt:

<u>Lemma 12.1.</u> Die Menge $\Phi_0$ ist positiv invariant für das System (11.2) und für jede Lösung $(\sigma,\eta,z)$ von (11.2) gilt

$$\lim_{t \to +\infty} \inf\ (z(t) + \tfrac{B}{2}\,\sigma(t)^2) \geqq 0. \qquad\qquad (12.10)$$

<u>Beweis.</u> Wir betrachten die Funktion

$$V(t) = z(t) + \tfrac{B}{2}\,\sigma(t)^2 \quad (t > 0).$$

Offensichtlich gilt

$$\dot V(t) = -Az(t) = -AV(t) + \tfrac{AB}{2}\,\sigma(t)^2 \geqq -AV(t).$$

Hieraus folgt die Abschätzung $V(t) \geqq e^{-At}\,V(0)$ $(t \geqq 0)$. $\blacksquare$

<u>Bemerkung 12.1.</u> Für das Lorenz-System, geschrieben in der Form (11.1), nimmt die Ungleichung (12.10) die Gestalt

$$\lim_{t \to +\infty} \inf\ (z_1(t) - \tfrac{1}{2\sigma_1}\,x_1(t)^2) \geqq 0$$

an. Aus dieser Ungleichung und dem Satz von V.I. Yudovich [64] folgt insbesondere die Richtigkeit der Hypothese, die in [50] formuliert wurde: Bei beliebigen positiven $\sigma_1$, $r_1$ und $b_1$ in (11.1) gilt $\lim_{t \to +\infty} \inf z_1(t) \geqq 0$.

**Lemma 12.2.** Für $k = 0,1,\ldots,N-1$ gelten die Beziehungen

$$P_{k+1}(\sigma) < P_k(\sigma) \quad \text{und} \quad Q_{k+1}(\sigma) < Q_k(\sigma) \quad \text{für} \quad \sigma \in (0,a_{k+1}).$$

**Beweis.** Aus den Ungleichungen $P_1(\sigma) > 0$, $Q_1(\sigma) > 0$ für $\sigma \in (0,a_1)$ und der Gleichung (12.4) folgt, daß $P_1(\sigma) < P_0(\sigma)$ ($\sigma \in (0,a_1)$) ist. Hieraus erhält man unter Benutzung der Vergleichsprinzips von Tschaplygin [64] für die Gleichung (12.3) die Beziehung $Q_2(\sigma) < Q_1(\sigma)$ für $\sigma \in (0,a_2)$. Dann ergibt sich jedoch aus (12.4) die Ungleichung $P_2(\sigma) < P_1(\sigma)$ für $\sigma \in (0,a_2)$, aus der man bei erneuter Verwendung des Tschaplygin-Prinzips für die Gleichung (12.3) die Abschätzung $Q_3(\sigma) < Q_2(\sigma)$ für $\sigma \in (0,a_3)$ erhält. Die Fortführung dieses Prozesses führt zur Aussage des Lemmas. ∎

**Folgerung 12.1.** Für $k = 0,1,\ldots,N-1$ gelten die Inklusionen

$$\Phi_{k+1} \subset \Phi_k \quad \text{und} \quad \Phi_{k+1}^- \subset \Phi_k^-.$$

**Lemma 12.3.** Wenn für die Lösung $x = [\sigma,\eta,z]^*$ von (11.2) $x(0) \in \Phi_k$ und $\sigma(t) \geq 0$ ($t \in [0,T]$) für ein $k$ gilt, so ist $x(t) \in \Phi_k$ ($t \in [0,T]$).

**Beweis.** Unter Berücksichtigung der stetigen Abhängigkeit der Lösungen von den Anfangsbedingungen genügt es, folgende Ungleichungen zu zeigen:

$$\frac{d}{dt}(z + P_k(\sigma)) > 0 \text{ für } x \in G_1 = \{x \mid \sigma \in (0,a_k),\ z + P_k(\sigma) = 0,$$
$$\eta < Q_k(\sigma)\}, \tag{12.11}$$
$$\frac{d}{dt}(\eta - Q_k(\sigma)) < 0 \text{ für } x \in G_2 = \{x \mid \sigma \in (0,a_k),\ z \geq -P_k(\sigma),$$
$$\eta = Q_k(\sigma)\}.$$

Wir zeigen zunächst, daß die erste Ungleichung von (12.11) gilt. Für $x \in G_1$ ist

$$\frac{d}{dt}(z + P_k(\sigma)) = -Az - B\sigma\eta + P_k'\eta = AP_k + (P_k' - B\sigma)\eta =$$
$$= AP_k\left(1 - \frac{\eta}{Q_k(\sigma)}\right) > 0.$$

Für $x \in G_2$ ist

$$\frac{d}{dt}(\eta - Q_k(\sigma)) = -\mu\eta - z\sigma - \varphi(\sigma) - Q_k'\eta =$$
$$= -\mu Q_k - Q_k' Q_k - \varphi(\sigma) - z\sigma =$$
$$= -\sigma(P_{k-1}(\sigma) + z) < -\sigma(P_k(\sigma) + z) \leq 0. \ \blacksquare$$

Vollkommen analog wird folgende Behauptung bewiesen.

**Lemma 12.4.** Wenn für die Lösung $x = [\sigma,\eta,z]^*$ von (11.2) $x(0) \in \Phi_k^-$ und $\sigma(t) \leq 0$ ($t \in [0,T]$) für ein $k$ gilt, so ist $x(t) \in \Phi_k^-$ ($t \in [0,T]$).

**Lemma 12.5.** Für $k = 0,1,\ldots,M-1$ gelten die Beziehungen $p_{k+1}(\sigma) < p_k(\sigma)$ und $q_{k+1}(\sigma) > q_k(\sigma)$ für $\sigma \in (\alpha_{k+1},a_N)$.

**Beweis.** Aus den Ungleichungen $p_1(\sigma) > 0$ und $q_1(\sigma) < 0$ für $\sigma \in (\alpha_1,a_N)$ und der Gleichung (12.8) folgt $p_1(\sigma) < p_0(\sigma)$ ($\sigma \in (\alpha_1,a_N)$). Wegen der letzten Ungleichung ergibt sich mit dem Tschaplygin-Prinzip aus (12.7) $q_2(\sigma) > q_1(\sigma)$ für $\sigma \in (\alpha_2,a_N)$. Damit folgt aber aus (12.8) die Ungleichung $p_2(\sigma) < p_1(\sigma)$ für $\sigma \in (\alpha_2,a_N)$, aus der, bei erneuter Benutzung des Tschaplygin-Prinzips für die Gleichung (12.7), die Ungleichung $q_3(\sigma) > q_2(\sigma)$ für $\sigma \in (\alpha_3,a_N)$ entsteht. Durch die Fortsetzung dieses Prozesses ergibt sich die Aussage des Lemmas. ∎

**Folgerung 12.2.** Für $k = 0,1,\ldots,M-1$ gelten die Inklusionen

$$\Psi_{k+1} \subset \Psi_k \quad \text{und} \quad \Psi_{k+1}^- \subset \Psi_k^-.$$

**Lemma 12.6.** Wenn für die Lösung $x = [\sigma,\eta,z]^*$ von (11.2) $x_0 \in \Psi_k$ und $\sigma(t) \geq 0$ ($t \in [0,T]$) für ein $k$ gilt, so ist $x(t) \in \Psi_k$ ($t \in [0,T]$).

**Beweis.** Das Lemma ist bewiesen, wenn folgende Ungleichungen gezeigt sind:

$$\frac{d}{dt}(z - p_k(\sigma)) < 0 \quad \text{für} \quad x \in G_3 = \{x \mid \sigma \in (0,a_N),\ z = p_k(\sigma),$$
$$\eta > q_k(\sigma)\}, \tag{12.12}$$

$$\frac{d}{dt}(\eta - q_k(\sigma)) > 0 \quad \text{für} \quad x \in G_4 = \{x \mid \sigma \in (0,a_N),\ z \leq p_k(\sigma),$$
$$\eta = q_k(\sigma)\}. \tag{12.13}$$

Für $k = 0$ ist (12.12) äquivalent zu $-Az - B\sigma\eta + B\sigma\eta < 0$, was offensichtlich für $x \in G_3$ erfüllt ist. Für $x \in G_3$ und $\sigma \in (\alpha_k,a_N)$ gilt sofort

$$\frac{d}{dt}(z - p_k(\sigma)) = -Az - B\sigma\eta - p_k'\eta = -Ap_k(1 - \eta/q_k(\sigma)) < 0.$$

Für $x \in G_3$ und $\sigma \in (0,\alpha_k)$ (für den Fall, daß $\alpha_k > 0$ ist) erhalten wir

$$\frac{d}{dt}(z - p_k(\sigma)) = -Az - B\sigma\eta < -Ap_k(\alpha_k) < 0.$$

Damit ist die Richtigkeit der Beziehung (12.12) gezeigt.

Für $x \in G_4$ und $\sigma \in (\alpha_k, a_N)$ gilt

$$\frac{d}{dt}(\eta - q_k(\sigma)) = -\mu\eta - z\sigma - \varphi(\sigma) - q_k'\eta = -\mu q_k - q_k' q_k - \varphi(\sigma) - z\sigma =$$
$$= \sigma(p_{k-1}(\sigma) - z) > \sigma(p_k(\sigma) - z) \geq 0. \qquad (12.14)$$

Für $x \in G_4$ und $\sigma \in (0, \alpha_k)$ (falls $\alpha_k > 0$ ist) gilt

$$\frac{d}{dt}(\eta - q_k(\sigma)) = -\mu\eta - z\sigma - \varphi(\sigma) \geq -p_k(\alpha_k)\sigma - \varphi(\sigma) \geq$$
$$\geq \sigma(-p_k(\alpha_k) + 1 - \gamma\sigma^2).$$

Wir zeigen dazu die Ungleichung

$$-p_k(\alpha_k) + 1 - \gamma\alpha_k^2 \geq 0. \qquad (12.15)$$

Für den Beweis nehmen wir an, daß

$$-p_k(\alpha_k) + 1 - \gamma\alpha_k^2 < 0 \qquad (12.16)$$

ist. Wir lassen aus dem Punkt $x_0 = [\sigma_0, \eta_0, z_0]^*$ mit $\sigma_0 = \alpha_k$, $\eta_0 = 0$, $z_0 = p_k(\alpha_k)$ die Trajektorie $x(t; x_0)$ des Systems (11.2) starten. Aus der Gleichung (12.16) folgt die Ungleichung $\dot{\eta}(0; x_0) < 0$. Hieraus und aus der stetigen Abhängigkeit der Lösungen von (11.2) von den Anfangszuständen folgt, daß die Ungleichung (12.14) für $x \in G_4$, $\sigma \in (\alpha_k, a_N)$ und hinreichend kleine $\|x - x_0\|$ nicht gilt. Der erhaltene Widerspruch beweist die Beziehung (12.15). Aus (12.14) und (12.15) folgt die Ungleichung (12.13). ∎

Analog beweist man folgende Behauptung.

<u>Lemma 12.7.</u> Wenn für eine Lösung $x = [\sigma, \eta, z]^*$ von (11.2) $x(0) \in \Psi_k^-$ und $\sigma(t) \leq 0$ ($t \in [0, T]$) für ein $k$ gelten, so ist $x(t) \in \Psi_k^-$ ($t \in [0, T]$).

<u>Beweis des Satzes 12.1.</u> Er folgt sofort aus den Lemmata 12.1 – 12.7. ∎

<u>Beweis des Satzes 12.2.</u> Für $\varrho = 0$ und $\alpha_M > 0$ wird die Menge $\Omega$ in zwei bezüglich (11.2) positiv invariante Mengen $\Omega^+ = \Phi_N \cap \Psi_M$ und $\Omega^- = \Phi_N^- \cap \Psi_M^-$ zerlegt. Es ist leicht zu sehen, daß in diesem Falle die Trajektorien, die sich in $\Omega^+$ bzw. $\Omega^-$ befinden, für $t \to +\infty$ nicht gegen Null streben können, da für hinreichend kleine $\sigma$ und $x \in \Omega^+$ $\dot{\sigma} = \eta \geq 0$ gilt, für hinreichend kleine $\sigma$ und $x \in \Omega^-$ aber $\dot{\sigma} = \eta \leq 0$ ist. Andererseits sind die Separatrizen des Systems (11.2), die aus dem Sattel $x = 0$ kommen, entweder in $\Omega^+$ oder $\Omega^-$ enthalten. Wirklich, in einer Umgebung von $x = 0$ stimmt die Separatrix, die in $\{x \mid \sigma \geq 0\}$ geht, mit der Kurve überein, die der Gleichung

$$\eta = Q(\sigma), \qquad z = -P(\sigma) \qquad (\sigma > 0)$$

genügt. Hierbei sind Q und P Lösungen des Systems

$$\frac{dQ}{d\sigma}\, Q + \mu Q + \varphi(\sigma) - P\sigma = 0, \qquad \frac{dP}{d\sigma} = B\sigma - \frac{AP}{Q}$$

mit den Anfangsbedingungen $P(0) = Q(0) = 0$ und $Q'(0) > 0$.

Aus dem Lemma 12.2 folgt, daß P und Q Grenzfunktionen von (punktweise) monoton fallenden Funktionenfolgen $\{P_k\}$ und $\{Q_k\}$ sind. Hieraus und aus der Definition der Menge $\Omega^+$ folgt, daß die betrachtete Separatrix sich in einer gewissen Umgebung der Null in der Menge $\Omega^+$ aufhält. Aus der positiven Invarianz von $\Omega^+$ folgt, daß dann diese Separatrix vollständig in $\Omega^+$ liegt. Analog werden die Überlegungen für die Separatrix geführt, die in den Halbraum $\{x \mid \sigma \leq 0\}$ übergeht. Also sind die Separatrizen des Systems (11.2), die aus dem Sattel $x = 0$ kommen, in $\Omega^+$ oder $\Omega^-$ enthalten und können so nicht gegen Null für $t \to +\infty$ konvergieren. ∎

Wir wenden nun den Satz 12.2 für den Fall $N = M = 2$ und $2\gamma > B$ an. Dabei werden wir danach streben, eine möglichst einfache analytische Bedingung für das Fehlen einer Separatrixschlinge von System (11.2) zu bekommen, wobei wir den Algorithmus zur Bestimmung der $a_k$ und $\alpha_k$ vergröbern. Aus der Gleichung (12.3) und der Ungleichung $2\gamma > B$ erhalten wir die Abschätzung

$$Q_1(\sigma) \leqq K_1 \sigma \qquad (\sigma \in (0, a_1)) \tag{12.17}$$

mit

$$K_1 = -\frac{\mu}{2} + \sqrt{\frac{\mu^2}{4} + 1}.$$

Unter Benutzung von (12.17) erhält man aus (12.4) die Ungleichung

$$P_1(\sigma) \leqq C\sigma^2 \qquad (\sigma \in (0, a_1)) \tag{12.18}$$

mit

$$C = \frac{B}{2 + AK_1^{-1}}.$$

Aus der Gleichung (12.3) und der Abschätzung (12.18) folgt die Ungleichung $a_2 < \varkappa$. Hierbei ist $\varkappa$ die positive Wurzel der Gleichung

$$\int_0^\varkappa [\varphi(\sigma) - C\sigma^3]\, d\sigma = 0.$$

Die Berechnung ergibt $\varkappa = [2/(\gamma - C)]^{\frac{1}{2}}$.

Wir werden im weiteren die Ungleichung

$$\mu > 2[(\gamma + C)/(\gamma - C)]^{\frac{1}{2}} \qquad (12.19)$$

voraussetzen. Aus der Ungleichung (12.19) folgt die Existenz
einer Zahl $K_2 < 0$, für die die Beziehung

$$K_2^2\sigma + \mu K_2\sigma + \varphi(\sigma) - \frac{B}{2}\sigma^3 + \frac{B}{2}\varkappa^2\sigma < 0 \quad (\sigma \in (0,\varkappa)) \qquad (12.20)$$

gilt. Das bedeutet, daß die Gerade $q = K_2\sigma$ ohne Kontakt mit dem
Vektorfeld der Gleichung (12.7) für $\sigma \in (0,\varkappa)$ ist. Hieraus
folgt, daß $\alpha_1 = 0$ ist und

$$q_1(\sigma) \geq K_2\sigma \quad (\sigma \in [0,a_2]) \qquad (12.21)$$

gilt. Aus der Abschätzung (12.21) und der Gleichung (12.8) folgt
sofort $p_1(0) = 0$. Dann ist jedoch für eine hinreichend kleine
Zahl $\delta > 0$ die Ungleichung $\varphi(\sigma) + p_1(\sigma)\sigma < 0$ $(\sigma \in [0,\delta])$ erfüllt. Hieraus, aus der Ungleichung (12.20) und der Abschätzung
$p_1(\sigma) < p_0(\sigma)$ $(\sigma \in [0,\delta])$ folgt, daß für hinreichend kleine $\delta$
die Ungleichung

$$K_2^2(\sigma - \delta) + \mu K_2(\sigma - \delta) + \varphi(\sigma) + p_1(\sigma)\sigma < 0 \quad (\sigma \in (\delta,a_2))$$

gilt. Das bedeutet, daß die Gerade $q = K_2(\sigma - \delta)$ ohne Kontakt
mit dem Vektorfeld der Gleichung (12.7) für $\sigma \in (\delta,a_2)$ ist.
Dann gilt aber $\alpha_2 \geq \delta > 0$.

Folglich ist für das Erfülltsein der Bedingungen des Satzes
12.2 die Ungleichung (12.19) hinreichend.

Für das Lorenz-System, geschrieben in der Standardform (11.1),
lautet die Bedingung

$$\frac{(\sigma_1 + 1)^2}{(r_1 - 1)\sigma_1} > 4\,\frac{\sigma_1 + \Lambda}{\sigma_1 - \Lambda} \qquad (12.22)$$

mit

$$\Lambda = \frac{2\sigma_1 - b_1}{2 + b_1(\sigma_1 + 1)\sigma_1^{-1}(r_1 - 1)^{-1}}.$$

Die Bedingung (12.22) ist z.B. für $\sigma_1 = 10$, $b_1 = \frac{8}{3}$ und $r_1 \leq 2$
erfüllt. Für große $\sigma_1$ und $r_1$ nimmt (12.22) die Gestalt

$$r_1 < \frac{1}{4}(b_1\sigma_1)^{\frac{1}{2}} \text{ an.}$$

<u>13. Eine Synthese der mehrdimensionalen Tschaplygin-Methode
    und der nichtlokalen Reduktionsmethode</u>

Wir beschäftigen uns weiter mit der Konstruktion einer positiv
invarianten Menge für das Lorenz-System (11.2), die den Lorenz-
Attraktor enthält. Auch bei den folgenden Darlegungen, die auf
die Arbeit $[104^{IV}]$ zurückgehen, werden Ergebnisse aus [24, 62,
64, 68, 101] verwendet. Untersucht wird das Lorenz-System
(11.2) bei den zusätzlichen Einschränkungen $B \geqq 0$ und $\mu > A$.

Wir betrachten die von Parametern $\alpha \in \mathbb{R}_+$ und $\varrho \in \mathbb{R}_+$ abhängigen
stetigen Funktionen $P_0(\sigma;\alpha) = \frac{B}{2}(\sigma^2 - \alpha^2)$, $Q_k(\sigma;\alpha,\varrho)$, $P_k(\sigma;\alpha,\varrho)$
$(k = 1,2,\ldots,N)$, die für $k = 1,2,\ldots,N$ den Beziehungen

$$P_k(\alpha;\alpha,\varrho) = 0, \tag{13.1}$$

$$Q_k(\alpha;\alpha,\varrho) = \varrho, \tag{13.2}$$

$$\frac{dQ_k}{d\sigma} Q_k + \mu Q_k + \varphi(\sigma) - P_{k-1}(\sigma;\alpha,\varrho)\sigma = 0, \tag{13.3}$$

$$\frac{dP_k}{d\sigma} = B\sigma - \frac{AP_k}{Q_k(\sigma;\alpha,\varrho)} \quad \text{für} \quad \sigma \in (\alpha, a_k(\alpha,\varrho)) \tag{13.4}$$

genügen. Hierbei ist $(\alpha, a_k(\alpha,\varrho))$ das in $(\alpha,+\infty)$ gelegene maximale Existenzintervall der Lösung $Q_k(\sigma;\alpha,\varrho)$ der Gleichung (13.3)
mit den Anfangsbedingungen (13.2). Es ist klar, daß auf diesem
Intervall auch die jeweilige Lösung $P_k(\sigma;\alpha,\varrho)$ der Gleichung
(13.4) definiert ist. Wir betrachten weiter die stetigen Funk-
tionen $p_0(\sigma;\varkappa) = \frac{B}{2}(\varkappa^2 - \sigma^2)$, $q_k(\sigma;\varkappa,\xi)$, $p_k(\sigma;\varkappa,\xi)$
$(k = 1,2,\ldots,M)$, die für $k = 1,2,\ldots,M$ den folgenden Beziehun-
gen genügen:

$$p_k(\varkappa;\varkappa,\xi) = 0, \tag{13.5}$$

$$q_k(\varkappa;\varkappa,\xi) = \xi, \tag{13.6}$$

$$\frac{dq_k}{d\sigma} q_k + \mu q_k + \varphi(\sigma) + P_{k-1}(\sigma;\varkappa,\xi)\sigma = 0, \tag{13.7}$$

$$\frac{dp_k}{d\sigma} = - B\sigma - \frac{Ap_k}{q_k(\sigma;\varkappa,\xi)} \quad \text{für} \quad \sigma \in (\alpha_k(\varkappa,\xi),\varkappa). \tag{13.8}$$

Hierbei sind $\varkappa$ und $\xi$ Parameter ($\varkappa > 0$ und $\xi \leqq 0$). Weiter ist
$(\alpha_k(\varkappa,\xi),\varkappa)$ das maximale auf $(0,\varkappa)$ gelegene Existenzintervall
der Lösung $q_k(\sigma;\varkappa,\xi)$ von Gleichung (13.7) mit den Anfangsbedingungen (13.6).

Falls $\alpha_k(\varkappa,\xi) > 0$ ist, erweitern wir den Definitionsbereich
der Funktionen $p_k(\sigma;\varkappa,\xi)$ und $q_k(\sigma;\varkappa,\xi)$ folgendermaßen:

$$p_k(\sigma; \varkappa, \xi) = p_k(\alpha_k(\varkappa, \xi); \varkappa, \xi) \quad \text{für} \quad \sigma \in [0, \alpha_k(\varkappa, \xi)],$$

$$q_k(\sigma; \varkappa, \xi) = 0 \quad \text{für} \quad \sigma \in [0, \alpha_k(\varkappa, \xi)].$$

Wir betrachten weiter Zahlen $u \geq (\sqrt{B})^{-1}$, $\beta \geq 0$, $\theta \geq 0$, $\nu > \beta$ und die stetigen Funktionen $F(\sigma; \beta, \theta)$ und $G(\sigma; \nu)$, die bezüglich $\sigma$ überall auf $(\beta, \nu)$, mit Ausnahme einer endlichen Anzahl von Punkten, folgenden Beziehungen genügen:

$$\frac{dF}{d\sigma} F + \delta F + \varphi(\sigma) = 0 \quad \text{für} \quad \sigma \in (\beta, \sigma_0(\beta, \theta)), \tag{13.9}$$

$$F(\beta; \beta, \theta) = \theta, \tag{13.10}$$

$$F(\sigma; \beta, \theta) > -\varphi(\sigma)[A + u^{-1}\sigma]^{-1} \quad \text{für} \quad \sigma \in (\sigma_0(\beta, \theta), \nu), \tag{13.11}$$

$$\frac{-[\varphi(\sigma) + (A + u^{-1}\sigma)F]}{\min\{q_N(\sigma; \beta, \theta), (1 - u\sqrt{B})^{-1}F\}} \leq \frac{dF}{d\sigma} + (\mu - A) + (Bu - u^{-1})\sigma \leq$$

$$\leq \frac{-[\varphi(\sigma) + (A + u^{-1}\sigma)F]}{\max\{q_M(\sigma; \nu, 0), F\}} \quad \text{für} \quad \sigma \in (\sigma_0(\beta, \theta), \nu), \tag{13.12}$$

$$\frac{dG}{d\sigma} G + \mu G + \varphi(\sigma) + \frac{F(\sigma; \beta, \theta) - G}{u} \sigma = 0$$

$$\text{für} \quad \sigma \in (b(\beta, \theta, \nu), \nu). \tag{13.13}$$

Hierbei ist

$$\delta = \begin{cases} \mu & \text{für} \quad \mu \geq 2A, \\ 2\sqrt{A(\mu - A)} & \text{für} \quad \mu < 2A. \end{cases}$$

Weiter ist $[\beta, \sigma_0(\beta, \theta)]$ das maximale Existenzintervall aus $[\beta, +\infty)$ der Lösung $F$ von (13.9) mit Anfangsbedingungen (13.10); $b(\beta, \theta, \nu)$ ist die maximale auf $[\sigma_0(\beta, \theta), \nu]$ gelegene Nullstelle der Funktion $F(\sigma; \beta, \theta) - G(\sigma; \nu)$.

Im weiteren betrachten wir den Fall $\sigma_0(\beta, \theta) < \nu$.

<u>Definition 13.1.</u> Wir werden sagen, daß das Zahlenpaar $\varkappa \geq 0$, $\xi \leq 0$ <u>zulässig</u> für die Zahl $\nu \geq \varkappa$ ist, wenn nichtnegative Zahlen $\beta, \theta$ existieren, für die $\varkappa = b(\beta, \theta, \nu)$, $\xi = G(\varkappa, \nu)$, $\theta \geq -q_M(\alpha_M(\varkappa, \xi); \varkappa, \xi)$, $\alpha_M(\varkappa, \xi) \geq \beta$ gilt.

Wir definieren nun, ausgehend von $\nu_1$, die Folgen $\{\nu_j\}$, $\{\varkappa_j\}$ und $\{\xi_j\}$ für $j = 1, 2, \ldots, L$ durch die Vorschrift:

$$\nu_{j+1} = a_N(\alpha_M(\varkappa_j, \xi_j), -q_M(\alpha_M(\varkappa_j, \xi_j); \varkappa_j, \xi_j)).$$

Das Paar $\varkappa_j, \xi_j$ wird jeweils als zulässig für die Zahl $\nu_j$ bestimmt. Wir werden voraussetzen, daß solche Folgen existieren und die Folge $\{\nu_j\}$ dabei nicht wächst.

Nun vereinbaren wir die Bezeichnungen:

$$
D(\sigma;z,\alpha,\varrho) = \begin{cases} \dfrac{z}{\sqrt{B}}, & z \geqq 0, \\[2ex] \min\{F(\sigma;\varkappa,\varrho) - uz, -\dfrac{z}{\sqrt{B}}\}, & z < 0, \end{cases}
$$

$$
\alpha_M = \alpha_M(\varkappa_{L-1},\xi_{L-1}), \qquad q_M = q_M(\alpha_M(\varkappa_{L-1},\xi_{L-1}), \varkappa_{L-1},\xi_{L-1}).
$$

Betrachtet werden die Mengen

$$
\Omega_1^+ = \{x = [\sigma,\eta,z]^* : \sigma \in [\alpha_M,-q_M], \eta \leqq \sqrt{F(\sigma;\alpha_M,-q_M)^2 + \frac{z^2}{B}},
$$
$$
- P_N(\sigma;\alpha_M,-q_M) \leqq z \leqq P_M(\sigma;\varkappa_L,\xi_L), q_M(\sigma;\varkappa_L,\xi_L) \leqq
$$
$$
\leqq \eta \leqq Q_N(\sigma;\alpha_M,-q_M)\},
$$

$$
\Omega_2^+ = \{x = [\sigma,\eta,z]^* : \sigma \in [\sigma_0(\alpha_M,-q_M),\varkappa_L], \eta \leqq D(\sigma;z,\alpha_M,-q_M),
$$
$$
- P_N(\sigma;\alpha_M,-q_M) \leqq z \leqq P_M(\sigma;\varkappa_L,\xi_L), q_M(\sigma;\varkappa_L,\xi_L) \leqq \eta \leqq
$$
$$
\leqq Q_N(\sigma;\alpha_M,-q_M)\},
$$

$$
\Omega_3^+ = \{x = [\sigma,\eta,z]^* : \sigma \in [\varkappa_L,a_N(\alpha_M,-q_M)], -P_N(\sigma;\alpha_M,-q_M) \leqq
$$
$$
z \leqq \frac{F(\sigma;\alpha_M,-q_M) - \eta}{u}, G(\sigma;a_N(\alpha_M,-q_M)) \leqq \eta \leqq
$$
$$
Q_N(\sigma;\alpha_M,-q_M), \eta \leqq -\frac{z}{\sqrt{B}}\}.
$$

Die Schnitte der Mengen $\Omega_1^+$, $\Omega_2^+$ und $\Omega_3^+$ mit der Ebene $\sigma = $ const sind schematisch auf den Abbildungen 13.1, 13.2 bzw. 13.3 zu sehen.

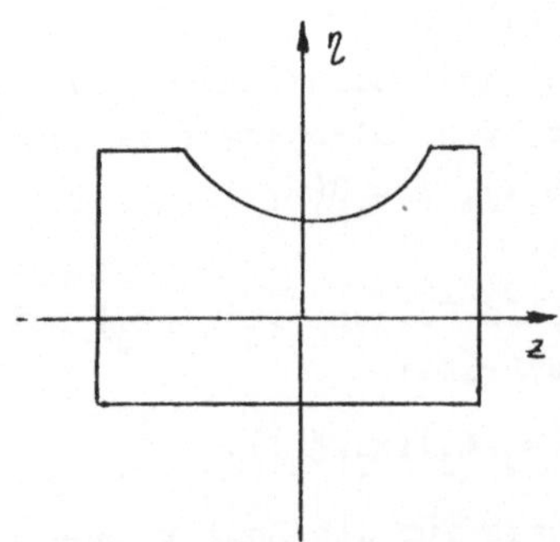

Abb. 13.1

Schnitt von $\Omega_1^+$ mit $\sigma = $ const

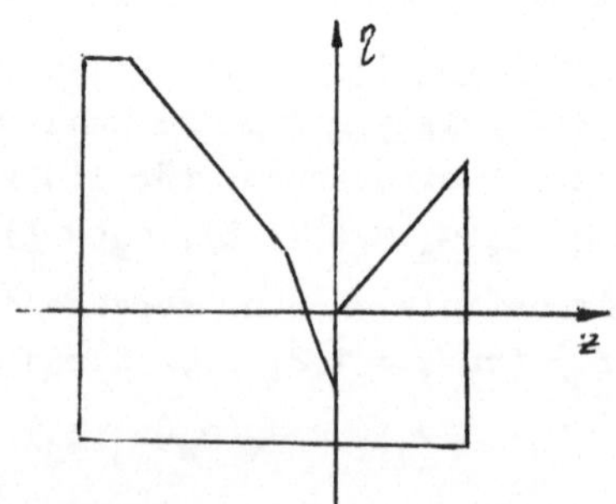

Abb. 13.2

Schnitt von $\Omega_2^+$ mit $\sigma = $ const

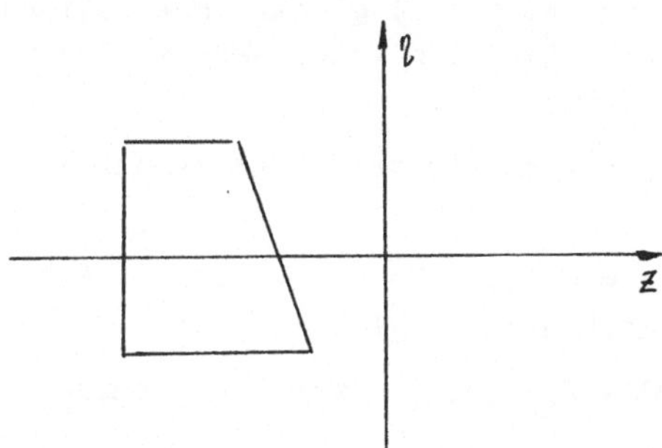

Abb. 13.3

Schnitt von $\Omega_3^+$ mit $\sigma$ = const

Wir vereinbaren noch folgende Bezeichnungen:

$$\Omega^+ = \Omega_1^+ \cup \Omega_2^+ \cup \Omega_3^+,$$

$$\Omega^- = \{x = [\sigma,\eta,z]^* : [-\sigma,-\eta,z]^* \in \Omega^+\},$$

$$\Omega(\nu_1,L) = \Omega^+ \cup \Omega^-.$$

__Satz 13.1.__ Wenn für die Lösung $x = [\sigma,\eta,z]^*$ von (11.2) die Ungleichung

$$\limsup_{t \to +\infty} |\sigma(t)| \leq \nu_1 \qquad (13.14)$$

erfüllt ist, so existiert entweder eine Zahl $\tau$, so daß

$$x(t) \in \Omega(\nu_1,L) \quad \text{für} \quad t \geq \tau \qquad (13.15)$$

ist, oder es gilt

$$\lim_{t \to +\infty} \|x(t)\| = 0.$$

__Satz 13.2.__ Wenn mit $\nu_1 = a_N(0,0)$ die Ungleichung $\alpha_M(\varkappa_L,\xi_L) > 0$ erfüllt ist, so streben die Separatrizen von (11.2), die vom Sattel $x = 0$ ausgehen, für $t \to +\infty$ nicht gegen Null.

__Satz 13.3.__ Wenn für eine beliebige Lösung von System (11.2) die Ungleichung (13.14) erfüllt ist und $\lim\limits_{t \to +\infty} (\alpha_M(\varkappa_L,\xi_L) - \nu_L) = 0$ gilt, so ist das System (11.2) global asymptotisch stabil.

__Satz 13.4.__ Wenn für eine beliebige Lösung von System (11.2) die Ungleichung (13.14) erfüllt ist, $\alpha_M(\varkappa_L,\xi_L) > 0$ ist und eine $3 \times 3$-Matrix $H = H^* > 0$ existiert, so daß

$$[\frac{\partial f(x)}{\partial x}]^*H + H[\frac{\partial f(x)}{\partial x}] < 0 \quad \text{für} \quad x = [\sigma,\eta,z]^* \in \Omega(\nu_1,L)$$

$$\text{mit} \quad |\sigma| \geq \alpha_M(\varkappa_L,\xi_L)$$

gilt, so ist das System (11.2) global asymptotisch stabil.
(Hierbei bezeichnet $\frac{\partial f(x)}{\partial x}$ die Jacobi-Matrix der rechten Seite
$f(x)$ von System (11.2).)

Der Beweis der hier formulierten Sätze beruht auf folgenden
Lemmata.

**Lemma 13.1.** Für $k = 0,1,\ldots,N-1$, $j = 0,1,\ldots,M-1$, $\alpha \geq 0$, $\varrho \geq 0$,
$\varkappa > 0$ und $\xi \leq 0$ gelten die Ungleichungen:

$$P_{k+1}(\sigma;\alpha,\varrho) < P_k(\sigma;\alpha,\varrho) \quad \text{für} \quad \sigma \in (\alpha, a_{k+1}(\alpha,\varrho)),$$

$$Q_{k+1}(\sigma;\alpha,\varrho) < Q_k(\sigma;\alpha,\varrho) \quad \text{für} \quad \sigma \in (\alpha, a_{k+1}(\alpha,\varrho)),$$

$$p_{j+1}(\sigma;\varkappa,\xi) < p_j(\sigma;\varkappa,\xi) \quad \text{für} \quad \sigma \in (\alpha_{j+1}(\varkappa,\xi),\varkappa),$$

$$q_{j+1}(\sigma;\varkappa,\xi) > q_j(\sigma;\varkappa,\xi) \quad \text{für} \quad \sigma \in (\alpha_{j+1}(\varkappa,\xi),\varkappa).$$

**Lemma 13.2.** Entlang einer beliebigen Lösung $(\sigma,\eta,z)$ von (11.2)
gelten für $k = 1,2,\ldots,N-1$, $j = 1,2,\ldots,M-1$, $\alpha \geq 0$, $\varrho \geq 0$,
$\varkappa > 0$, $\xi \leq 0$ die Ungleichungen

$$\frac{d}{dt}(z + P_0(\sigma;\varkappa)) > 0 \quad \text{für} \quad x \in \{x \mid z = P_0(\sigma;\varkappa),\ \sigma > \alpha\},$$

$$\frac{d}{dt}(z + P_k(\sigma;\alpha,\varrho)) > 0 \quad \text{für} \quad x \in \{x \mid \sigma \in (\alpha, a_k(\alpha,\varrho),$$
$$z = -P_k(\sigma;\alpha,\varrho),\ \eta < Q_k(\sigma;\alpha,\varrho)\},$$

$$\frac{d}{dt}(\eta - Q_k(\sigma;\alpha,\varrho)) < 0 \quad \text{für} \quad x \in \{x \mid \sigma \in (\alpha, a_k(\alpha,\varrho),$$
$$z \geq -P_k(\sigma;\alpha,\varrho),\ \eta = Q_k(\sigma;\varkappa,\varrho)\},$$

$$\frac{d}{dt}(z - p_j(\sigma;\varkappa,\xi)) < 0 \quad \text{für} \quad x \in \{x \mid \sigma \in (0,\varkappa),\ z = p_j(\sigma;\varkappa,\xi),$$
$$\eta \geq q_j(\sigma;\varkappa,\xi)\},$$

$$\frac{d}{dt}(\eta - q_j(\sigma;\varkappa,\xi)) > 0 \quad \text{für} \quad x \in \{x \mid \sigma \in (0,\varkappa),\ z \leq p_j(\sigma;\varkappa,\xi),$$
$$\eta = q_j(\sigma;\varkappa,\xi)\}.$$

Der Beweis der Lemmata 13.1 und 13.2 verläuft analog zu den
Ausführungen im Abschnitt 12 (Lemmata 12.2, 12.5, 12.6).
Wir definieren für beliebige $x = [\sigma,\eta,z]^* \in \mathbb{R}^3$ die Funktionen

$$V(x) = \frac{1}{2}[\eta^2 - \frac{z^2}{B} - F(\sigma;\beta,\theta)^2],$$

$$U(x) = \eta + uz - F(\sigma;\beta,\theta), \qquad W(x) = \frac{1}{2}(\eta^2 - \frac{z^2}{B}).$$

**Lemma 13.3.** Entlang einer beliebigen Lösung $(\sigma,\eta,z)$ von (11.2) gelten für $t > 0$ die Beziehungen:

$$\dot{V} + 2AV \leq 0 \quad \text{für} \quad x \in \{x \mid \sigma \in [\beta, \sigma_0(\beta,\theta)], \; \eta \geqq F(\sigma;\beta,\theta)\},$$

$$\dot{W} + 2AW \leq 0 \quad \text{für} \quad x \in \{x \mid \sigma \geqq \sigma_0(\beta,\theta), \; \eta \geqq 0\},$$

$$\dot{U} < 0 \quad \text{für} \quad x \in \{x \mid U(x) = 0, \; \sigma \in [\sigma_0(\beta,\theta),\nu]\},$$

$$\max\{q_M(\sigma;\nu,0), \; F(\sigma;\beta,\theta)\} < \eta < \min\{q_N(\sigma;\beta,\theta),$$
$$(1 - u\sqrt{B})^{-1}F(\sigma;\beta,\theta)\}.$$

**Beweis.** Der Beweis ergibt sich aus den folgenden Beziehungen:

$$\dot{V} + 2AV = -(\mu - A)\eta^2 - (F'F + \varphi)\eta - AF^2$$
$$= -(\mu - A)\eta^2 + \delta F\eta - AF^2 \leq 0 \quad \text{für} \quad \eta \geq F,$$

$$\dot{W} + 2AW = -(\mu - A)\eta^2 - \varphi\eta \leq 0 \quad\quad \text{für} \quad \eta \geq 0, \; \sigma \geq \sigma_0(\beta,\theta),$$

$$\dot{U} = -[\mu - A + (Bu - u^{-1})\sigma + F']\eta - (A + u^{-1}\sigma)F - \varphi < 0.$$

Die letzte Ungleichung ist wegen (13.11) und (13.12) erfüllt. ∎

**Lemma 13.4.** Entlang einer beliebigen Lösung $(\eta,\sigma,z)$ von (11.2) gilt für $u \geq (\sqrt{B})^{-1}$, $\beta \geqq 0$, $\theta \geqq 0$, $\nu > \beta$ die Ungleichung

$$\frac{d}{dt}(\eta - G(\sigma,\nu)) > 0 \quad \text{für} \quad x \in \{x \mid \sigma \in [b(\beta,\theta,\nu),\nu],$$
$$\eta = G(\sigma,\nu), \; z < \frac{F(\sigma;\beta,\theta) - G(\sigma,\nu)}{u}\}$$

und beliebige $t > 0$.

**Beweis.** Er folgt sofort aus der Beziehung

$$\frac{d}{dt}(\eta - G) = -\mu\eta - z\sigma - \varphi - G'\eta = -G'G - \mu G - \varphi - \frac{F - G}{u}\sigma = 0. \quad \blacksquare$$

Aus den Lemmata 13.1 - 13.4 folgt, daß der Rand der Menge $\Omega(\nu_1,L)$ fast überall ohne Kontakt mit dem Vektorfeld des Systems (11.2) ist und die Menge $\Omega(\nu_1,L)$ positiv invariant ist. Deshalb ist für den Abschluß des Beweises von Satz 13.1 ausreichend, die fast überall kontaktlosen Ränder der Mengen $\Omega(\nu,L)$ für $\nu > \nu_1$ zu betrachten, die das gesamte Äußere der Menge $\Omega(\nu,L)$ ausfüllen.

Die Sätze 13.2 - 13.4 ergeben sich ebenfalls aus der positiven Invarianz der Menge $\Omega(\nu_1,L)$ und daraus, daß ihr Rand fast überall ohne Kontakt mit dem Vektorfeld der Differentialgleichungen (11.2) ist.

**Bemerkung 13.1.** Zur Konstruktion der Menge $\Omega(\nu,L)$ werden Lösungen der Differentialgleichungen und Differentialungleichungen

(13.3) - (13.13) verwendet, die von erster Ordnung sind. Gegenwärtig sind analytische und qualitativ-numerische Methoden für solche Differentialgleichungen gut entwickelt. Entsprechende Approximationen der Lösungen können zu effektiven Abschätzungen der Mengen $\Omega(v,L)$ und zur Überprüfung der Bedingungen $\alpha_M > 0$ und $v_{j+1} < v_j$ $(j = 1,2,\ldots,L)$ genutzt werden.

<u>Beispiel 13.1.</u> Wir demonstrieren nun die Anwendung des Satzes 13.2, um eine einfache Abschätzung für das Fehlen einer Separatrixschlinge im System (11.2) zu erhalten. Als zulässiges Paar $\varkappa,\xi$ verwenden wir die Zahlen $\varkappa = a_N(0,0)$ und $\xi = 0$. Wir benutzen weiter eine Abschätzung der Größe $a_N(0,0)$, die aus Abschnitt 1 folgt:

$$\lim_{N \to \infty} a_N(0,0) < d_1 := \frac{b_1 r_1}{2\sqrt{2}\,_1(r_1 - 1)} \min_{\lambda \in [0,\lambda_0]} \frac{1}{\sqrt{\lambda(b_1 - \lambda)}}. \qquad (13.16)$$

Wie man zeigen kann, folgt aus (13.16) die Beziehung

$$\lim_{N \to \infty} \alpha_2(a_N(0,0),0) > 0,$$

wenn eine Zahl $d_2 \in (0,d_1)$ existiert, für die

$$1 + \frac{1}{4}\mu^2 > \frac{B}{2} d_1^2 + (\gamma - \frac{B}{2})d_2^2 \qquad \text{und}$$

$$(\frac{\mu}{2} d_2)^2 > (\frac{B}{2} d_1^2 - 1)(d_1^2 - d_2^2) + \frac{1}{2}(\gamma - \frac{B}{2})(d_1^4 - d_2^4) \qquad (13.17)$$

gelten. Die Bedingung (13.17) ist eine einfache analytische Bedingung für das Fehlen einer Separatrixschlinge des Sattels $x = 0$. Sie ist z.B. für $\sigma_1 = 10$, $b_1 = \frac{8}{3}$ und $r_1 < 4$ erfüllt.

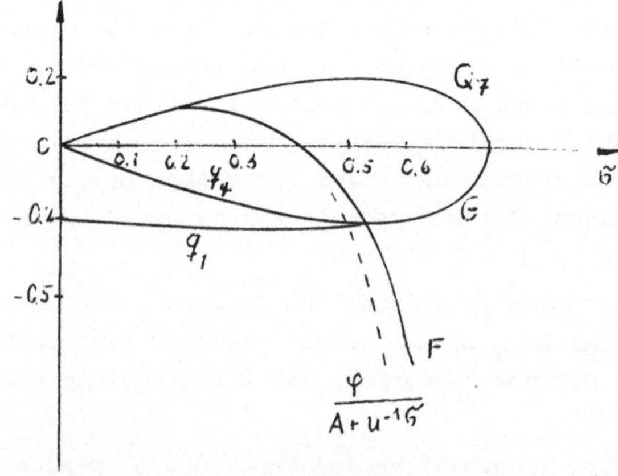


Abb. 13.4

Graphische Darstellung der Funktionen F, G, $Q_7$ und $q_4$

Die numerische Lösungs-Approximation der Gleichungen bzw. Ungleichungen (13.3) - (13.13) gestattet folgende Schlußfolgerung:
Für $\sigma_1 = 10$, $b_1 = \frac{8}{3}$, $r_1 = 12$, $u = 0.6$, $L = 1$, $N = 7$, $M = 4$
und eine Funktion $F(\sigma;0,0)$, die der Gleichung

$$F' + \mu - A + (Bu - u^{-1})\sigma = \frac{-\varphi(\sigma) - (A + u^{-1}\sigma)F}{\min\{Q_7(\sigma;0,0),\ (1 - u\sqrt{B})^{-1}F\}}$$

genügt, sind die Bedingungen des Satzes 13.5 erfüllt. Die Bil-
der der Funktionen F, G, $Q_7$ und $q_4$ sind auf Abb. 13.4 zu sehen.

## 14. Zur Abschätzung der Bifurkationsparameter von Separatrix-schlingen für das Lorenz-System

In diesem Abschnitt geben wir einige Abschätzungen für Parameter des Lorenz-Systems an, bei denen eine Separatrixschlinge
existiert. Neben den bezüglich System (11.2) in Abschnitt 11
bereits getroffenen Voraussetzungen nehmen wir $B > 0$ an.

Die Darlegungen des Abschnitts 14 stützen sich auf die Arbeit
[104 ]. Wir betrachten zunächst, analog zum Abschnitt 12 für
$\varrho = 0$, die stetigen Funktionen

$$P_0(\sigma) = \frac{B}{2}\sigma^2, \qquad Q_k(\sigma), \qquad P_k(\sigma) \qquad (k = 1,2,\ldots,N),$$

die für diese k folgenden Beziehungen genügen:

$$P_k(0) = 0, \qquad Q_k(0) = 0, \qquad Q_k'(0) > 0, \tag{14.1}$$

$$\frac{dQ_k}{d\sigma} Q_k + \mu Q_k + \varphi(\sigma) - P_{k-1}(\sigma)\sigma = 0, \tag{14.2}$$

$$\frac{dP_k}{d\sigma} = Bu - \frac{AP_k}{Q_k(\sigma)} \qquad \text{für} \qquad \sigma \in (0,a_k). \tag{14.3}$$

Hierbei ist $(0,a_k)$ das in $(0,+\infty)$ gelegene maximale Existenzintervall der Lösung $Q_k$ der Gleichung (14.2) mit den Anfangsbedingungen (14.1). Offensichtlich ist auf diesem Intervall
auch die Lösung $P_k$ von (14.3) definiert.

__Lemma 14.1.__ Für $k = 0,1,\ldots,N-1$ gelten die Ungleichungen

$$P_{k+1}(\sigma) < P_k(\sigma) \qquad \text{für} \qquad \sigma \in (0,a_{k+1}),$$

$$Q_{k+1}(\sigma) < Q_k(\sigma) \qquad \text{für} \qquad \sigma \in (0,a_{k+1}).$$

__Lemma 14.2.__ Entlang einer beliebigen Lösung $(\sigma,\eta,z)$ von (11.2)
gelten für $k = 1,2,\ldots,N$ die Ungleichungen:

$$\frac{d}{dt}\left(z + \frac{B}{2}\sigma^2\right) > 0 \quad \text{für} \quad x = [\sigma,\eta,z]^* \in \{x \mid z + \frac{B}{2}\sigma^2 = 0\},$$

$$\frac{d}{dt}\left(z + P_k(\sigma)\right) > 0 \quad \text{für} \quad x \in \{x \mid z = -P_k(\sigma),\ \eta < Q_k(\sigma)\},$$

$$\frac{d}{dt}\left(\eta - Q_k(\sigma)\right) < 0 \quad \text{für} \quad x \in \{x \mid z > -P_k(\sigma),\ \eta = Q_k(\sigma)\}.$$

Die Lemmata 14.1 und 14.2 folgen aus den Ergebnissen von Abschnitt 12 (Lemma 12.2, Beweis der Lemmata 12.1 und 12.3).

Wir betrachten nun die Funktionen

$$S_o(\sigma) \equiv 0, \quad R_k(\sigma), \quad S_k(\sigma) \quad (k = 1,2,\ldots,n),$$

die folgenden Beziehungen genügen:

$$S_k(0) = R_k(0) = 0, \qquad R_k'(0) > 0, \tag{14.4}$$

$$\frac{dR_k}{d\sigma} R_k + \mu R_k + \varphi(\sigma) + S_{k-1}(\sigma)\sigma = 0, \tag{14.5}$$

$$\frac{dS_k}{d\sigma} = -B\sigma - \frac{AS_k}{R_k(\sigma)} \quad \text{für} \quad \sigma \in (0,\beta_k), \tag{14.6}$$

$$S_k(\sigma) = 0 \quad \text{für} \quad \sigma > \beta_k.$$

Hierbei ist $(0,\beta_k)$ das in $(0,+\infty)$ gelegene maximale Existenzintervall der Lösung $R_k$ von Gleichung (14.5) mit den Anfangsbedingungen (14.4). Offenbar ist auf diesem Intervall auch die Lösung $S_k$ von (14.6) mit den Anfangsbedingungen (14.4) definiert.

Analog zum Lemma 14.1 läßt sich das folgende Lemma beweisen.

<u>Lemma 14.3.</u> Für alle $k = 0,1,\ldots,n-1$ gelten die Ungleichungen

$$S_{k+1}(\sigma) < S_k(\sigma) \quad \text{für} \quad \sigma \in (0,\beta_k),$$

$$R_{k+1}(\sigma) > R_k(\sigma) \quad \text{für} \quad \sigma \in (0,\beta_k).$$

<u>Lemma 14.4.</u> Entlang einer beliebigen Lösung $(\sigma,\eta,z)$ von (11.2) gelten für $k = 1,2,\ldots,n$ die Ungleichungen:

$$\frac{dz}{dt} < 0 \quad \text{für} \quad x \in \{x \mid z = 0,\ \eta > 0\},$$

$$\frac{d}{dt}\left(z - S_k(\sigma)\right) < 0 \quad \text{für} \quad x \in \{x \mid z = S_k(\sigma),\ \eta > R_k(\sigma),$$
$$\sigma \in (0,\beta_k)\},$$

$$\frac{d}{dt}\left(\eta - R_k(\sigma)\right) > 0 \quad \text{für} \quad x \in \{x \mid z < S_k(\sigma),\ \eta = R_k(\sigma),$$
$$\sigma \in (0,\beta_k)\}.$$

__Beweis.__ Die Aussage folgt sofort aus den Beziehungen

$$\frac{d}{dt}(z - S_k(\sigma)) = -AS_k(\sigma) - B\sigma\eta - S_k'(\sigma)\eta = -\frac{AS_k(\sigma)}{R_k(\sigma)}(R_k(\sigma) - \eta) < 0$$

für

$$x \in \{x \mid z = S_k(\sigma), \ \eta > R_k(\sigma), \ \sigma \in (0,\beta_k)\}$$

und

$$\frac{d}{dt}(\eta - R_k(\sigma)) = -R_k'(\sigma)R_k(\sigma) - \mu R_k(\sigma) - \varphi(\sigma) - z\sigma > -R_k'(\sigma)R_k(\sigma) -$$
$$- \mu R_k(\sigma) - \varphi(\sigma) - S_{k-1}(\sigma)\sigma = 0$$

für

$$x \in \{x \mid z < S_k(\sigma), \ \eta = R_k(\sigma), \ \sigma \in (0,\beta_k)\}. \quad \blacksquare$$

Als nächstes betrachten wir die stetigen Funktionen $G(\sigma)$ und $u(\sigma)$, die definiert werden durch $G(0) = 0$, $G'(0) < 0$, $u(\varrho) = 0$,

$$G'G + \mu G + \varphi(\sigma) = 0 \quad \text{für} \quad \sigma \in (0,\varrho), \quad (14.7)$$
$$G'G + (\mu - \sigma u(\sigma))G - \sigma + \sigma^3 + L\sigma = 0 \quad \text{für} \quad \sigma \in (\varrho,\varkappa), \quad (14.8)$$
$$G(\sigma) = 0 \quad \text{für} \quad \sigma \in (\varkappa,a_N),$$

falls $\varkappa < a_N$ ist,

$$\chi(u')G(\sigma)^2 - uG(\sigma)\chi(\mu - A - \sigma u) + \frac{AB}{2}\sigma^2 + \mu(\sigma - \sigma^3) -$$
$$- Lu\sigma - AL > 0 \qquad \text{für} \quad \sigma \in (\varrho,a_N). \qquad (14.9)$$

Hierbei gilt

$$L = \frac{B}{2}\beta_n^2 + P_N(\beta_n), \qquad \varrho = \sqrt{\frac{2L}{B}}$$

und

$$\chi(\xi) = \begin{cases} \xi, & \xi \leqq 0, \\ 0, & \xi > 0. \end{cases}$$

Weiter ist $(0,\varkappa)$ das in $(0,a_N)$ gelegene maximale Existenzintervall der Lösung $G$ der Gleichungen (14.7), (14.8) mit den Anfangsbedingungen $G(0) = 0$, $G'(0) < 0$.

__Lemma 14.5.__ Entlang einer beliebigen Lösung $(\sigma,\eta,z)$ von (11.2) gilt die Ungleichung

$$\frac{d}{dt}(u\eta + z + \frac{B}{2}\sigma^2 - L) > 0 \quad \text{für} \quad x \in \{x \mid 0 \geqq \eta \geqq G(\sigma),$$
$$u\eta + z + \frac{B}{2}\sigma^2 = L, \ \sigma \in (\varrho,a_N)\}.$$

__Beweis.__ Die Aussage des Lemmas folgt aus den Beziehungen

$$\frac{d}{dt}(u\eta + z + \frac{B}{2}\sigma^2 - L) = u'\eta^2 + u(-\mu\eta - z\sigma - \varphi) - Az =$$

$$= u'\eta^2 - \mu\eta u - u(\sigma^3 - \sigma) - Lu\sigma + \sigma u^2\eta + A(u\eta + \frac{B}{2}\sigma^2 - L) \geqq$$

$$\geqq \chi(u')G^2 - uG\chi(\mu - A - \sigma u) + \frac{AB}{2}\sigma^2 + u(\sigma - \sigma^3) - Lu\sigma - AL > 0. \quad \blacksquare$$

<u>Lemma 14.6.</u> Für eine beliebige Lösung $(\sigma,\eta,z)$ von (11.2) gelten die Ungleichungen

$$\frac{d}{dt}(\eta - G(\sigma)) < 0 \quad \text{für} \quad x \in \{x \mid \sigma \in (0,\varrho), \ \eta = G(\sigma), \ z > 0\},$$

$$\frac{d}{dt}(\eta - G(\sigma)) < 0 \quad \text{für} \quad x \in \{x \mid \sigma \in (\varrho,\varkappa), \ \eta = G(\sigma),$$

$$u\eta + z + \frac{B}{2}\sigma^2 > L\}.$$

<u>Beweis.</u> Die Richtigkeit der Aussage von Lemma 14.6 folgt aus den Beziehungen

$$\frac{d}{dt}(\eta - G) = -\mu G - z\sigma - \varphi(\sigma) - G'G < -\mu G - \varphi(\sigma) - G'G = 0,$$

$$\frac{d}{dt}(\eta - G) = -\mu G - z\sigma - \varphi(\sigma) - G'G < -\mu G + \sigma - \sigma^3 -$$

$$- G'G - L\sigma + \sigma u G = 0. \quad \blacksquare$$

Wir betrachten nun die Menge

$$\Omega = \{x \mid G(\sigma) \leqq \eta < 0, \ z \geqq 0, \ \sigma \in [0,\varrho]\} \cup \{x \mid G(\sigma) \leqq \eta \leqq 0,$$

$$u\eta + z + \frac{B}{2}\sigma^2 \geqq L, \ \sigma \in [\varrho,a_N]\}$$

und deren Rand $\partial\Omega$.

Es bezeichne $W^s$ die zweidimensionale stabile Mannigfaltigkeit und $W^u$ die eindimensionale instabile Mannigfaltigkeit des Systems (11.2), die an den Sattel $x = 0$ angrenzen.

<u>Definition 14.1.</u> Es sei $\Omega \subset \mathbb{R}^m$ eine abgeschlossene Menge, $f: \mathbb{R} \to \mathbb{R}^m$ stetig und $\tau_0 \geqq 0$ eine Zahl. Wir sagen, daß <u>$\tau$ der Zeitpunkt des ersten Kontaktes von $f$ mit der Menge $\Omega$ für $t \geqq t_0$</u> ist, wenn $f(\tau) \in \Omega$ und $f(t) \notin \Omega$ für $t \in [\tau_0,\tau)$ gilt. Wenn $f(\tau_0) \in \Omega$ ist, so setzen wir $\tau = \tau_0$, wenn $f(t) \notin \Omega$ für $t \geqq t_0$ ist, setzen wir $\tau = +\infty$. Für $\tau < +\infty$ heißt $f(\tau)$ <u>Punkt des ersten Kontaktes von $f$ mit der Menge $\Omega$.</u>

Wir bezeichnen mit $W_1^u = W^u \cap \{x \mid \sigma > 0\}$ eine der Separatrizen von System (11.2) und es sei $\Gamma$ die Menge von Punkten des ersten Kontaktes der Trajektorien von (11.2) mit $\partial\Omega$ für $t < 0$, wobei die Anfangszustände der Trajektorien aus $W^s \cap \text{Int } \Omega \cap U$ stammen und $U$ eine hinreichend kleine Umgebung des Sattels $x = 0$ ist.

Man stellt leicht fest, daß die folgenden Flächen ohne Kontakt
mit dem Vektorfeld von (11.2) sind:

$$\Phi_1 = \{x \mid u\eta + z + \tfrac{B}{2}\,\sigma^2 = L,\ 0 \geqq \eta \geqq G(\sigma),\ \sigma \in (\varrho, a_N)\},$$

$$\Phi_2 = \{x \mid z = 0,\ 0 > \eta,\ \sigma \in (0, \varrho)\},$$

$$\Phi_3 = \{x \mid \eta < 0,\ \sigma = a_N\},$$

$$\Phi_4 = \{x \mid \eta = G(\sigma),\ u\eta + z + \tfrac{B}{2}\,\sigma^2 > L,\ \sigma \in (\varrho, \varkappa)\},$$

$$\Phi_5 = \{x \mid \eta = G(\sigma),\ z > 0,\ \sigma \in (0, \varrho)\}.$$

Aus der Kontaktlosigkeit von $\Phi_1$ bis $\Phi_5$ und den Lemmata 6 und 7
der Arbeit [65] ergibt sich die Existenz einer stetig von den
Parametern $\mu, A, B$ abhängigen Kurve $\Gamma_o \subset \Gamma$, die auf der Menge

$$\{x \mid \eta = 0,\ \sigma \in (0, a_N),\ z \geqq 1 - \gamma\sigma^2\} \cup \{x \mid \sigma = a_N,\ \eta \leqq 0\}$$

gelegen ist und die einen gewissen Punkt $B_o = [0, 0, z_o]^*$ entweder
mit einem Punkt $C_1 = [d_1,\ 0,\ 1 - \gamma d_1^2]^*$ oder mit einem Punkt
$C_2 = [d_2,\ \eta_2,\ L - \tfrac{B}{2}\, d_2^2 - u(d_2)\eta_2]^*$ mit $\eta_2 \leqq 0$ verbindet. Es ist
leicht zu sehen, daß man $\Gamma_o$ unabhängig von der Funktion u wäh-
len kann. Außerdem ist klar, daß die Trajektorie x, die bei
$t = 0$ von einem Punkt der Kurve $\Gamma_o$ startet, für $t > 0$ den Rand
$\partial\Omega$ nicht überqueren kann. Wirklich, aus Lemma 14.5 und der Kontaktlosigkeit der Mengen $\Phi_1$, $\Phi_2$ und $\Phi_3$ folgt, daß die betrachtete Trajektorie die Menge $\Omega$ nur über die Mengen $\Phi_4$ oder $\Phi_5$
verlassen kann. Andererseits würde in einem solchen Falle wegen
der Kontaktlosigkeit von $\Phi_4$ und $\Phi_5$ und auf Grund der stetigen
Abhängigkeit der Lösungen von den Anfangszuständen jede Trajektorie, die auf der Kurve $\Gamma_o$ startet, die Menge $\Omega$ für wachsende
t über $\Phi_4$ oder $\Phi_5$ verlassen. Darunter sind auch die Trajektorien, die in einer beliebig kleinen Umgebung des Punktes $B_o$
starten. Für diese Trajektorien, die sich für $t \geqq 0$ in einer
kleinen Umgebung der Ebene $\sigma = 0$ befinden, läßt sich leicht
zeigen, daß sie die Menge $\Phi_5$ nicht überqueren.

Aus den obigen Darlegungen ergibt sich der folgende Satz.

<u>Satz 14.1.</u> Wenn $\varkappa < a_N$ ist, so liegt die Kurve $\Gamma_o$ vollständig
in der Menge $\{x \mid \eta = 0,\ \sigma \leqq \varkappa\}$.

Es werde nun mit $\gamma^u$ der Punkt des ersten Kontaktes für $t > -\infty$
der Separatrix $W_1^u$ mit der Menge $\{x \mid \eta = 0,\ \sigma > 0\}$ bezeichnet.

Aus den Lemmata 14.1 - 14.4 folgt der

<u>Satz 14.2.</u> Es gilt die Einschließung

$$\gamma^u \in E = \{x \mid \eta = 0, \ \sigma \in (\beta_n, a_N), \ 0 > z > P_N(\sigma)\}.$$

Wir betrachten jetzt die Mengen $D_1$ und $D_2$ im Parameterraum
$\{[A, \mu, B]\}$ des Systems (11.2), die wir folgendermaßen erklären:
Wenn $[A, \mu, B] \in D_1$ ist, so gilt mit diesen Parametern die Beziehung

$$\Gamma_o \cap \{x \mid \eta = 0, \ z < 0, \ \sigma < a_N\} = \emptyset. \tag{14.10}$$

Wenn $[A, \mu, B] \in D_2$ ist, so gilt mit diesen Parametern

$$\varkappa < \beta_n. \tag{14.11}$$

Aus den Sätzen 14.1 und 14.2 und aus der stetigen Abhängigkeit
der Kurve $\Gamma_o$ und des Punktes $\gamma^u$ von den Parametern resultiert
der nächste Satz.

<u>Satz 14.3.</u> Auf jeder stetigen Kurve, die einen Punkt der Menge
$D_1$ mit einem Punkt der Menge $D_2$ verbindet, existiert ein Punkt
$[A_o, \mu_o, B_o]$, dem für das System (11.2) eine Bifurkation der
Separatrixschlinge des Sattels $x = 0$ entspricht.

Dieser Sachverhalt wird mit der folgenden Abb. 14.1 demonstriert.

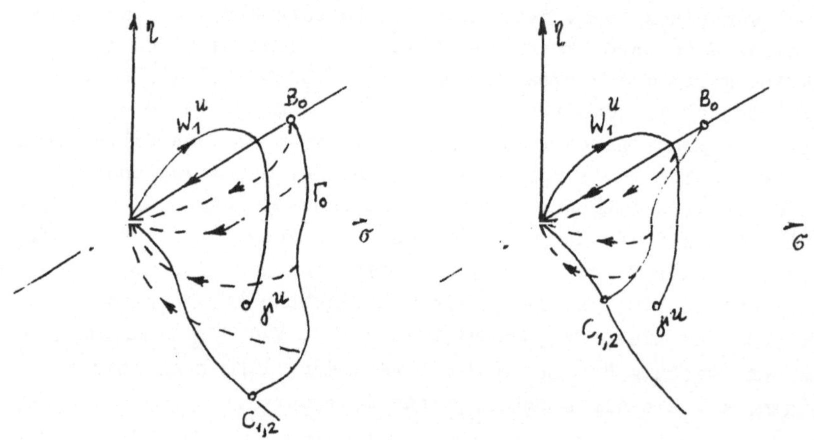


Abb. 14.1

Veranschaulichung des Existenznachweises einer
Separatrixschlinge für das System (11.2)

Wir wollen nun die erhaltenen Ergebnisse auf das System (11.1)
für den Fall anwenden, daß die Parameter $b_1$ und $\sigma_1$ in (11.1)
fixiert sind und $r_1$ sich von 1 bis $+\infty$ ändert. Wie aus den Abschnitten 1 und 12 folgt, ist für $r_1$ hinreichend nahe an 1 die
Beziehung (14.10) gültig. Wir formulieren nun die Bedingungen,
unter denen für große $r_1$ die Ungleichung (14.11) gilt. Offenbar
sind in diesem Falle die entsprechenden Parameter A und $\mu$ klein.
Deshalb nehmen die Beziehungen (14.8) und (14.9) für kleine
Funktionswerte von u die Gestalt

$$G(\sigma)^2 = \sigma^2\left(1 - \frac{\sigma^2}{2}\right) - L\sigma^2 + 2\int_0^\sigma (\mu - \sigma u(\sigma))\sigma\sqrt{1 - \frac{\sigma^2}{2}}\,d\sigma, \quad (14.12)$$

$$\chi(u')\sigma^2\left(1 - \frac{\sigma^2}{2}\right) + \frac{AB}{2}\sigma^2 + u(\sigma - \sigma^3) > 0 \quad (14.13)$$

an. Es ist weiter klar, daß $\xi(\sigma) \equiv \frac{1}{\sigma}$ eine Lösung der Gleichung

$$\xi'\sigma\left(1 - \frac{\sigma^2}{2}\right) + \xi(1 - \sigma^2) + \frac{\sigma}{2} = 0 \quad (14.14)$$

auf dem Intervall $(0,\sqrt{2})$ mit der Anfangsbedingung

$$\xi(\sqrt{2}) = \frac{1}{\sqrt{2}}$$

ist.

Aus (14.12) – (14.14) folgt, daß für hinreichend große $r_1$

$$\varkappa \leqq \sqrt{2} - \frac{L}{2} + \frac{\sqrt{2}}{3}\mu - \frac{AB}{\sqrt{2}}\int_0^{\sqrt{2}} \xi(\sigma)\sigma^2\sqrt{1 - \frac{\sigma^2}{2}}\,d\sigma \quad (14.15)$$

ist. Wir bemerken nun, daß für $N \to +\infty$, $n \to +\infty$ und wachsenden k
die punktweise Konvergenz $Q_k(\sigma) \to Q(\sigma)$, $P_k(\sigma) \to -P(\sigma)$,
$R_k(\sigma) \to Q(\sigma)$, $S_k(\sigma) \to P(\sigma)$ und die Beziehungen $a_k \to a$ bzw.
$\beta_k \to a$ gelten. Dabei sind P und Q Lösungen des Differentialgleichungssystems

$$\frac{dQ}{d\sigma}Q + \mu Q + \varphi(\sigma) + P\sigma = 0,$$

$$\frac{dP}{d\sigma} = -B\sigma - \frac{AP}{Q} \qquad\qquad \text{für} \quad \sigma \in (0,a).$$

Es ist leicht zu sehen, daß für kleine $\mu$ und A gilt:

$$P(\sigma) = -\frac{B}{2}\sigma^2 + AB\left(1 - \sqrt{1 - \frac{\sigma^2}{2}}\right),$$

$$Q(\sigma)^2 = \sigma^2 - \frac{\sigma^4}{2} - 2\mu\int_0^\sigma \sigma\sqrt{1 - \frac{\sigma^2}{2}}\,d\sigma - 2AB\int_0^\sigma \sigma\left(1 - \sqrt{1 - \frac{\sigma^2}{2}}\right)d\sigma.$$

Deshalb ist für große n und N

$$\beta_n \geqq \sqrt{2} - \frac{\sqrt{2}}{3}\mu - \frac{1}{\sqrt{2}\,3}AB \qquad \text{und} \qquad L = AB.$$

Aus diesem Grunde gilt die Beziehung (14.11), wenn

$$AB\left[\frac{2}{3} + \int_0^{\sqrt{2}} \xi(\sigma)\sigma^2 \sqrt{1 - \frac{\sigma^2}{2}}\, d\sigma\right] > \frac{4}{3}\mu \qquad (14.16)$$

ist. Wir bemerken, daß

$$\int_0^{\sqrt{2}} \xi(\sigma)\sigma^2 \sqrt{1 - \frac{\sigma^2}{2}}\, d\sigma = \int_0^{\sqrt{2}} \sigma \sqrt{1 - \frac{\sigma^2}{2}}\, d\sigma = \frac{2}{3}$$

ist.

Zusammenfassend läßt sich sagen, daß für

$$\sigma_1 > \frac{2b_1 + 1}{3} \qquad (14.17)$$

eine Zahl $r_1 > 1$ existiert, so daß für diese $\sigma_1$, $b_1$ und $r_1$ eine
Separatrixschlinge des Sattels $x_1 = y_1 = z_1 = 0$ für das System
(11.1) existiert. Die Abschätzung (14.17) vereinbart sich gut
mit den Ergebnissen der numerischen Analyse von System (11.1),
die in [74, 130] dargestellt sind, und ist, möglicherweise,
nicht verbesserbar. Bemerkt werden soll noch, daß der „Grenz-
fall" der Existenz der Separatrixschlinge für $r_1 \to +\infty$ und
$\sigma_1 = \dfrac{2b_1 + 1}{3}$ früher von V.I. Yudovich mit dem Verfahren der
Mittelung erhalten wurde (siehe [117]).


## 15. Zum Nachweis der Instabilität mit der direkten Methode von Ljapunow für Systeme mit beschränkter invarianter Menge

In diesem letzten Abschnitt werden einige Möglichkeiten der direkten Methode von Ljapunow für den Nachweis der Existenz seltsamer Attraktoren von mehrdimensionalen dynamischen Systemen
diskutiert. Wir stützen uns dabei im wesentlichen auf die Ergebnisse aus [102, 104"].

Betrachtet wird das System

$$\dot{x} = f(x) \qquad (15.1)$$

mit einer zweimal stetig differenzierbaren Funktion $f\colon \mathbb{R}^n \to \mathbb{R}^n$.
Gegeben seien weiter eine beschränkte Menge $G \subset \mathbb{R}^n$ und eine
$\varepsilon$-Umgebung $G(\varepsilon)$ der Menge $G$: $G(\varepsilon) = \{x \in \mathbb{R}^n : \varrho(x,G) < \varepsilon\}$. Dabei
ist $\varrho(z,L)$ der Abstand eines Punktes $z \in \mathbb{R}^n$ zu einer Menge
$L \subset \mathbb{R}^n$: $\varrho(z,L) = \inf_{y \in L} \|z - y\|$; $\|\cdot\|$ ist die Euklidische Norm im
$\mathbb{R}^n$. Weiter bezeichnen wir mit $\overline{G(\varepsilon)}$ die Abschließung der Menge
$G(\varepsilon)$ und mit $\frac{\partial f}{\partial x}$ die Jacobimatrix der Funktion $f$. Alle Lösungen
von (15.1) mögen unbeschränkt fortsetzbar nach rechts sein.

**Satz 15.1.** Es mögen positive Zahlen $\lambda, \varepsilon$ und eine symmetrische nichtsinguläre $n \times n$-Matrix H, die auch negative Eigenwerte hat, existieren, so daß die Ungleichung

$$z^*H \,\frac{\partial f}{\partial x}\, z \leqq -\lambda \|z\|^2 \quad \text{für} \quad z \in \{z \mid z^*Hz \leqq 0\} \quad \text{und} \quad x \in \overline{G(\varepsilon)} \qquad (15.2)$$

gilt. Dann ist jede Lösung x des Systems (15.1), die der Inklusion $x(t) \in G$ $(t \geqq 0)$ genügt, instabil nach Ljapunow.

**Bemerkung 15.1.** Im Beweis des Satzes 15.1 werden Ideen von N.G. Chetaev [43], V.A. Yakubovich [132] und V.A. Pliss [115] benutzt. Wir führen nun ein etwas allgemeineres Ergebnis an, dessen Beweis alle wichtigen Schritte des Beweises von Satz 15.1 enthält.

**Satz 15.2.** Es mögen positive Zahlen $\varepsilon, \lambda$ und symmetrische nichtsinguläre $n \times n$-Matrizen H und M, die auch negative Eigenwerte haben, existieren, so daß

$$\{z \mid z^*Hz < 0\} \cap \{z \mid z^*Mz < 0\} \neq \emptyset$$

gilt. Außerdem seien die beiden Ungleichungen

$$z^*M \,\frac{\partial f}{\partial x}\, z \leqq -\lambda \|z\|^2 \quad \text{für} \quad z \in \{z \mid z^*Mz = 0\}$$
$$\text{und} \quad x \in \overline{G(\varepsilon)} \qquad (15.3)$$

und

$$z^*H \,\frac{\partial f}{\partial x}\, z \leqq -\lambda \|z\|^2 \quad \text{für} \quad z \in \{z \mid z^*Hz \leqq 0,\ z^*Mz \leqq 0\}$$
$$\text{und} \quad x \in \overline{G(\varepsilon)} \qquad (15.4)$$

erfüllt. Dann ist jede Lösung x des Systems (15.1), die der Inklusion $x(t) \in G$ $(t \geqq 0)$ genügt, instabil nach Ljapunow.

**Beweis.** Wir wählen eine Zahl $\varepsilon_1 \in (0, \varepsilon)$ so aus, daß folgende Bedingungen erfüllt sind:

$$(x-y)^*M[f(x) - f(y)] \leqq -\frac{\lambda}{2} \|x-y\|^2 \quad \text{für} \quad x \in G,$$
$$y \in \{y \mid \|x-y\| \leqq \varepsilon_1,\ (x-y)^*M(x-y) = 0\}, \qquad (15.5)$$

$$(x-y)^*H[f(x) - f(y)] \leqq -\frac{\lambda}{2} \|x-y\|^2 \quad \text{für} \quad x \in G,$$
$$y \in \{y \mid \|x-y\| \leqq \varepsilon_1,\ (x-y)^*H(x-y) \leqq 0,\ (x-y)^*M(x-y) \leqq 0\}. \qquad (15.6)$$

Die Richtigkeit der Beziehungen (15.5) und (15.6) für hinreichend kleines $\varepsilon_1 > 0$ folgt aus der Glattheit von f und den Ungleichungen (15.3) und (15.4). Es werde nun angenommen, daß für $t > 0$ die Lösung x von (15.1) stabil nach Ljapunow ist. Dann läßt sich auch für das $\varepsilon_1 > 0$ eine solche Zahl $\delta > 0$ angeben, daß aus $\|x(0) - y(0)\| \leqq \delta$ die Abschätzung

$$\|x(t) - y(t)\| \leq \varepsilon_1 \qquad (t \geq 0) \qquad\qquad (15.7)$$

für eine beliebige Lösung $y$ von (15.1) folgt. Wir wählen außerdem den Anfangswert $y(0)$ so aus, daß neben $\|x(0) - y(0)\| \leq \delta$ auch die Beziehungen

$$(x(0) - y(0))^* M (x(0) - y(0)) < 0, \qquad\qquad (15.8)$$

$$(x(0) - y(0))^* H (x(0) - y(0)) < 0 \qquad\qquad (15.9)$$

gelten. Letzteres ist wegen der Voraussetzungen von Satz 15.2 möglich. Nun betrachten wir für $t > 0$ die Funktionen

$$V(t) = (x(t) - y(t))^* H (x(t) - y(t))$$

und

$$U(t) = (x(t) - y(t))^* M (x(t) - y(t)).$$

Aus den Ungleichungen (15.5), (15.7) und (15.8) erhält man leicht

$$U(t) < 0 \qquad (t \geq 0). \qquad\qquad (15.10)$$

Wir bemerken, daß eine positive Zahl $\lambda_1$ existiert, für die

$$-\frac{\lambda}{2} \|z\|^2 \leq \lambda_1 z^* H z \qquad (z \in \mathbb{R}^n) \qquad\qquad (15.11)$$

gilt. Aus den Ungleichungen (15.6), (15.7) und (15.9) - (15.11) folgen die Abschätzungen

$$V(t) < 0 \qquad\qquad (t \geq 0) \qquad\qquad (15.12)$$

und

$$\dot{V}(t) \leq \lambda_1 V(t) \qquad (t > 0). \qquad\qquad (15.13)$$

Aus (15.13) ergibt sich

$$V(t) \leq e^{\lambda_1 t} V(0) \qquad (t \geq 0).$$

Damit ist aber $\lim\limits_{t \to \infty} V(t) = -\infty$, was der Ungleichung (15.7) widerspricht. ∎

Bemerkung 15.2. Eine Übertragung der Aussagen 15.1 und 15.2 auf diskrete Systeme ist möglich. Das gilt auch für den Fall, wenn $f$ nur stückweise glatt ist. Gewisse andere Abschwächungen der Voraussetzungen der formulierten Sätze sind auf dem in [123], S. 628 - 646, beschrittenen Weg möglich. Mit der Methodik der Sätze 15.1 und 15.2 lassen sich im Phasenraum Mengen angeben, in denen sich nur Trajektorien befinden, die instabil nach Ljapunow sind. Andererseits liefert die zweite Methode von Ljapunow vielfältige Abschätzungen (darunter auch mit Frequenz-Methoden) der Lage im Phasenraum von anziehenden und für das System (15.1) invarianten Mengen, wie dies auch in den voran-

gegangenen Abschnitten und in [81, 105, 135] gezeigt wurde.
Möglicherweise können durch die Verknüpfung der beiden Vor-
gehensweisen effektive Kriterien der Existenz seltsamer Attraktoren für mehrdimensionale dynamische Systeme gewonnen werden.

Wir führen nun einige Ergebnisse zur orbitalen Stabilität bzw.
Instabilität der Lösungen von System (15.1) innerhalb invarianter Mengen an.

Definition 15.1 [78]. Die Lösung $x(t)$ $(t_0 \leqq t < \infty)$ des Systems
(15.1) heißt orbital stabil für $t \to +\infty$, wenn für beliebiges
$\varepsilon > 0$ ein solches $\delta = \delta(\varepsilon, t_0)$ existiert, so daß für eine beliebige andere Lösung $y(t)$ $(t_0 \leqq t < \infty)$ von (15.1) aus
$\|y(t_0) - x(t_0)\| < \delta$ die Beziehung $\varrho(y(t), L^+) < \varepsilon$ für alle $t \geqq t_0$
folgt. Die orbital stabile Lösung $x(t)$ heißt asymptotisch orbi-
tal stabil, wenn eine solche Zahl $\Delta_0 > 0$ existiert, so daß für
alle Lösungen von (15.1) mit $\|y(t_0) - x(t_0)\| < \Delta_0$ auch
$\varrho(y(t), L^+) \to 0$ für $t \to \infty$ gilt. Hierbei ist
$L^+ = \{x(t) : t_0 \leqq t < \infty\}$ die positive Halbtrajektorie.

Bemerkung 15.3. Offensichtlich folgt aus der Stabilität nach
Ljapunow die orbitale Stabilität. Die orbitale Stabilität der
Lösung hängt nicht von der Wahl des Anfangszeitpunktes $t_0$ ab.
Deshalb ist sie der orbitalen Stabilität der Trajektorien äqui-
valent.

Für die weiteren Darlegungen setzen wir $f(x) \neq 0$ für $x$ aus der
abgeschlossenen Hülle $\bar{G}$ voraus. Wir betrachten die für alle
$x \in \bar{G}$ symmetrische nichtsinguläre Matrix
$H(x) = [h_1(x), \ldots, h_n(x)]$, wobei $h_i$ $(i = 1, \ldots, n)$ zweimal stetig
differenzierbare Vektorfunktionen sind, und die zweimal stetig
differenzierbare Vektorfunktion $q: \bar{G} \to \mathbb{R}^n$, die der Ungleichung
$f(x)^* q(x) \neq 0$ $(x \in \bar{G})$ genügt. Außerdem bezeichne

$$\left(\frac{\partial H}{\partial x}, f(x)\right) = \left[\frac{\partial h_1}{\partial x} f(x), \ldots, \frac{\partial h_n}{\partial x} f(x)\right]$$

und es sei $H_0$ eine konstante symmetrische $n \times n$-Matrix.

Mit dem folgenden Satz werden gewisse Ergebnisse von G. Borg,
P. Hartman und C. Olech (zitiert in [123]) zur orbitalen Stabilität bzw. Stabilität im ganzen verallgemeinert.

Satz 15.3. Für alle $x \in G$ mögen folgende Bedingungen erfüllt
sein:

1) $\frac{1}{2} z^*(\frac{\partial H}{\partial x}, f(x))z + z^*H(x)\frac{\partial f}{\partial x}z - z^*H(x)f(x)[f(x)^*q(x)]^{-1} \cdot$

$\cdot [f(x)^*(\frac{\partial q}{\partial x})^* + q(x)^*\frac{\partial f}{\partial x}]z < 0$ für $z \in \{z \in \mathbb{R}^n : z^*q(x) = 0,$

$$z \neq 0\}.$$

2) $z^*H(x)z \geqq z^*H_0 z$  für $z \in \{z \in \mathbb{R}^n : z^*q(x) = 0\}$.

Dann gilt:

(i)  Wenn die quadratische Form $z^*H(x)z$ auf der Menge $\{z \mid z^*q(x) = 0\}$ positiv definit ist, so ist jede Lösung $x$ des Systems (15.1), die der Einschließung $x(t) \in G$ $(t \geqq 0)$ genügt, orbital asymptotisch stabil.

(ii) Wenn die quadratische Form $z^*H(x)z$ auf der Menge $\{z \mid z^*q(x) = 0\}$ nichtsingulär ist und negative Werte annehmen kann, so ist jede Lösung $x$ des Systems (15.1), die der Inklusion $x(t) \in G$ $(t \geqq 0)$ genügt, orbital instabil.

**Beweis:** Für hinreichend kleine $\delta$ betrachten wir die Menge

$$\Omega(\delta) = \bigcup_{t \geqq 0} \{y \mid (y - x(t))^*H(x(t))(y - x(t)) = \delta,$$

$$(y - x(t))^*q(x(t)) = 0\}.$$

Wir fixieren einen Punkt $y_0 \in \Omega(\delta)$ und werden die Fläche $\Omega(\delta)$ in einer hinreichend kleinen Umgebung von $y_0$ untersuchen. Aus $y_0 \in \Omega(\delta)$ folgt, daß es eine Zahl $t \geqq 0$ gibt, so daß

$$(y_0 - x(t))^*H(x(t))(y_0 - x(t)) = \delta$$

und

$$(y_0 - x(t))^*q(x(t)) = 0$$

gelten. Für Zahlen $\tau$ in hinreichender Nähe von $t$ ist

$$x(\tau) \approx x(t) + f(x(t))(\tau - t).$$

Wir definieren eine Abbildung

$$v(y_0) = y_0 + \alpha[f(x(t)) + K(x(t))(y_0 - x(t))]$$

des Punktes $y_0$ in die Ebene

$$\Phi = \{v \mid [v - (x(t) + f(x(t))(\tau - t))]^*[q(x(t) +$$

$$+ (\tau - t)\frac{\partial q(x(t))}{\partial x}f(x(t))] = 0\}$$

so, daß

$$[v(y_0) - (x(t) + f(x(t))(\tau - t))]^*H(x(t) + f(x(t))(\tau - t)) \cdot$$

$$\cdot [v(y_0) - (x(t) + f(x(t))(\tau - t))] \approx \delta \qquad (15.14)$$

gilt. Dabei werden die Zahl $\alpha$ und die Matrix $K(x(t))$ so gewählt,

daß $v(y_0) \in \Phi$ ist und (15.14) erfüllt ist. Offensichtlich gilt
mit $z = y_0 - x(t)$ die Näherung

$$\alpha \approx \frac{f(x(t))^* q(x(t)) - z^* \frac{\partial q(x(t))}{\partial x} f(x,t)}{f(x(t))^* q(x(t)) + q(x(t))^* K(x(t))z} (\tau - t).$$

Wir nehmen an, daß der Ausdruck $z(\tau - t)^{-1}$ groß ist. Hieraus
folgt, daß die Beziehung (15.14) erfüllt ist, wenn die Gleichung

$$\frac{1}{2} z^* (\frac{\partial H}{\partial x}, f(x))z + z^* H(x)[K(x) - \frac{f(x)q(x)^*}{f(x)^* q(x)} K(x) -$$

$$- \frac{f(x)f(x)^*}{f(x)^* q(x)} (\frac{\partial q}{\partial x})^*]z = 0 \quad \text{für} \quad z \in \{z \mid z^* q(x) = 0\} \tag{15.15}$$

gilt. Aus der Beziehung (15.14) folgt, daß der Normalenvektor
$l(y_0)$ zur Fläche $\Omega(\delta)$ im Punkt $y_0$ folgendermaßen bestimmt werden
kann:

$$l(y_0) = l_1(y_0) - \frac{l_1(y_0)^* l_2(y_0)}{q(x(t))^* l_2(y_0)} q(x(t)).$$

Dabei bezeichnen wir

$$l_1(y_0) = (I - \frac{q(x(t))q(x(t))^*}{\|q(x(t))\|^2})H(x(t))(y_0 - x(t))$$

und

$$l_2(y_0) = f(x(t)) + K(x(t))(y_0 - x(t)).$$

Somit gilt auch die Darstellung

$$l(y_0) = (I - \frac{q(x(t))l_2(y_0)^*}{q(x(t))^* l_2(y_0)})(I - \frac{q(x(t))q(x(t))^*}{\|q(x(t))\|^2}).$$

$$H(x(t))(y_0 - x(t)) = (I - \frac{q(x(t))l_2(y_0)^*}{q(x(t))^* l_2(y_0)})H(x(t))(y_0 - x(t)).$$

Wir erhalten also den Ausdruck

$$l(y_0)^* f(y_0) \approx [f(x(t))^* + (y_0 - x(t))^*(\frac{\partial f(x(t))}{\partial x})^*] \cdot$$

$$\cdot [I - \frac{q(x(t))l_2(y_0)}{q(x(t))^* l_2(y_0)}]H(x(t))(y_0 - x(t)) \approx$$

$$\approx (y_0 - x(t))^* H(x(t))(I - \frac{f(x(t))q(x(t))^*}{f(x(t))^* q(x(t))}) \cdot$$

$$\cdot \frac{\partial f(x(t))}{\partial x} (y_0 - x(t)) + (y_0 - x(t))^* H(x(t)) \cdot$$

$$\cdot [-K(x(t)) + \frac{f(x(t))q(x(t))^*}{f(x(t))^* q(x(t))} K(x(t))](y_0 - x(t)).$$

Hieraus, aus (15.15) und der Bedingung 1) des Satzes folgt
schließlich

$$l(y_0)^* f(y_0) \approx (y_0 - x(t))^* \{ \tfrac{1}{2} (\frac{\partial H(x(t))}{\partial x}, f(x(t))) +$$

$$+ H(x(t)) \frac{\partial f(x(t))}{\partial x} - H(x(t)) f(x(t)) (f(x(t))^* q(x(t)))^{-1} \cdot$$

$$\cdot [f(x(t))^* (\frac{\partial q(x(t))}{\partial x})^* + q(x(t))^* (\frac{\partial f(x(t))}{\partial x})]\}(y_0 - x(t)) < 0.$$

Aus dieser Ungleichung erhält man unter Benutzung üblicher
Schlußweisen vom Ljapunow-Typ die Aussage des Satzes. ■

Bemerkung 15.4. Für $q(x) \equiv f(x)$, $H(x) \equiv I$ folgt aus dem Satz
15.3 die bekannte Aussage von Borg [123]. Für $q(x) \equiv f(x)$ und
$H(x) \equiv p(x)^2 I$, wobei $p(x)$ eine positive skalare Funktion ist,
erhalten wir die Folgerungen 14.1 und 14.2 aus [123], S. 641.

In manchen Situationen ist der folgende Satz von Nutzen. Er
läßt sich ähnlich wie der Satz 15.3 beweisen.

Satz 15.4. Für die in $G(\varepsilon)$ stetige, symmetrische Matrizenfunk-
tion $H(x)$ seien folgende Bedingungen erfüllt:

1) $z^* H(x) \frac{\partial f(x)}{\partial x} z < 0$  für  $z \in \{z \mid z \neq 0, z^* f(x) = 0\}$

$$\text{und } x \in G(\varepsilon).$$

2) $z^* H(x) f(x) = 0$     für  $z \in \{z \mid z^* f(x) = 0\}$  und  $x \in G(\varepsilon)$.

3) Die Koeffizienten der quadratischen Form $z^* H(x) z$ sind für
   alle $x \in G(\varepsilon)$ auf dem Unterraum $\{z \mid z^* f(x) = 0\}$ konstant,
   d.h. hängen nicht von $x$ ab.

Dann gilt:

(i)  Wenn die quadratische Form $z^* H(x) z$ für beliebige $x \in G(\varepsilon)$
     auf dem Unterraum $\{z \mid z^* f(x) = 0\}$ positiv definit ist, so
     ist jede Lösung $x$ des Systems (15.1), die der Inklusion
     $x(t) \in G$ für $t \geq 0$ genügt, orbital stabil für $t \to +\infty$.

(ii) Wenn die quadratische Form $z^* H(x) z$ für beliebige $x \in G(\varepsilon)$
     auf dem Unterraum $\{z \mid z^* f(x) = 0\}$ negative Eigenwerte be-
     sitzt, so ist jede Lösung $x$ des Systems (15.1), die der
     Inklusion $x(t) \in G$ für $t \geq 0$ genügt, orbital instabil für
     $t \to +\infty$.

Bemerkung 15.5. Die Existenz von positiven als auch negativen
Eigenwerten der Matrix der Form $z^* H(x) z$ auf dem Unterraum
$\{z \mid z^* f(x) = 0\}$ läßt Schlußfolgerungen über den Sattelpunktcharakter einer Lösung des Systems (15.1) zu. Die Anzahl der

negativen Eigenwerte gestattet Aussagen über die Dimension der
instabilen Mannigfaltigkeit, die an der Trajektorie x anliegt
(Abb. 15.1).

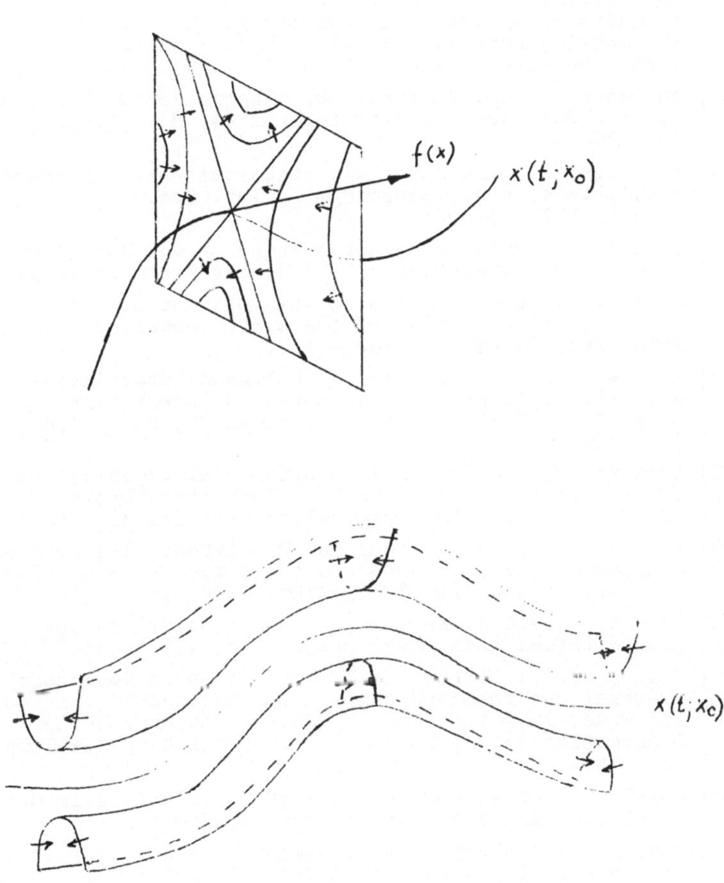



Abb. 15.1
Sattelpunktcharakter einer Lösung des Systems (15.1)

## Literatur

[1] Abramovich, S., Yu. Koryakin, G. Leonov und V. Reitmann:
Frequenzbedingungen für Schwingungen in diskreten Systemen.
I. Schwingungen im Sinne von Yakubovich in diskreten Systemen. Wiss. Z. d. Techn. Univers. Dresden 25, H. 5/6
(1976), 1152 - 1163.

[2] Abramovich, S., Yu. Koryakin, G. Leonov und V. Reitmann:
Frequenzbedingungen für Schwingungen in diskreten Systemen.
II. Schwingungen in diskreten Phasensystemen. Wiss. Z. d.
Techn. Univers. Dresden 26, H. 1 (1977), 115 - 122.

[3] Andronow, A. und A. Witt: Zur Theorie des Mitnehmens von
van der Pol. Arch. Elektrotechnik 24, H. 1 (1930),
99 - 110.

[4] Appleton, E.: The automatic synchronization of triode
oscillators. Proc. Campridge Philos. Soc. 21, pt. 3
(1922), 231 - 448.

[5] Börner, H.: Phasenkopplungssysteme in der Nachrichten-,
Meß- und Reglungstechnik. VEB Verlag Technik: Berlin 1976.

[6] Cartwright, M.L. and I.E. Littlewood: On nonlinear
differential equations of the second order. J. London
Math. Soc. 20 (1945), 180 - 189.

[7] Dsesow, I., G. Leonov und V. Reitmann: Stabilisierung
diskreter Systeme durch harmonische äußere Wirkung.
Wiss. Z. d. Techn. Univers. Dresden 35, H. 4 (1986),
11 - 13.

[8] Ebeling, W. and Y.L. Klimontovich: Selforganization and
Turbulence in Liquids. Teubner Texte zur Physik Bd. 2.
BSB B.G. Teubner Verlagsgesellschaft: Leipzig 1984.

[9] Fowler, A.C., J.D. Gibbon and McGuinness: The real and
complex Lorenz Equations and their relevance to physical
systems. Physica 7D (1983), 126 - 134.

[10] Fraser, S. and R. Kapral: Resonance model for chaos near
period three. Phys. Rev. A 23, No.6 (1981), 3303 - 3315.

[11] Gibbon, J.D.: Dispersive Instabilities in Nonlinear
Systems: The real and complex Lorenz Equation. In: Chaos
and Order in Nature, Ed. H. Haken. Springer Series in
Synergetics 11. Springer: Berlin-Heidelberg-New York 1981,
92 - 101.

[12] Gurel, O. and D. Gurel: Types of Oscillations in Chemical
Reactions. Akademie-Verlag: Berlin 1984.

[13] Haken, H.: Analogy between higher instabilities in fluids
and lasers. Phys. Letters A53 (1975), 77 - 81.

[14] Hellemann, R.H.G.: Feigenbaum Sequences in conservative
and Dissipative Systems. In: Chaos and Order in Nature,
Ed. H. Haken. Springer Series in Synergetics 11.
Springer: Berlin-Heidelberg-New York 1981, 232 - 248.

[15] Henry, D.: Geometric Theory of Semilinear Parabolic
Equations. Lecture Notes in Mathematics 840, Springer:
Berlin-Heidelberg-New York 1981.

[16] Koksch, N.: Verallgemeinerung eines Frequenzkriteriums
von G.A. Leonov für die Stabilisierung nichtlinearer
Systeme durch äußere Erregung. Eingereicht in: Wiss. Z. d.
Techn. Univers. Dresden.

[17] Koryakin, Yu.A., G.A. Leonov und V. Reitmann: Konvergenz
     im Mittel in Phasensystemen. ZAMM 58, Nr. 10 (1978),
     435 - 441.

[18] Leonov, G.A.: Über das asymptotische Verhalten der Lösungen
     einiger nichtlinearer dynamischer Systeme. Erscheint als
     Preprint TU Dresden.

[19] Leonov, G.A., S.M. Abramovich and A.I. Bunin: Global
     Stability of the Lorenz System. In: Nonlinear and turbulent
     Processes in Physics 3. Gordon and Breach. Harword
     Academic Publishers: New York 1984, 1431 - 1435.

[20] Leonov, G.A. und V. Reitmann: Stabilitätsanalyse des
     Lorenz-Systems mittels zweiter Methode von Ljapunow. In:
     Vortragsauszüge 8. TMP, Schriftenreihe der Techn. Hoch-
     schule: Karl-Marx-Stadt 1983.

[21] Leonov, G.A. und V. Reitmann: Lokalisierung der Lösung
     diskreter Systeme mit instationärer periodischer Nicht-
     linearität. ZAMM 66, Nr. 2 (1986), 103 - 111.

[22] Leonov, G.A. und V. Reitmann: Dissipativität und globale
     Stabilität des komplexen Lorenz-Systems. Erscheint in
     der ZAA.

[23] Leonov, G.A. und V. Reitmann: Das Rössler-System ist nicht
     dissipativ im Sinne von Levinson. Erscheint in den Math.
     Nachrichten.

[24] Leonov, G.A., T. Tschschijowa und V. Reitmann: Eine
     Frequenzvariante der Vergleichsmethode von Belych-Nekorkin
     in der Theorie der Phasensynchronisation. Wiss. Z. d.
     Techn. Univers. Dresden 32, H. 1 (1983), 51 - 59.

[25] Leven, R.W. and B.P. Koch: Chaotic behavior of a
     parametrically excited damped pendulum. Phys. Letters 86 A,
     No. 2 (1981), 71 - 74.

[25'] Levinson, N.: A second order differential equation with
     singular solutions. Ann. Math. 50 (1949), 127.

[26] Lindsey, W.C.: Synchronization in Systems in Communication
     and Control. Prentic-Hall, Inc.: Englewood Cliffo,
     New Jersey 1972.

[27] Lorenz, E.N.: Deterministic Nonperiodic Flow. J. Atmos.
     Sci. 20, No. 2 (1963), 130 - 141.

[28] Marsden, J.E. and M. McCracken: The Hopf bifurcation and
     its applications. Lecture Notes in Applied Mathematical
     sciences 18. Springer: Berlin-Heidelberg-New York 1976.

[28'] Marzec, C.J. and E.A. Spiegel: Ordinary differential
     equations with strange attractors. SIAM J. Appl. Math. 38,
     3 (1980), 403 - 421.

[29] Ollendorf, F.: Erzwungene Schwingungen in einfachen Syste-
     men. Arch. Elektrotechnik 16, H. 4 (1926), 280 - 288.

[30] Olsen, L.F. and H. Degn: Chaos in Enzyme Reaction.
     Nature 267 (1977), 177 - 178.

[31] Peters, H.: Change of structure and chaos for solution of
     $\dot{x} = -f(x(t-1))$. In: Numerical solution of Nonlinear
     Equations. Lecture Notes in Mathematics 878, Springer:
     Berlin-Heidelberg-New York 1981, 326 - 350.

[32] Popov, V.M.: Hiperstabilitatea sistemelor automate. Editura
     Academici Republicii Socialiste România: 1966.

[33] Reitmann, V.: Eigenschwingungen in diskreten Systemen.
Wiss. Z. d. Techn. Univers. Dresden 22, H. 6 (1973),
1009 - 1012.

[34] Reitmann, V.: Schwache Instabilität im ganzen von nichtlinearen Impulssystemen. Wiss. Z. d. Techn. Univers.
Dresden 26, H. 6 (1977), 1055 - 1057.

[35] Reitmann, V.: Über beschränkte und periodische Trajektorien in nichtlinearen Impulssystemen. Wiss. Z. d. Techn.
Univers. Dresden 27, H. 2 (1978), 355 - 357.

[36] Reitmann, V.: Über Instabilität im ganzen von nichtlinearen diskreten Systemen. ZAMM 59 (1979), 652 - 655.

[37] Reitmann, V.: Monotone Einschließung der Lösung von Systemen nichtlinearen Volterra-Integralgleichungen. In:
Vorträge zur Jahrestagung 1981 der HFR Numerische Mathematik. Wissenschaftliche Informationen 29, Karl-Marx-Stadt
1981.

[38] Reitmann, V.: Über die Beschränktheit der Lösungen diskreter nichtstationärer Phasensysteme. ZAA 1, Nr. 1 (1982),
83 - 93.

[39] Reitmann, V.: Two-sided bounds and norm bounds for the
solutions of semilinear ordinary differential equations.
In: Numerical Analysis of Selected Semilinear Differential
Equations. Ed. by Ch. Großmann, T. Riedrich, H. Schönheinz
21, Akademie Verlag: Berlin 1984.

[40] Reitmann, V.: Attraktoren für diskrete Systeme. Wiss. Z.
d. Techn. Univers. Dresden 35, H. 4 (1986), 33 - 34.

[41] Rössler, O.E.: Different Types of Chaos in Two Simple
Differential Equations. Z. Naturforschung 31a (1976),
1664 - 1670.

[42] Rössler, O.E.: Ann. N.Y. Acad. Sci, 316 (1979), 376.

[43] Rouche, N., P. Habets and M. Laloy: Stability Theory by
Liapunov's Direct Method. Springer: New York-Heidelberg-
Berlin 1977.

[44] Ruelle, D. and F. Takens: On the nature of turbulence.
Comm. Math. Phys. 20, No. 3 (1971), 167.

[45] Ruelle, D.: The Lorenz attractor and the problem of
turbulence. In: Lecture Notes in Mathematics 565.
Springer: Berlin-Heidelberg-New York 1976, 146 - 158.

[46] Saari, D.G. and J.B. Urenko: Newton's Method, Circle Maps
and Chaotic Motion. The American Mathematical Monthly 91,
No. 1 (1984), 3 - 17.

[47] Schell, M., S. Fraser and R. Kapral: Diffusive dynamics
in systems with translational symmetry: A one-dimensional-
map model. Phys. Rev. A 26, No. 1 (1982), 504 - 521.

[48] Schwarz, H.: Zeitdiskrete Regelungssysteme. Einführung.
Akademie-Verlag: Berlin 1979.

[49] Shau-Jen, Ch., M. Wortis and J.A. Wright: Iterative
properties of a one-dimensional quadratic map: Critical
lines and critical behavior. Phys. Rev. A 24, No. 5
(1981), 2669 - 2684.

[50] Sparrow, C.: The Lorenz Equations: Bifurcations, Chaos
and Strange Attractors. Lecture Notes in Applied Mathematics. 41. Springer: Berlin-Heidelberg-New York 1982.

[51] Stetter, H.J.: Analysis of discretization methods for ordinary differential equations. Springer: Berlin-Heidelberg-New York 1973.

[52] Troger, H.: Über chaotisches Verhalten einfacher mechanischer Systeme. ZAMM 62 (1982), T18 - T27.

[53] Van der Pol, B.: Forced oscillations in a eirenit with non-linear resistance. Philos. Mag. ser. 7, 3, No. 13 (1927), 65 - 80.

[54] Viterbi, A.J.: Principles of Coherent Communication. Mc Graw-Hill: New York 1966.

[55] Абрамович, С.М. и Г.А. Леонов: Об одном типе устойчивости фазовых систем. Дифференциальные уравнения 16, № 5(1980), 928 - 930.

[56] Андронов, А.А. и А.А. Витт: К математической теории захватывания. В кн.: А.А. Андронов. Собрание трудов. Изд-во АН СССР: Москва 1956.

[57] Андронов, А.А., А.А. Витт и С.Э. Хайкин: Теория колебаний Физматгиз: Москва 1959.

[58] Анищенко, В.С.: Стохастические колебания в радиофизических системах. Изд-во Саратовского ун-та: Саратов 1985.

[59] Артюхин, Ю.П., Л.И. Каргу и В.Л. Симаев:Системы управления космических аппаратов стабилизированных вращением. Наука: Москва 1979.

[59'] Аносов, Д.В.: Геодезические потоки на замкнутых римановых многообразиях отрицательной кривизны. В кн.: Тр. матем. ин-та им. В.А. Стеклова. 90. Наука: Москва 1967.

[59"] Бабин, А.В. и М.И. Вишик: Аттракторы эволюционных уравнений с частными производными и оценки их размерности. Успехи мат. наук 38, вып. 4 (1983), 133 - 187.

[60] Бакаев, Ю.А.: Синхронизирующие свойства фазовой системы автоматической подстройки частоты третьего порядка. Радиотехника и электроника 10, № 6 (1965), 1083 - 1087.

[61] Бакаев, Ю.А., Г.А. Леонов, Ф. Райтманн и Т.Л. Чшиева: Колебания в многомерных фазовых системах. УIII. Международная конференция по нелинейным колебаниям. Киев 1981.

[62] Барбашин, Е.А. и В.А. Табуева: Динамические системы с цилиндрическим фазовым пространством. Наука: Москва 1969.

[62'] Баутин, Н.Н. и Е.А. Леонтович: Методы и приёмы качественного исследования динамических систем на плоскости. Наука: Москва 1976.

[63] Белых, В.Н.: О качественном исследовании неавтономного нелинейного уравнения второго порядка. Дифференциальные уравнеия 11, № 10 (1975).

[64] Белых, В.Н.: Качественные методы нелинейных колебаний сосредоточенных систем. Учебное пособие. Из-во Горьк. ун-та: Горький 1980.

[65] Белых, В.Н.: О бифуркации сепаратрис седла системы Лоренца. Дифференциальные уравнения № 10 (1984), 1666 - 1674.

[66] Белых, В.Н.: Метод двумерных систем сравнения в качественной теории конкретных динамических систем. Автореферат диссертации на соискание учен. степ. доктора физмат. наук. Ленинградский гос. ун-т, 1985.

[67] Белых, В.Н. и В.П. Максаков: Динамика простейшей дискретной системы фазовой синхронизации. Радиотехника 21, № 10 (1976) , 2155 - 2163.

[68] Белых, В.Н. и В.И. Некоркин: Качественное исследование системы трёх дифференциальных уравнений из теории фазовой синхронизации. ПММ 39, вып. 4 (1975) , 642 - 649.

[69] Белых, В.Н. и В.И. Некоркин: О качественном исследовании многомерных фазовых систем. Сиб. мат. журн. 18, № 4 (1977) , 723 - 735.

[70] Белюстина, Л.Н. и В.Н. Белых: О глобальной структуре решения цилиндрического фазового пространства одной неавтономной системы. Дифференциальные уравнения 9, № 4 (1973) , 595 - 608.

[70'] Белюстина, Л.Н., В.В. Быков, К.Г. Кивелева и В.Д. Шалфеев: О величине полосы захвата системы ФАП с пропорционально интегрирующим фильтром. Известия вузов, Радиофизика 13, № 4 (1970) , 561 - 567.

[71] Биркгоф, Дж. Д.: Динамические системы. Гостехиздат: Москва / Ленинград 1941.

[72] Блягоз, З.У., Ю.А. Корякин, Г.А. Леонов и Ф. Райтманн: Конвергенция в системах ФАПЧ. Третий научно-технический семинар по системам фазовой синхронизации. Горький 1977.

[73] Буркин, И.М. и В.А. Якубович: Частотные условия существования двух почти периодических решений у нелинейной системы автоматического регулирования. Сиб. мат. журн. 16, № 5 (1975) , 916 - 924.

[74] Гапонов-Грехов, А.В., М.И. Рабинович и М.Ф. Шапиро: Возможный механизм стохастизации пульсаций интенсивности излучения ОКГ. Вестник МГУ 19, № 4 (1978) , 125 - 136.

[75] Гелиг, А.Х., Г.А. Леонов и В.А. Якубович: Устойчивость нелинейных систем с неединственным состоянием равновесия. Наука: Москва 1978.

[76] Гилмор, Р.: Прикладная теория катастроф. Мир: Москва 1984.

[76'] Гледзер, Е.Б., Ф.В. Должанский и А.М. Обухов: Системы гидродинамического типа и их применения. Наука: Москва 1981.

[76''] Гледзер, Е.Б., Ю.В. Новиков, А.М. Обухов и М.А. Чусов: Исследование устойчивости движения жидкости внутри трёхосного эллипсоида. Изв. АН СССР, ФАО 5, № 2 (1974) , 115 - 118.

[76'''] Глуховский, А.Б. и Ф.В. Должанский: Трехмодовые геострофические модели вращающейся жидкости. Изв. АН СССР, ФАО 16, № 5 (1980) , 451 - 462.

[77] Григорьев, В.В. и др.: Импульсные системы фазовой автоподстройки частоты. Энергоатомиздат: Ленинград 1982.

[78] Демидович, Б.П.: Лекции по математической теории устойчивости. Наука: Москва 1967.

[79] Джозев, Д.: Устойчивость движений жидкости. Мир: Москва 1981.

[79'] Долханский, Ф.В. и Л.А. Плешанова: Автоколебания и явления неустойчивости в простейшей модели конвекции. Изв. АН СССР, ФАО 15, № 1 (1979) , 17 - 28.

[80] Дудник, Е.Н., Ю.И. Кузнецов, И.И. Минакова и Ю.М. Романовский: Синхронизация системы Лоренца периодическим внешним воздействием. Физический факультет Моск. Гос. ун-та 1983, Препринт № 3.

[80'] Заславский, Г.М.: Особенности возникновения турбулентности. В кн. Проблемы нелинейных и турбулентных процессов в физике. Ч.2. Тр. II международной рабочей группы. Отв. ред. А.С. Давыдов, В.М. Черноусенко. Наук. думка : Киев 1985, 41 - 50.

[80"] Ильяшенко, Ю.С.: Слабо сжимающие системы и аттракторы галеркинских приближений уравнений Навье-Стокса. Успехи матем. наук 36, вып. 3 (1981) , 243 - 244.

[80"'] Ильяшенко, Ю.С. и А.Н. Четаев: О размерности аттракторов для одного класса диссипативных систем. ПММ 46, вып. 3 (1982) , 374 - 381.

[81] Йорке, Дж. и Е.Йорке: Метастабильный хаос: Переход к устойчивому хаотическому поведению в модели Лоренца. В кн.: Странные аттракторы (пер. с англ. / под ред. Я.Г. Синая и Л.П. Шильникова). Мир: Москва 1981, 193 - 212.

[82] Каргу, Л.И.: Системы угловой стабилизации космических аппаратов. Машиностроение: Москва 1973.

[83] Кияшко, С.В., А.С. Пиковский и М.И. Рабинович: Автогенератор радиодиапазона со стохастическим поведением. Радиотехника и электроника 25, № 2 (1980) , 336 - 343.

[83'] Корякин, Ю.А. и Г.А. Леонов: Определение полосы захвата в системах импульсно-фазовой пвтоподстройки частоты. Радиотехника 32, № 6 (1977) , 65 - 72.

[84] Корякин, Ю.А., Г.А. Леонов и А.Р. Лисс: Частотный критерий устойчивости дискретных систем автоматического управления фазой колебаний генератора. Автомат. телемех. № 12 (1978) , 64   69.

[85] Корякин, Ю.А., Г.А. Леонов и Ф. Райтманн: Частотные методы исследования дискретных фазовых систем управления. В кн.: Тезисы докладов Первой международной конференции молодых учёных по проблемам проектирования дискретных систем. Минск 1977.

[86] Косякин, А.А. и Е.А. Сандлер: Эргодические свойства одного класса кусочно-гладких преобразований отрезка. Изв. вузов, Сер. Математика № 3 (1972) , 32.

[87] Косякин, А.А. и Б.М. Шамриков:Колебания в цифровых автоматических системах. Наука: Москва 1983.

[88] Красносельский, М.А.: Оператор сдвига по траекториям дифференциальных уравнений. Наука: Москва 1966.

[89] Красносельский, М.А., В.Ш. Бурд и Ю.С. Колесов: Нелинейные почти периодические колебания. Наука: Москва 1970.

[90] Красносельский, М.А. и П.П. Забрейко: Геометрические методы нелинейного анализа. Наука: Москва 1975.

[91] Кузнецов, Ю.И., П.С. Ланда, А.Ф. Ольховой и С.М. Пер-
     минов: Порог синхронизации на характеристике фазового
     перехода "хаос-порядок". Физ. ф-т Моск. гос. ун-та 1984,
     Препринт № 9.

[92] Кузнецов, Ю.И., В.В. Мигулин, И.И. Минакова и Б.А. Силь-
     нов: Синхронизация хаотических автоколебаний. ДАН СССР
     275, № 6 (1984), 1388 - 1391.

[93] Ланда, П.С.: Автоколебания в распределённых системах.
     Наука: Москва 1983.

[94] Леонов, Г.А.: Неустойчивость в целом нелинейных систем
     управления. Автомат. телемех. № 11 (1971), 164 - 166.

[95] Леонов, Г.А.: Об устойчивости фазовых систем. Сиб. мат.
     журн. 15, № 1 (1974), 49 - 60.

[96] Леонов, Г.А.: Об ограниченности траекторий фазовых сис-
     тем. Сиб. мат. журн. 15, № 3 (1974), 682 - 692.

[97] Леонов, Г.А.: Об устойчивости решений фазовых систем.
     Вестник ЛГУ № 1 (1976), 23 - 27.

[98] Леонов, Г.А.: Об одном классе динамических систем с
     цилиндрическим фазовым пространством. Сиб. мат. журн.
     15, № 1 (1976), 91 - 112.

[98'] Леонов, Г.А.: Теорема сведения для нестационарных не-
     линейностей. Вестник ЛГУ № 7 (1978), 38 - 42.

[99] Леонов, Г.А.: Необходимые частотные условия абсолютной
     устойчивости нестационарных систем. Автомат. телемех.
     № 1 (1981), 15 - 21.

[100] Леонов, Г.А.: О глобальной устойчивости системы Лоренца.
      ПММ 47, вып. 5 (1983), 869 - 871.

[101] Леонов, Г.А.: Метод нелокального сведения в теории аб-
      солютной устойчивости нелинейных систем. Автомат. теле-
      мех. № 2 (1984), 45 - 53.

[102] Леонов, Г.А.: Условия локальной неустойчивости решений
      нелинейных систем. Проблемы современной теории перио-
      дических движений,Ижевск 7 (1984), 55 - 58.

[103] Леонов,Г.А.: Об одном способе построения положительно
      инвариантных множеств для системы Лоренца. ПММ 49, вып.
      5 (1985), 860 - 863.

[104] Леонов, Г.А.: Частотный критерий стабилизации нелиней-
      ных систем гармоническим внешним воздействием. Автомат.
      телемех. № 1 (1986), 169 - 174.

[104'] Леонов, Г.А.: Оценка сепаратрис системы Лоренца методом
       нелокального сведения. Вестник ЛГУ № 7 (1985).

[104"] Леонов, Г.А.: Об оценке сепаратрис системы Лоренца.
       Дифференциальные уравнения 22, № 3 (1986), 411 - 415.

[104'''] Леонов, Г.А.: Критерий орбитальной устойчивости траек-
         торий автономных систем. Вестник ЛГУ (В печати).

[104'ᵛ] Леонов, Г.А.: Об асимптотическом поведении решений
        системы Лоренца. Дифф. уравнения (В печати).

[104ᵛ] Леонов, Г.А.: Об оценке параметров бифуркации петли
       сепаратрисы системы Лоренца. Дифф. уравнения (В печати).

[105] Леонов, Г.А., С.М. Абрамович и А.И. Бунин: Об устойчивости системы Лоренца. В кн.: Труды II Международной конференции по нелинейным процессам и турбулентности в физике. Наукова думка: Киев 1984, 102 - 104.

[106] Леонов, Г.А., С.М. Абрамович, Л.И. Буркина, А.Е. Козярук, Ю.А. Корякин и Ф. Райтманн: Метод сведения динамических систем с цилиндрическим фазовым пространством и его применение к исследованию устойчивости электроэнерготических систем. В кн.: Теория устойчивости и его применение: Новосибирск 1979, 55 - 60.

[107] Леонов, Г.А., А.В. Морозов: О глобальной устойчивости стационарной генерации в мазерах. Дифф. уравнения (В печати).

[107'] Леонов, Г.А. и А.В. Морозов: О глобальной устойчивости вынужденных движений жидкости внутри эллипсоида. Дифф. уравнения (В печати) .

[108] Леонов, Г.А. и А.Н Чурилов: Частотные условия ограниченности решений фазовых систем. В кн.: Динамика систем. Межвузов. сб. № 10: Горький 1976.

[109] Лефшиц, С.: Устойчивость нелинейных систем автономного управления. Мир: Москва 1976.

[109'] Лихтенберг, А. и М. Либерман: Регулярная и стохастическая динамика. Мир: Москва 1984.

[110] Молчанов, А.П. и Е.С. Пятницкий: Абсолютная неустойчивость нелинейных стационарных систем. Автомат. телемех. № 1 - 3 (1982).

[111] Монин, А.С.: О природе турбулентности. Успехи физ. наук 125, вып. 1 (1978) , 97.

[112] Неймарк, Ю.И.: Динамические системы и управляемые процессы. Наука: Москва 1978.

[112'] Нейштадт, А.И.: Об эволюции вращения твердого тела под действием суммы постоянного и диссипативного возмущающих моментов. Изв. АН СССР, МТТ 6 (1980) , 30 - 36.

[113] Ораевский, А.Н.: Молекулярные генераторы. Наука: Москва 1964.

[114] Ораевский, А.Н.: Квантовая электроника 8, № 130 (1981).

[114'] Палис, Ж. и В.Ди. Мелу: Геометрическая теория динамических систем. Введение. Мир: Москва 1986.

[115] Плисс, В.А.: Нелокальные проблемы теории колебаний. Наука: Москва, Ленинград 1964.

[116] Пуанкаре, А.: О кривых, определяемых дифференциальными уравнениями. Классики естествознания. Гостехиздат: Москва, Ленинград 1947.

[117] Рабинович, М.И.: Стохастические автоколебания и турбулентность. Успехи физ. наук 125, № 1 (1978) , 123 - 168.

[118] Рабинович, М.И. и Д.И. Трубецков: Введение в теорию колебаний и волн. Наука: Москва 1984.

[118 '] Сонечкин, Д.М.: Стохастичность в моделях общей циркуляции атмосферы. Гидрометеоиздат: Ленинград 1984.

[119] Стокер, Дж.: Нелинейные колебания в механических и электрических системах. Госэнергоиздат: Москва 1954.

[120] Суинни, Х. и Дж. Голлаб (ред.): Гидродинамические неустойчивости и переход к турбулентности. Мир: Москва 1984.

[120'] Филиппов, А.Ф.: Дифференциальные уравнения с разрывной правой частью. Наука: Москва 1985.

[121] Фомин, В.Л., А.Л. Фрадков и В.А. Якубович: Адаптивное управление динамическими объектами. Наука: Москва 1981.

[122] Ханин, Я.И.: Динамика квантовых генераторов. Сов. радио: Москва 1975.

[123] Хартман, Ф.: Обыкновенные дифференциальные уравнения. Мир: Москва 1970.

[124] Хейл, Дж.: Теория функционально-дифференциальных уравнений. Мир: Москва 1984.

[125] Цыпкин, Я.С.: Основы теории автоматических систем. Наука: Москва 1977.

[126] Чезари, Л.: Асимптотическое поведение и устойчивость решений обыкновенных дифференциальных уравнений. Мир: Москва 1964.

[127] Шахгильдян, В.В, и Л.Н. Белюстина (ред.): Системы фазовой синхронизации. Радио и связь: Москва 1982.

[127'] Шахгильдян, В.В. и А.А. Ляховкин: Системы фазовой автоподстройки частоты. Связь: Москва 1972.

[128] Шахтарин, Б.И.: Об устойчивости движений нелинейной дискретной системы первого порядка. Радиотехника и электроника 22, № 11 (1977) , 2418 - 2420.

[129] Шепелявый, А.И.: Абсолютная неустойчивость нелинейных амплитудно-импульсных систем управления. Частотные критерии. Автомат. телемех. № 6 (1972) , 49 - 56.

[130] Шильников, Л.П.: Теория бифуркаций и модель Лоренца. В кн.: Марсден, Дж. и Д.Мак-Кракен: Бифуркация рождения цикла и её приложения. Мир: Москва 1980.

[130'] Юдович, В.И.: Асимптотика предельных циклов системы Лоренца при больших числах Рэлея. Рук. деп. в ВИНИТИ, № 26, II - 78.

[131] Якубович, В.А.: Частотные условия абсолютной устойчивости систем управления с несколькими нелинейн ыми или линейными нестационарными блоками. Автомат. телемех. 28, № 6 (1967) ,

[132] Якубович, В.А.: Абсолютная неустойчивость нелинейных систем управления. I. Общие критерии. Автомат. телемех. 12 1970 , 5 - 14. II. Системы с нестационарными нелинейностями. Круговой критерий. Автомат. телемех. 6 (1971) , 25 - 34.

[133] Якубович, В.А.: Частотные условия существования абсолютно устойчивых периодических и почти периодических предельных режимов системы автоматического регулирования со многими нестационарными нелинейностями. В кн.: Труды III Международного конгресса ИФАК. Наука: Москва 1971, 86 - 91.

[134] Якубович, В.А.: Частотная теорема в теории управления. Сиб. мат. журн. 14, № 2 (1973) , 384 - 420.

[135] Якубович, В.А.: Методы теории абсолютной устойчивости . В кн.: Методы исследования нелинейных систем автоматического управления. Наука: Москва 1975.

<u>Bezeichnungen</u>

| | |
|---|---|
| $\forall, \exists$ | für alle, existiert |
| $\Longrightarrow, \Longleftrightarrow$ | folgt, äuqivalent |
| $\overset{\text{def}}{=}, :=$ | laut Definition |
| $\cap, \cup, \setminus$ | Durchschnitt, Vereinigung, Differenz von Mengen |
| $\subset$ | enthalten |
| $\emptyset$ | leere Menge |
| $\{x: \ldots\}, \{x \mid \ldots\}$ | Menge aller $x$ mit |
| $-M := \{x: -x \in M\}$ | wobei $M$ eine Menge ist |
| $\operatorname{Int} M$ | Inneres der Menge $M$ |
| $\overline{M}$ | Abschluß der Menge $M$ |
| $2^M$ | Menge aller Teilmengen der Menge $M$ |
| $\partial M$ | Rand der Menge $M$ |
| $\mathbb{N}$ | Menge der natürlichen Zahlen |
| $\mathbb{N}_0$ | Menge der ganzen nichtnegativen Zahlen |
| $\mathbb{Z}$ | Menge der ganzen Zahlen |
| $\mathbb{R}$ | Menge der reellen Zahlen |
| $\mathbb{R}_+$ | Menge der nichtnegativen reellen Zahlen |
| $\mathbb{R}^n$ | n-dimensionaler Euklidischer Raum |
| $\|\cdot\|$ | Euklidische Norm im $\mathbb{R}^n$ |
| $\varrho(z, L)$ | Abstand eines Punktes $z \in \mathbb{R}^n$ zu einer Menge $L \subset \mathbb{R}^n$ |
| $\mathbb{C}$ | Menge der komplexen Zahlen |
| $i$ | imaginäre Einheit |
| $\operatorname{Re} z, \operatorname{Im} z$ | Realteil, Imaginärteil von $z$ |
| $z^*$ | konjugiert komplexe Zahl |
| $\|z\|$ | Betrag einer Zahl |
| $\operatorname{sign} a$ | Vorzeichen von $a$ |
| $E[a]$ | ganzzahliger Anteil von $a$ |
| $I$ | Einheitsmatrix |
| $\det A$ | Determinante der Matrix $A$ |
| $A^*$ | Transponierte der Matrix $A$ |
| $A > 0$ | positiv definite Matrix |
| $A \geqq 0$ | positiv semidefinite Matrix |
| $PK = \{x: x = Py,\ y \in K\}$ | wobei $K$ eine Menge im $\mathbb{R}^n$ ist und $P$ eine $n \times n$-Matrix darstellt |
| $\leqq_K$ | die durch einen Kegel $K$ induzierte Halbordnung |

| $\rightarrow$, $\nrightarrow$ | konvergiert, konvergiert nicht |
| $\varlimsup\limits_{t\to+\infty}$, $\varliminf\limits_{t\to+\infty}$ | oberer bzw. unterer Grenzwert |
| f.a. | fast alle |
| mes M | Lebesgue-Maß von M |
| $\dot{x}$ | Ableitung nach der Zeit |
| $\dfrac{\partial f}{\partial x}$ | Jacobimatrix |
| $S^1$ | Rand des Einheitskreises |
| $W^s$ | stabile Mannigfaltigkeit |
| $W^u$ | instabile Mannigfaltigkeit |
| $\blacksquare$ | Ende des Beweises |

<u>Sachverzeichnis</u>
(Begriffe, die im Text erläutert werden)

E. GRIEPENTROG/R. MÄRZ
Differential Algebraic Equations and Their Numerical Treatment
This book is concerned with differential-algebraic equations
(DAE's) $f(x'(t),x(t),t) = 0$ in which the nullspace of the Jacobian
$f\acute{y}(y,x,t)$ depends only on t or is constant. This kind of system often
arises in the modelling of processes in the natural sciences and technology. Starting from the investigation of linear constant coefficient
systems, general nonlinear initial-value problems and boundary-value
problems are proved to be well-posed if, and only if, $f(y,x,t)$ satis-
fies the transferability condition, i. e. the DAE under consideration
is equivalent to a system of state equations. Stability statements are
derived for transferable initial-value problems. Moreover, the solvability of special classes of nontransferable DAE's is investigated.
Linear multistep methods, one-leg methods and implicit Runge-Kutta
methods are suitably modified for the numerical integration of DAE's.
Convergence- and stability-behaviour of these methods is analyzed.
Linearization and shooting methods, as well as difference methods, are
established for transferable two-point boundary value problems.
Bd. 88, 220 S., 1986, DDR 22,50 M; Ausland 22,50 DM,
ISBN 3-322-00343-4

B. HOFMANN
Regularization for Applied Inverse and Ill-Posed Problems
The book presents numerical methods for the solution of linear and nonlinear inverse and ill-posed problems arising in science and engineer-
ing. A review of the theory and recent developments in this wide
class of problems involving identification and control is illustrated
by a series of examples. Using a general optimization approach, the
main ideas of regularization as a strategy for the stable solution of
ill-posed and ill-conditioned problems are discussed systematically.
The book also gives an insight into the use of deterministic and
stochastic a priori information in regularization. If regularization
applies to discretized inverse problems, integral equations of the
first kind, inverse problems in partial differential equations and
inverse eigenvalue problems can be treated in a unified manner. An
extensive bibliography completes the book.
Bd. 85, 196 S., 1986, DDR 19,--M; Ausland 19,-- DM,
ISBN 3-322-00341-8

H. JUNEK
Locally Convex Spaces and Operator Ideals
This book presents new techniques for the investigation of locally
convex spaces. These methods were developed during the last ten years
under the strong influence of the theory of operator ideals, and provide
a relatively simple unified treatment of many important classes of
locally convex spaces (including the nuclear spaces). Moreover, geometric properties of spaces can be handled in a natural way. Special
attention is devoted to (F)- and (DF)-spaces. The theory is applied to
classical locally convex spaces as well as to spaces of holomorphic
functions and spaces of unbounded operators.
Bd. 56, 180 S., 1983, DDR 17,--M; Ausland 17,-- DM.

J. KAČUR
Method of Rothe in Evolution Equations
This book is concerned with the solution of evolution initial-boundary
value problems by the method of Rothe (method of lines, or method of
semidiscretization). Using the results of elliptic equations theory
parabolic (linear and nonlinear), quasilinear hyperbolic, some de-
generate (parabolic and hyperbolic), nonlinear diffusion equations and
the corresponding variational inequalities are solved. Smoothing effect
and regularity for linear parabolic equations are also studied.
Existence, uniqueness and convergence of the used method is established
Bd. 80, 192 S., 1985, DDR 19,-- M; Ausland 19,-- M

**R. KLUGE**
Zur Parameterbestimmung in nichtlinearen Problemen
Dieser Text ist einigen Aspekten der Bestimmung von Parametern mittels
Optimalitätskriterien in nichtlinearen Gleichungen reflexiver Banach-
Räume gewidmet. Es wird auf die Existenz von optimalen Parametern, auf
Eigenschaften ihrer Menge und auf Einzigkeitsaussagen eingegangen. Des
weiteren werden für optimale Parameter eine Toleranzanalyse durchge-
führt und Betrachtungen zu ihrer Sensibilität gegenüber freien Para-
metern angestellt. Im Mittelpunkt der Anwendungen steht die Bestimmung
gradientenabhängiger Koeffizienten in Randwertaufgaben für nichtlineare
partielle Differentialgleichungen sowie für das System stationärer
Gleichungen des Ladungsträgertransports in Halbleitern.
Bd. 81, 128 S., 1985, DDR 13,50 M; Ausland 13,50 DM

**V. G. KORNEEV/U. LANGER**
Approximate Solution of Plastic Flow Theory Problems
The book is devoted to several aspects of the numerical solution of
boundary value problems in the flow theory of plasticity and may be
used as a text-book for university students and postgraduates special-
izing in numerical analysis and mechanics. The main boundary value
problems, including problems which are ill-posed, and various methods
of regularizing them, are considered together with some preliminary
results obtained from the investigation of solvability in Sobolev
spaces. The numerical schemes considered are based on the finite element
method, the incremental loading method and some iterative methods for
the solution of plastic flow theory problems and the systems of nonlinear algebraic equations arising in the process of their numerical
solution.
Bd. 69, 252 S., 1984, DDR 26,-- M; Ausland 26,-- DM

**A. I. KOSHELEV/S. I. CHELKAK**
Regularity of Solutions of Quasilinear Elliptic Systems
The book concentrates on the regularity problem for solutions of
arbitrary order quasilinear systems of divergent type. It is shown that
under certain natural conditions the weak solution is smooth (Hölder,
with Hölder derivatives ...) if the dispersion of the eigenvalues and
the skewness of some matrices, connected with the ellipticity of the
system, are bounded. It is proved that in the case of second and fourth
order systems these conditions are sharp. In addition, the solution of
the first boundary value problem can be obtained by means of a universal
iteration process which converges in strong norms with an arbitrary
sufficiently smooth initial approximation.
Bd. 77, 208 S., 1985, DDR 19,50 M; Ausland 19,50 DM

**S. L. KRUSCHKAL/R. KÜHNAU**
Quasikonforme Abbildungen - neue Methoden und Anwendungen
Es werden einige neuere Methoden und Entwicklungen, Ergebnisse und Anwendungen der Theorie der quasikonformen Abbildungen dargestellt. Zur
Behandlung kommen Extremal- und Wertannahmeprobleme bei ortsabhängiger
Dilatationsbeschränkung, u. a. auch mit der Methode der biholomorph
invarianten Metriken, allgemeine Darstellungssätze für Extremalfunk-
tionen, einfache asymptotische Abschätzungen. Es werden Anwendungen
auf Extremalprobleme gegeben, z. B. in der ebenen Elektrostatik bei
inhomogenen Medien. Der Zusammenhang zwischen Teichmüllerschen Räumen
und schlichten Funktionen mit einer quasikonformen Fortsetzung wird
ebenfalls beleuchtet.
Bd. 54, 172 S., 1983, DDR 17,50 M; Ausland 17,50 DM.

B. LISEK/J. HOCHSCHILD
Sequentielle Zuverlässigkeitsprüfung
Die statistische Zuverlässigkeitsprüfung ist ein Gebiet mit großer
praktischer Bedeutung. Für den Fall exponentialverteilten Ausfallab-
stands werden alle damit zusammenhängenden Fragen ausführlich diskutiert, wobei sequentielle Prüfungen im Mittelpunkt stehen. Neue Ergebnisse betreffen die Möglichkeit extrem kurzer Stutzung sequentieller
Prüfungen. Größter Wert wird auf Modelldiskussionen und Interpretatio-
nen gelegt. So ist die Darstellung auch für Nichtmathematiker ver-
ständlich. Es ist eine große Zahl von Tabellen aufgenommen worden, die
für den Zuverlässigkeitspraktiker nützlich sein werden.
Bd. 53, 152 S., 1983, DDR 16,--M; Ausland 16,--DM.

W. NÄTHER
Effective Observation of Random Fields
The book deals with designing methods for linear estimation of the
trend and for linear prediction of random processes and fields with
known covariance function. Especially, effective observation methods
for the least-squares estimator and the best linear predictor are
considered (chapters 4 - 8). In these chapters the main goal consists
in demonstrating to what an extent classical convex designing methods
(chapter 3) can be modified to yield useful results in the process
case. Besides exact, iterative and asymptotic procedures also appro-
ximative methods are proposed. The remaining part is devoted to the
problems of the optimal choice of an observation region, of weakening
the assumption of a known covariance function and deals with designing
methods using Fisher information (chapters 9 - 11).
Bd. 72, 184 S., 1985, DDR 18,-- M; Ausland 18,-- DM.

NONLINEAR ANALYSIS, FUNCTION SPACES AND APPLICATIONS, VOL. 3
Editors: M. Krbec, A. Kufner, J. Rákosník
This book represents a free continuation of the Proceedings published
by the Teubner Publishing House in 1979 and 1982 (TEUBNER-TEXTE zur
Mathematik, Vols. 19 and 49). It contains lectures delivered at the
Spring School held in Litomyšl, 1986, dealing with the following topics:
Weighted estimates (for classical operators and via tent spaces),
generalization of Hankel operators, integral representation of
functions and imbedding theorems, stabilization of functions to poly-
nomial on unbounded domains, nonlinear potential theory and Sobolev
spaces, some application of Clifford algebras, multiplicity results
for nonlinear elliptic equations and some applications of Orlicz
spaces in approximation theory.
Bd. 93, 145 S., 1986, DDR 15,-- M; Ausland 15,-- DM,
ISBN 3-322-00417-1

NUMERICAL TREATMENT OF DIFFERENTIAL EQUATIONS, PROCEEDINGS OF THE
THIRD SEMINAR HELD IN HALLE, 1985
Ed. by K. Strehmel
These proceedings include papers of main and selected short lectures
presented at the Third Seminar "Numerical Treatment of Differential
Equations" held at the Martin-Luther-University Halle-Wittenberg in
May, 1985. The papers deal with new developments, especially with
modern discretization methods for ordinary and partial differential
equations, numerical analysis of differential equations describing
processes in chemistry, biology and other fields in technology and
science. Software development problems are considered, too.
Bd. 82, 202 S., 1986, DDR 19,50 M; Ausland 19,50 M,
ISBN 3-322-00305-1